JN428623

3G HSDPA/HSUPA 이동통신 보안

송동호 저

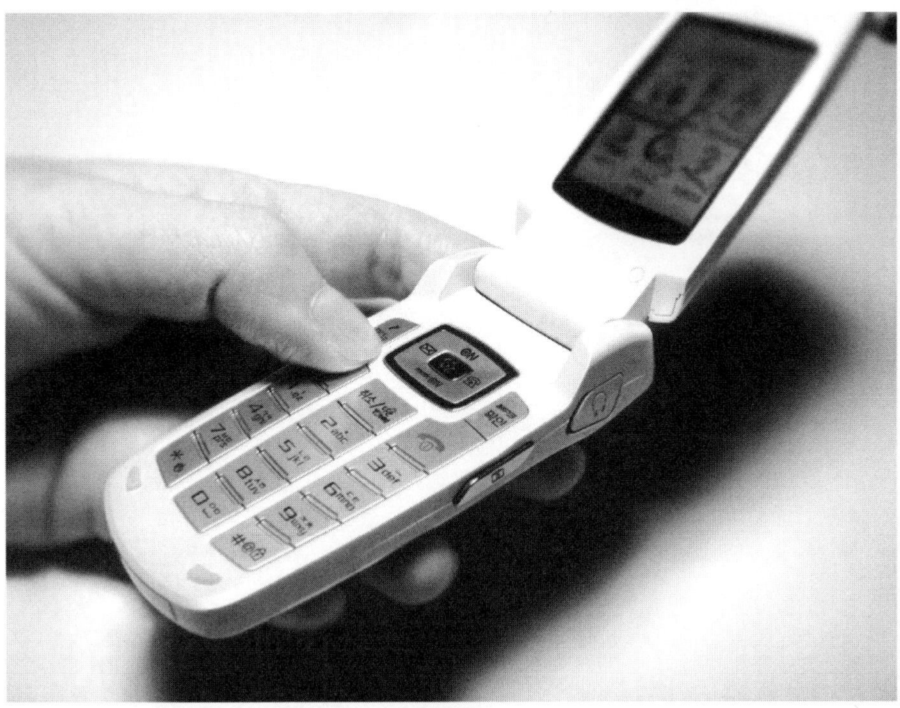

홍릉과학출판사

머리말

최근 국내외 사업자들을 중심으로 비동기 3세대 이동통신 시스템인 WCDMA(Wideband Code Division Multiple Access) 시스템이 상용화되면서 동기식 IMT-2000으로 불리는 EV-DO 시스템과 함께 동기/비동기 양대 시스템의 상용화가 완성되었다.

따라서 이동통신의 진화에 맞추어 WCDMA 네트워크 보호를 위해 요구되는 다양한 기술적인 사항을 다루고자 하였다. 기존의 이동통신 보안 관련 서적은 보안에 대해 심도 있게 다루지 못하였고 이러한 점을 보안하기 위해 노력하였다.

현재 3GPP 및 3GPP2를 중심으로 IMT-2000에 관한 AKA(Authentication and Key Agreement)를 위한 난수 발생 알고리즘, 네트워크 인증용 알고리즘, 가입자 인증용 알고리즘, 암호화 키 생성 알고리즘, 무결성 키 생성 알고리즘, 동기화를 위한 익명성 키 생성 알고리즘, 무선구간 암호화 알고리즘, 무선구간 무결성 알고리즘 등 다양한 정보 보호 알고리즘에 관한 표준이 제안되어 있다.

이 책에서는 3세대 이동통신 시스템을 위해 보안 구조를 정의한 3GPP TS 33.102를 토대로 UMTS를 기반으로 한 보안 구조를 분석하였다.

1장에서는 UMTS의 기본 개념, 2장에서는 이동통신의 진화와 이동통신에서의 보안 요구 사항에 대해 소개하고 핵심 사항을 3-4장에서는 UMTS 네트워크의 구조 및 보안 구조와 이동통신에서의 보안 요구 사항을 다루었다. 5-7장까지는 GSM(Global System for Mobile communication) MAC 계층의 보안 메커니즘과 UMTS의 MAC 계층 보안 메커니즘을 다루었다. 8장에는 3세대 이동통신의 단말기에 필수적으로 탑재되는 USIM에 대해 설명하였으며 9-10장에서는 UMTS에서 사용되는 암호 알고리즘에 대해 살펴보고 11-14장에서는 UMTS에서 네트워크 영역 보안과 관련하여 MAPsec, IPsec, IMS, MBMS에 대해 살펴본다.

이 책을 출판할 수 있도록 도와주신 홍릉과학 출판사 관계자 분들께 진심으로 감사의 말씀을 드립니다. 늘 도움이 되어 주시는 이옥연 교수님, 윤석구 교수님, 고려대학교 심미나, 박상임 누나, 11기 형님들, 함께 있어 늘 즐거웠던 강태우 선배, 김우곤 선배, 김봉현 선배, 김영태 선배, 김지훈 선배, 유희숙 선배, 김성엽 선배, 박동규 선배, 전주호 선배, 김병남 선배, 최은진, 김정희, 심성임, 송혜란, 이봉림, 안우진, 전형준, 원고 작업에 많은 도움을 준 임동혁, 마지막으로 언제나 안식이 되어 주는 사랑하는 부모님과 동생 주은에게 감사의 말씀을 드립니다.

PART I Introduction

PART II SECURITY ARCHITECTURE FOR UMTS

PART V APPENDIX

PART I

Introduction

1 서론

UMTS(Universal Mobile Telecommunications System)는 IMT-2000이라고 불리는 ITU(International Telecommunication Union)에 의해 정의된 프레임워크 내에서 개발되고 있는 3세대 무선 통신 시스템이다. UMTS는 UTRA(UMTS Terrestrial Radio Access)라고 불리는 새로운 무선 인터페이스를 사용하여 보다 향상된 서비스를 제공하게 된다.

UMTS 시스템의 기본적인 요소는 1998년 ETSI(European Telecommunications Standards Institute)에 의해 정의되었다. UMTS의 중요한 특성은 새로운 무선 액세스 네트워크가 진화된 GSM(Global System for Mobile communication) 핵심망에 연결된다는 것이다.

UMTS 보안은 GSM 보안과 연결되어 구성되며 새롭고 강화된 보안 특성들을 제공하게 된다. UMTS 보안 구조는 무선구간의 액세스 보안, 핵심망에서의 보안, 사용자 응용에서의 보안 등으로 분류할 수 있다. IP 기반 네트워크와 유비쿼터스 환경을 특징으로 하는 UMTS 이동통신 시스템은 단일 네트워크 형태로 존재하는 것이 아니라 기존의 전화망, 데이터망, 무선랜, 인터넷망뿐만 아니라 디지털 멀티미디어 방송망, 휴대인터넷, 위성망 등을 모두 포함하는 통합된 형태가 될 것이다.

따라서 이기종 네트워크 환경에서 사용자는 멀티미디어 서비스, 고속 데이터 서비스, 전자상거래 등 다양한 응용 서비스를 제공받게 될 것이다. 따라서 이런 환경에서 안전한 데이터 교환을 위해서는 정보 보호 기술이 기본적으로 제공되어야 한다.

3GPP는 무선구간에서 사용자와 네트워크 간의 상호 인증을 제공하고 암호화 키와 무결성 키를 일치시켜 주는 메커니즘으로 AKA(Authentication and Key Agreement)와 국제적인 로밍에 필수적인 암호화와 무결성을 위한 함수로 각각 f8과 f9와 함께 AKA 관련 함수 f0~f5 함수에 대해서도 MILENAGE 알고리즘 집합을 이용하고 있다.

따라서 3GPP 보안 메커니즘에서 네트워크 접근에 의한 보안 메커니즘을 중심으로 설명하고 무선구간에서 사용되는 암호화 및 무결성 알고리즘, 인증 및 키 일치를 위한 AKA 메커니즘, 네트워크 영역에서 보안에 대해 살펴볼 것이다.

2 이동통신의 진화와 보안 요구 사항

2.1 이동통신의 진화

지금까지 이동통신은 아래의 그림과 같이 음성 위주의 1세대 아날로그 이동전화에서 CDMA나 TDMA 방식을 이용하여 음성과 저속 데이터 전송이 가능한 2세대 디지털 이동전화로 발전하였으며 3세대 IMT-2000에서는 고속 데이터 네트워크로 발전하는 유선망과 더불어 무선에서도 고속 멀티미디어 서비스를 실현하고 보다 확대된 글로벌 로밍 서비스를 제공하게 되었다.

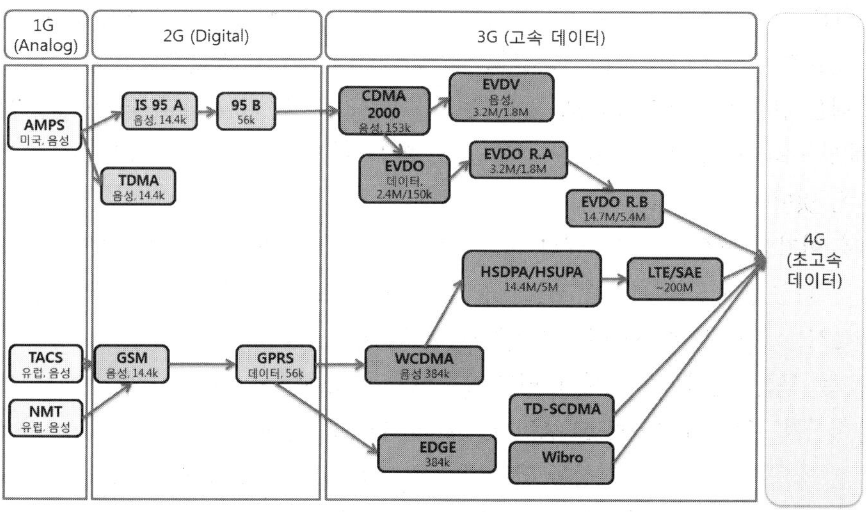

그림 2.1 이동통신 기술의 세대별 진화

2.1.1 1세대 이동통신

1세대 이동통신은 아날로그 이동통신으로서 음성 통화만 지원 가능하였으며 음성을 전송하기 위해 사용하는 주파수 변조가 아날로그 방식으로 인하여 아날로그 이동통신이라고 불린다. 그러나 아날로그는 방식은 통화에 혼선이 생기고 주파수의 효율적으로 관리하지 못하는 단점을 가지고 있다.

2.1.2 | 2세대 이동통신

1세대 이동통신의 아날로그 방식으로 인한 한계로 디지털 방식의 2세대 이동통신이 등장하였다.

2세대 이동통신은 유럽식 GSM 방식과 북미식 CDMA 방식 등으로 기술 방식이 다양화 되었으며 2세대 이동통신의 디지털 방식은 정보를 명확하게 구분할 수 있어서 음성 이외에 문자 메시지, e-메일 등의 데이터 전송이 가능해진 것이 가장 큰 특징이다. 9.6Kbps~64Kbps 정도의 데이터 전송이 가능함으로써, 정지 영상의 전송이 가능하다.

2.1.3 | 3세대 이동통신

2세대 이동통신은 디지털 기술을 적용하여 문자 및 정지 영상 전송만이 가능했다. 따라서 데이터 전송 속도로 인하여 실시간으로 고용량의 멀티미디어 서비스를 이용하기에는 한계가 있었다.

UMTS는 유럽에서 IMT-2000을 부르는 이동통신으로 GSM 방식을 바탕으로 비동기식 기술 방식을 이용하는 개인 통신 서비스이다. 비동기식은 유럽의 국제 이동전화 방식에 코드분할 다중접속인 CDMA 기술을 일부 결합시켜 개발한 표준이다.

유럽의 GSM 기술에 기반을 두고 CDMA 기술을 적용한 WCDMA는 1998년 3GPP의 결성에 의해 표준화 작업이 진행되었으며 ETSI, ARIB, TTC, TTA 등 지역 표준화 기구들과의 협력을 통하여 기술 규격을 만들어 갔다. 2000년 3월 처음 완성된 기술 표준인 3GPP Release 99는 2006년에는 3GPP Release 7의 표준 제정을 시작으로 현재 Release 8의 표준 제정이 진행되고 있다.

2007년 국내 WCDMA 사업자들이 제공하고 있는 HSDPA(High Speed Downlink Packet Access)는 하향 링크의 데이터 전송 속도를 14.4Mbps까지 향상시킨 Release 5 규격 상의 기술이며, HSDPA에 이어 도입 예정인 HSUPA(High Speed Uplink Packet Access)는 상향 링크의 속도를 2Mbps에서 5.76Mbps로 향상시킨 Release 6 규격 상의 기술이다. 이 HSDPA와 HSUPA 서비스는 향후 MIMO(Multiple Input Multiple Output) 기술과 결합하여 30~100Mbps까지 데이터 속도가 증가될 HSOPA(High Speed OFDM Packet Access) 기술과 함께 HSPA라고 한다.

3세대 이동통신의 UMTS는 기본적으로 회선 방식과 패킷 방식을 모두 제공하며 음성과 같이 실시간이 요구되는 서비스는 회선 방식을 데이터와 같이 실시간이 요구되지 않는 서비스는 패킷 방식을 이용하여 제공한다. 그러나 패킷 망과 회선 망을 모두 갖는 UMTS망에 대한 비효율성과 회선 교환에서의 무선 자원 이용의 비효율성으로 인하여 앞으로의 이동통신 망을 패킷 기반, 즉 All IP 망으로 불리는 IP 망으로 통합하려는 움직임이 3GPPs를 비롯한 주요 이동통신 표준화 기관에서 진행되고 있다.

음성 서비스만을 제공하던 GSM은 회선 음성 서비스에서 데이터 전송 속도를 개선하여 57.6kbps를 제공할 수 있는 HSCSD(High Speed Circuit Switched Data)로 발전하였고 여기서 다시 패킷 전송모드로서 116kbps까지 전송 가능한 GPRS(General Packet Radio Service)로 발전되었다. 이후에 데이터를 384kbps의 속도로 전송할 수 있는 EDGE (Enhanced Data rate for the GSM Evolution)가 개발되어 사용되고 있으며 UMTS의 시스템은 GSM을 기반으로 발전하고 있다.

UMTS 서비스의 특징은 기존의 이동 통신망에서 제공되는 단말 이동성 서비스뿐만 아니라 개인 이동성 및 서비스 이동성 서비스를 제공하게 되고 사용자 전송속도의 광대역화를 통한 기존의 음성 서비스와 더불어 영상 서비스 및 고속 데이터 통신이 가능하며 이동 통신망과 유선 통신망을 통합하여 다양한 멀티미디어 서비스 제공이 가능하다. 그리고 하나의 단말기로 전세계 어디에서나 이동통신 서비스를 받을 수 있는 글로벌 로밍을 지원하게 된다.

2.1.4 | 4세대 이동통신

국제전기통신연합은 2005년 차세대 이동통신 서비스 4G를 '이동 중 1000Mbps, 정지 중 1Gbps 급 전송 속도를 제공하는 미래 무선 통신 기술'이라고 정의하고 공식 명칭은 'IMT-Advanced' 라고 칭하였다.

현재 상용 서비스가 이루어진 3G HSDPA의 전송속도 14.4Mbps에 비해 10~100배까지 빠른 속도로 무선 인터넷이 가능해 굳이 유선으로 인터넷을 사용할 필요가 없어진다. 또한 모든 서비스가 인터넷 기반으로 이루어져 무선으로 음성과 영상, 데이터를 한꺼번에 처리할 수 있는 TPS 서비스가 가능해진다. 결국 휴대폰 하나로 모든 미디어와 통신을 이용할 수 있게 되는 것이다.

현재는 4G 기술로 진화하기 위한 중간 단계로써 ITU-R, 3GPP, 3GPP2, IEEE 등 세계 각국의 표준 및 기술 단체에서 새로운 무선 이동통신 기술을 제안하고 있다. 이 중에서 2G의 GSM과 3G의 비동기식 기술 WCDMA의 진화 기술인 3GPP LTE가 유력한 4G 이동통신 기술 후보로 평가 받고 있다. LTE 기술 중 일부는 3.5G에 일부는 4G에 흡수될 것으로 전망되며 통신 시스템의 진화상에서 LTE와 4G와의 차이점이 줄어들 것으로 예상된다.

급속히 발전되는 통신 서비스를 효율적으로 제공하기 위해서 3GPP Release 6보다 사용자와 사업자의 비용을 줄이고 고품질의 다양한 새로운 이동통신 기술의 필요성을 인식하고 낮은 전송 지연, 높은 전송률, 시스템 용량과 커버리즈를 개선하는 3G LTE 표준을 작성하기 시작했다. 3G LTE 표준은 상호 운용성을 제공하기 위한 기술적 솔루션을 최소로 하면서 불필요하게 중복되는 필수 특성들을 줄이고 다양한 액세스 네트워크 사이에서 이동성을 제공하는 것을 목적으로 하고 있다.

SAE은 LTE 표준화와 병행하여 LTE에서 정의하는 목표 실현을 위해 네트워크 구조를 결정하고 이종 네트워크 간 핸드오버를 지원하기 위한 기술을 연구한다. 구체적으로 SAE는 3GPP 시스템을 IP를 기반으로 한 다양한 무선 접근 기술을 지원하는 시스템으로 발전시키기 위한 작업을 통칭한다. SAE 역시 패킷 최적화 시스템, 높은 데이터 전송률, 낮은 지연 시간의 지원을 시스템 목표로 하고 있다.

또한 이기종망 사이의 핸드오버 기술에 대한 표준을 확정하여 LTE 시스템과 WLAN망 사이의 핸드오버를 포함하여 LTE 시스템과 WCDMA 시스템 간, LTE 시스템과 Non-3GPP 시스템 간의 핸드오버 기술을 연구하고 있다. 현재 새로운 RAN 구조와 모델로 Enhanced Node B로 구성된 2 Tier 모델이 결정되었으며 RNC(Radio Network Controller)에 위치했던 재전송 기술인 ARQ 기능과 Radio Resource와 핸드오버를 결정하는 기능인 RRC 기능을 Enhanced Node B에 위치할 것을 결정하였고 이기종망 사이의 핸드오버는 모바일 IP를 기반으로 하는 솔루션을 연구하고 있다.

2.2 이동통신에서의 보안 요구 사항

2.2.1 | 이동통신에서의 위협 요인과 인증 요구 사항

2.2.1.1 이동통신에서의 위협 요인

사용자 측면에서는 사용자 등록 정보와 사용자 위치 정보/호 설정 데이터 정보/통화 내용 등의 누출 등이 고려될 수 있으며 네트워크 입장에서는 단말의 불법 사용, 서비스 품질 저하, 통신 시설 접근, 사용자 정보 유출 등이 있다.

그 밖에 침해 위협 요인으로 호 설정 정보, 대화 정보, 사용자 가입 정보 및 위치 정보, 금융 정보 등이며 도난 위협 요인으로는 사용자 고유 ID, 개인 단말 고유 ID의 도난 당했을 때 발생한다. 무선구간에서의 위협 요인으로는 핸드오버 지원 시 발생할 수 있는 간섭 등의 위협 요인이 있다. 그 외에 망 구성 요소의 취약성 및 시스템 데이터베이스의 침입 등의 위협 요인이 존재하게 된다.

인증은 통신 주체에 대한 신분 보장을 제공하는 것이 목적이며 인증 메커니즘은 인증 서비스를 위하여 신분보장 및 재전송 공격으로부터 보호해야 한다. 신분 위장이란 정당한 권한이 있는 개체로 전달되는 데이터를 불법적으로 신분을 위장하여 행동 할 수 있는 모든 행위를 포함한다.

이동통신에서는 무선구간에서 전송되는 메시지를 정당한 권한이 있는 것처럼 위장하여 메시지의 생성, 삽입, 삭제 및 변조 등을 수행할 수 있다. 또한 전송되는 메시지에 대하여 불법적인 사용자 또는 네트워크가 합법적인 사용자 또는 네트워크로 위장하여 수신 또는 비수신의 응답을 할 수 있음을 포함한다.

2.2.1.2 이동통신에서의 인증 요구 사항

이동통신 환경은 무선구간을 통해 데이터가 제공되기 때문에 인증은 신분 위장 및 재전송 위협으로부터 보호할 수 있는 가장 중요한 보안 서비스이며 무선구간에서의 불법적인 요소를 제거하기 위한 인증 기술을 제공해야 한다.

이동통신 가입자, 서비스 제공자, 네트워크 운영자에게 제공되어야 하는 보안은 고정 망에서 제공되는 서비스와 같은 수준을 제공할 수 있어야 하며 이동통신 시스템에 수용할 보안 기술은 서로 다른 서비스 제공자 및 네트워크 간에 상호 운용 및 로밍이 가능하도록 세계적으로 적절히 표준화가 되어야 한다.

이동통신 환경에서 필요한 보안 요구 사항 및 제공 되는 보호 서비스는 서비스 측면, 네트워크 측면, 서비스 액세스 측면, 이동 단말 측면, 사용자 식별, 모듈 측면, 네트워크 운용자 측면, 그리고 보안 관리 측면으로 분리되어 검토되어야 한다.

UMTS 보안 측면에서 고려되어야 할 사항은 사용자와 네트워크 사이의 인증, 사용자의 프라이버시 및 익명성, 비밀성, 무결성, 권한 및 액세스 제어 등이다.

2.2.1.3 인증 프로토콜에 사용되는 암호 기법

이동통신 시스템에 암호화를 적용하기 위해서는 공격자로부터의 사용자의 인증 정보 및 메시지를 보호하는 메시지 보호 기능과 무선을 이용하므로 정보에 대한 안전성을 보장해야 한다.

이와 같이 이동통신 환경은 보안에 취약한 무선구간을 포함하고 있어 보안 절차가 절대적으로 필요하다. 또한 기존의 음성 위주 서비스에서 이동통신이 발전하면서 고속의 멀티미디어 데이터 서비스, 무선 인터넷 서비스, 전자 상거래 등의 수요가 증가하는 이동통신 환경에서 가입자의 개인 정보는 기초적인 신상 정보부터 사용자와 긴밀하게 관련되는 금융이나 의료정보에 이르기까지 다양한 사생활 정보들을 포함하게 된다.

따라서 가입자에 대한 인증 및 보안에 대한 연구는 매우 중요한 기술이다. 보안을 요구하는 응용 서비스를 지원하기 위해 UMTS에서도 유선 통신 환경에서와 같은 수준의 사용자 인증, 데이터 무결성 및 기밀성 유지, 부인 방지 등의 보안 절차가 필요하다.

PART Ⅱ

SECURITY ARCHITECTURE FOR UMTS

3 UMTS Network Architecture

UMTS 시스템의 보안과 관련된 네트워크의 기본 구조는 〔그림 3.1〕과 같이 RNC를 중심으로 Circuit Traffic은 MSC(Mobile Switching Center)를 통해 처리하고 Packet Traffic은 Packet 단위로 SGSN(Serving GPRS Support Node)을 이용하여 처리한다.

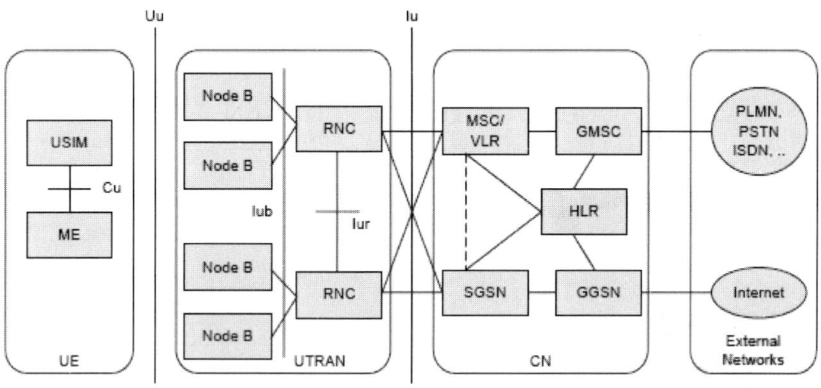

ME = Mobile Equipment
USIM = Universal subscriber identity module
RNC = Radio Network Controller
HLR = Home Location Register
MSC/VLR = Mobile Services Center/Visitor Location Register
GMSC = Gateway MSC
SGSN = Serving GPRS Support Node
GGSN = Gateway GPRS Support Node
PLMN = Public Land Mobile Network

그림 3.1 UMTS의 네트워크 요소들

3.1 UMTS 네트워크 구성 요소

UMTS의 네트워크는 〔그림 3.2〕와 같이 사용자 인터페이스를 담당하는 사용자 영역 UE(User Equipment), 서비스 네트워크 영역인 UTRAN(UMTS Terrestrial Radio Access Network), 코어 네트워크인 CN(Core Network)으로 구성되어 있다.

사용자 영역은 사용자 인터페이스를 담당하며 사용자의 신분 확인 및 인증에 필요한 데이터 및 함수를 저장한 USIM(Universal subscriber identity module)과 ME(Mobile Equipment)로 구성된다.

UTRAN는 무선 접근을 제어하는 RNC와 Node B로 구성되어 있으며 무선과 관련된 기능들을 처리하며 CN 영역은 가입자의 서비스 제공에 대한 전반적인 책임이 있는 무선 액세스 네트워크인 HLR(Home Location Register), 인증 센터인 AuC(Authentication Center), CS(Circuit Switched) 서비스와 PS(Packet Switched) 서비스를 위한 위치 등록소인 VLR(Visitor Location Register)과 SGSN으로 구성되어 있다.

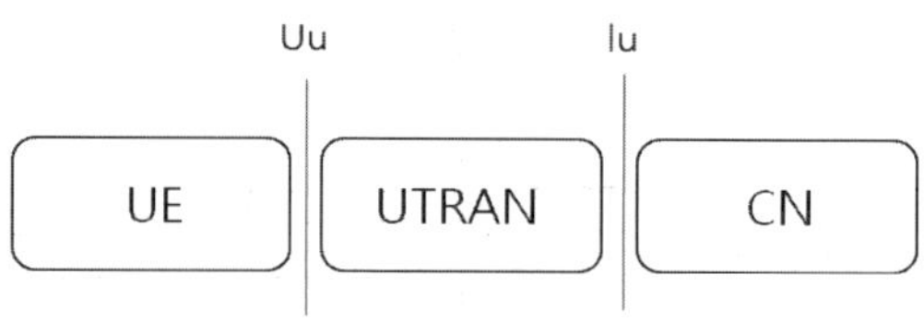

그림 3.2 UMTS 시스템 구조

3.1.1 UE 구성 요소

UE의 ME와 USIM으로 구성되어 있다. ME는 Uu 인터페이스를 거쳐 무선 통신을 위해 사용되는 무선 단말이며 USIM은 가입자 정보를 탑재한 SIM(Subscriber Identity Module) 카드와 UICC(Universal Integrated Circuit Card)가 결합된 형태로써 가입자에게 인증과 과금, 글로벌 로밍, 전자 상거래, 보안 기능과 같은 다양한 기능을 하며 3세대 이동통신의 단말기에 필수적으로 탑재된다. 따라서 USIM 모듈은 단순히 3G용 SIM 카드가 아니라 UICC와 더불어 다양한 기능을 가지고 있다. USIM의 기능은 다수의 비공개 키와 알고리즘, 양방향 상호 인증을 통한 보안 인증 기능의 강화하고 사용자 신원 확인용으로 TMSI(Temporary Mobile Subscriber Identity), 암호화된 IMSI(International Mobile Subscriber Identity)를 이용하여 사용자 신뢰도를 향상시킨다. 또한 네트워크 시그널링 명령의 무결성 확인과 더불어 다양한 어플리케이션 지원하며 개선된 전화번호부 및 고속 데이터 등의 개선된 프로토콜이 적용된다.

3.1.2 UTRAN 구성 요소

UTRAN은 lub와 Uu 인터페이스 사이의 데이터 흐름을 변환하며 무선 자원 관리에 참여하는 RNC와 Node B로 구성되어 있다. RNC는 무선 자원을 소유하고 제어하며 UTRAN이

CN에 제공하는 제어로 처리 기능, 소프트 핸드오프 처리, 핵심망 프로토콜 처리, GPRS 및 lur 접속, 시스템 로밍, 장애 관리 등과 같은 기지국 관리 기능을 담당한다. UTRAN이 CN에 제공하는 모든 서비스에서 서비스 액세스 포인트 역할을 한다. 즉 여러 개의 Node B를 제어하는 시스템으로 Core 장비인 MSC/VLR, SGSN과 연동을 하고, MSC/VLR, HLR, AuC는 이동통신의 Core 장비로 가입자의 위치 등록, 인증 및 부가 서비스를 제공하기 위한 시스템이다.

3.1.3 | CN 구성 요소

CN은 HLR, MSC/VLR, GMSC(Gateway MSC), SGSN, GGSN(Gateway GPRS Support Node)등으로 구성되며 각각의 기능은 다음과 같다.

1. HLR

   사용자의 현재 위치 정보를 비롯하여 이동 가입자의 상태, 통계 및 각종 서비스 관련 정보를 관리하는 데이터베이스이며 대용량의 실시간 데이터베이스를 갖추고, 망 구성 요소들에서 요구하는 이동 가입자 혹은 이동 단말기에 대한 정보를 처리해 주는 망 구성 요소이다.

   HLR의 주요 기능은 위치 등록 및 삭제, 호 처리, 가입자 정보관리, 가입자 식별 및 번호 계획 관련 정보, 가입자 운영 관련 정보, 부가 서비스 관련 정보, 과금 관련 정보, 부가 서비스 등록 및 취소, 시스템 운용 관리 및 유지 보수, S7 하위 계층(MTP, SCCP, TCAP) 지원 관리, Routing 정보관리, 지능망 처리를 위한 CAP 연동 지원 등 이다.

2. MSC/VLR

   MSC는 이동전화 가입자에게 이동통신 서비스를 제공하기 위한 이동통신 교환기로 가입자간 회선 교환, 입출 중계 처리, 핸드오프, 로밍 등의 기능을 담당하며, VLR 데이터베이스를 관리한다. VLR은 관할 영역 내에 타 시스템의 단말이 영역 안으로 들어 왔을 때 이를 인지하여 타 시스템과 로밍 역할을 담당한다.

3. GMSC

   UMTS PLMN(Public Land Mobile Network)이 외부 CS 네트워크에 연결되는 지점에서의 스위치 역할을 한다.

4. MGw(Media Gateway)

   MGw는 기존 MSC가 제공하는 모든 종류의 자원을 제공하며 주요 자원으로는 트래픽 송수신, 서버와의 신호 정합을 위한 AAL2, 안내 방송 장치, 신호 정합을 위한 Broad 및 Narrow-band No.7 장치 등이 있다.

5. SGSN

MSC/VLR의 기능과 유사하지만 일반적으로 패킷 교환 서비스를 위해 이용한다. 또한 GPRS 서비스를 위하여 ATM 기반의 스위치 및 라우팅 접속을 제공하는 하드웨어 구조를 갖추고 각종 데이터 서비스 처리에 따른 OS를 지원한다. OS 기능은 GPRS 이동성, 세션 관리 기능, 인증 및 과금 기능 등으로 구성되어 있다.

6. GGSN

GGSN은 GMSC의 기능과 비슷하지만 패킷 교환 서비스를 위해 이용한다. GPRS의 데이터 서비스를 위한 고속의 패킷 데이터 서비스를 제공하는 IP 기반 패킷 망의 서비스 노드로서 패킷 데이터 서비스의 이동성 제공 및 각종 데이터 관련 프로토콜 처리 기능을 수행한다.

주요 기능은 주소 할당, 도메인 주소 번역, 과금 정보 및 유지 보수 기능 등을 제공하며 MID(Mobile IP Domain)는 HA, AAA(Authentication, Authorization, Accounting)를 연결하기 위한 IP Core로 구성되어 있다.

7. SMSC

SMSC는 MSC와 SGSN 연동과 발, 착신 단문 메시지 전송 기능을 한다.

8. GMLC(Gateway Mobile Location Center)

GMLC는 이동 단말의 위치 정보 관련 서비스를 지원하기 위해 필요한 기능을 포함하며 이동 단말의 현재 위치 정보를 외부의 위치 정보 서비스 클라이언트에게 제공해 주는 장치이다.

GMLC는 HLR로 Routing정보를 요구할 수 있으며 위치 클라이언트 연동 기능, 위치 좌표 변환 기능, 위치 시스템 운영 기능, 위치 시스템 과금 기능이 있다.

9. AuC

AuC는 인증 센터이며 주요 기능은 가입자를 인증하고, 무선구간에 대한 암호화 즉, 인증키 관리를 지원하는 것이다. 한편 VLR에서 자료 요청이 오면 인증 관련 정보를 생성한 후 VLR로 전송하는 역할을 하며 사용자의 인증키에 대한 정보를 저장하고 있는 데이터베이스이다. 즉, 단말기와 공유하는 비밀키와 알고리즘을 이용해 정당한 사용자를 판단하고, 정당한 사용자에게만 서비스를 제공하고 불법적인 사용자는 서비스를 차단하게 된다. 또한 AuC에서 생성한 인증 파라미터를 이용해 무선구간을 암호화함으로써 도청을 방지한다. 그리고 사용자의 인증키에 대한 정보를 저장하고 있는 데이터베이스를 통해 가입자의 전화번호, 단말기 번호, 인증키 등을 관리하고, 부여된 인증 알고리즘을 실행하여 암호화를 위한 인증키의 생성 및 전달하는 기능을 한다.

따라서 AuC의 기능은 암호화 키와 무결성 키를 제공하고 인증 가입자 관리 및 MSC 인증, 인증벡터를 생성, 분배, 관리하는 역할을 한다. AuC에서의 인증벡터는 교환기가 요구하는 개수만큼의 인증벡터를 생성하여 HLR로 전달하며 VLR에서 관리하는 유효한 인증벡터가 없는 경우 AuC에게 인증벡터를 요구하면 인증벡터를 분배하여 VLR에서는 최대 5개까지의 인증벡터를 관리하게 된다.

10. SCP(Service Control Point)

SCP는 지능망 서비스 제어 시스템으로 가입자들에게 다양한 지능망 서비스를 제공하기 위한 시스템으로 지능망 서비스 제어를 위한 서비스 제어 기능 및 데이터 기능을 제공하는 망 구성 요소이다. UMTS SCP는 서비스 로직 실행 환경 제공과 지능망 서비스 관련 가입자 데이터 제공 및 시스템 운용 및 유지 보수와 같은 기능을 포함한다.

11. EIR

EIR은 MSC, SGSN과 Gf 인터페이스를 통하여 국제 가입자 장치 관리 기능 제공하며 UMTS 단말을 구분하기 위한 단말 번호인 IMEI(International Mobile station Equipment Identity)을 저장하여 관리하는 기능을 한다.

3.1.4 | 외부망 구성 요소

외부망은 기존의 전화 서비스처럼 회선 교환 접속을 제공하는 ISDN, PSTN과 같은 서킷 교환 서비스와 패킷 교환 서비스로 이루어진다.

3.1.5 | 네트워크 인터페이스

UMTS 네트워크의 인터페이스는 〔그림 3.3〕에서와 같이 WCDMA의 무선 인터페이스인 Uu와 UTRAN를 CN에 연결하는 lu 인터페이스로 구성된다.

UE에서는 USIM 카드와 ME 사이의 Cu 인터페이스로 연결되며 한편 lu 인터페이스는 서킷 교환을 위한 lu-cs와 패킷 교환을 위한 lu-ps로 나누어지며 서로 다른 제조업체로부터의 RNC 사이의 소프트 핸드오프를 허용하는 lur 인터페이스와 Node B와 RNC사이의 lub 인터페이스로 구성된다.

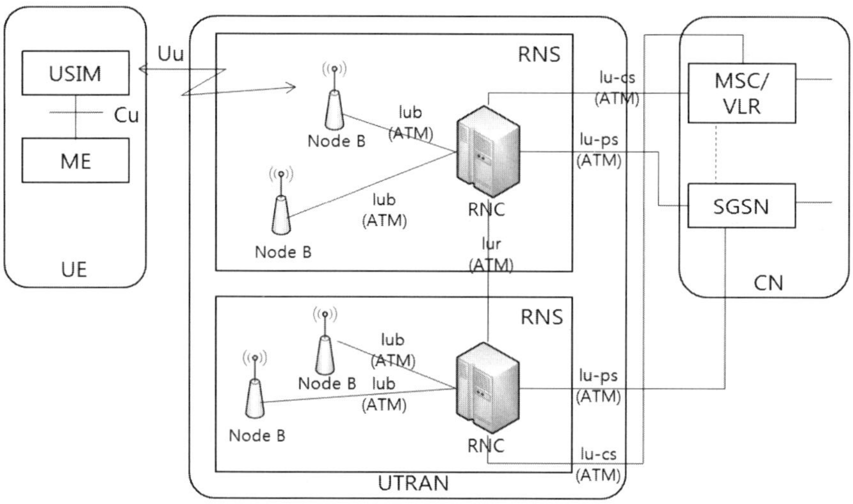

RNS = Radio Network Subsystem

> 그림 3.3 UTRAN 네트워크 구조와 인터페이스

3.2 UTRAN 구조

3.2.1 UTRAN 특성

UTRAN은 소프트 핸드오프와 무선 자원 관리 알고리즘을 가지고 있으며 규격화된 무선 인터페이스 제공으로 패킷 교환 및 서킷 교환 시 공통성을 제공하며 GSM과 호환성을 가지고 하부 전송 규격으로 ATM을 사용하게 된다.

3.2.2 UTRAN 프로토콜 구조

UTRAN 프로토콜은 〔그림 3.4〕와 같이 Control Plane, User Plane, Transport Network Control Plane, Transport Network User Plane으로 구성되며 UMTS Protocol Diagram은 〔그림 3.5〕와 같다.

여기서 Control Plane은 모든 UMTS에서 정한 제어 시그널링을 위해 사용되며 User Plane은 사용자에 의해 받거나 전달되는 정보이다. 또한 Transport Network Control

Plane은 Transport Layer 안의 모든 제어 신호를 위해 사용하며 Application Protocol을 위한 User Plane과 Data Stream을 위한 User Plane으로 구성된 Transport Network User Plane이 있다.

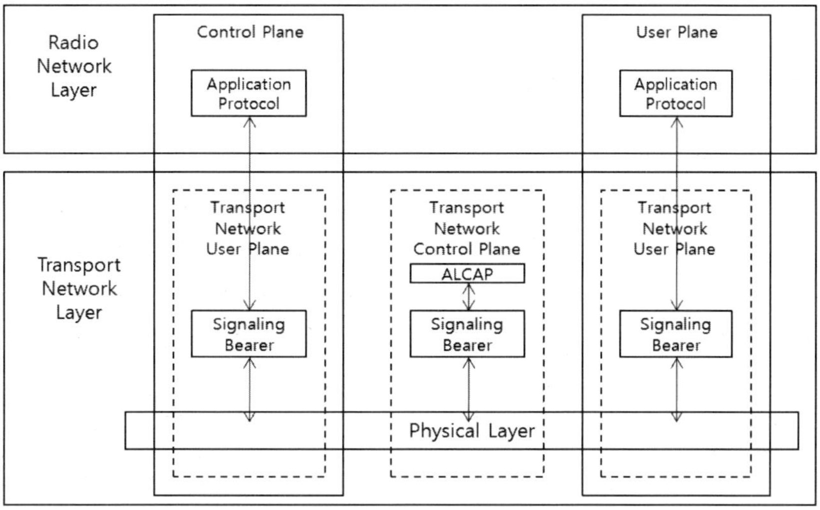

PlaneALCAP = AAL2 Signaling Stack

> 그림 3.4 UTRAN 인터페이스의 일반적인 프로토콜 모델

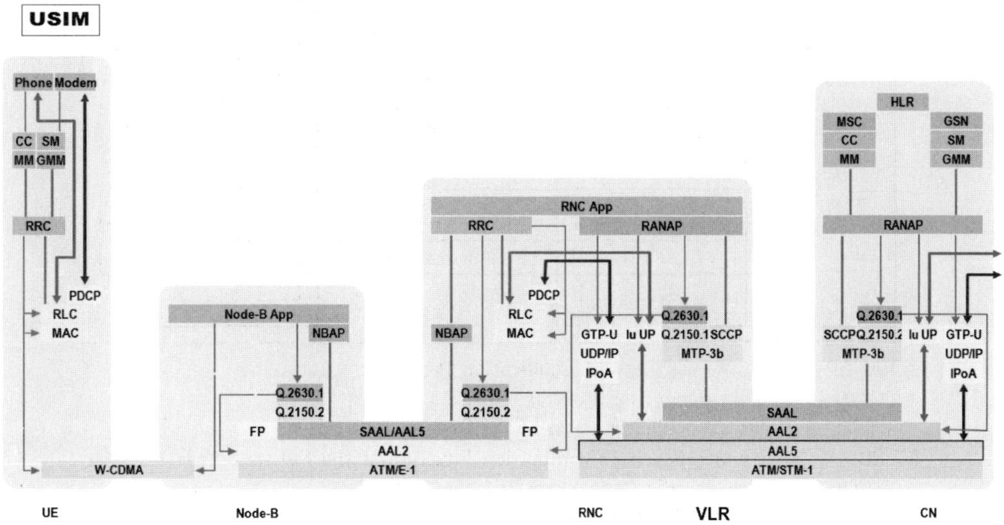

> 그림 3.5 UMTS Protocol Diagram

3.2.2.1 lu 인터페이스

lu 인터페이스는 교환, 라우팅과 서비스 제어를 취급하는 무선 규격의 UTRAN과 CN으로 시스템을 나누는 개방 인터페이스이다.

즉, RNC와 Core Network간 인터페이스이며 서킷 교환을 위한 lu-cs와 패킷 교환을 위한 lu-ps로 나누어지며 RNC의 Node B가 서로 결합된 RNS(Radio Network Subsystem)의 내부 인터페이스인 lub, lur로 구성된다.

1. lu-cs 프로토콜 구조

lu-cs는 MSC와 RNC간 제어 정보 및 사용자 데이터의 전송을 수행하는 어플리케이션 프로토콜이다. [그림 3.6]에서와 같이 ATM 전송을 공유하며 Control Plane에서는 RANAP(Radio Access Network Application Part), SCCP(Signaling Connection Control Part), MTP3b(Layer 3 Broadband Message Transfer Part), SSCF-NNI

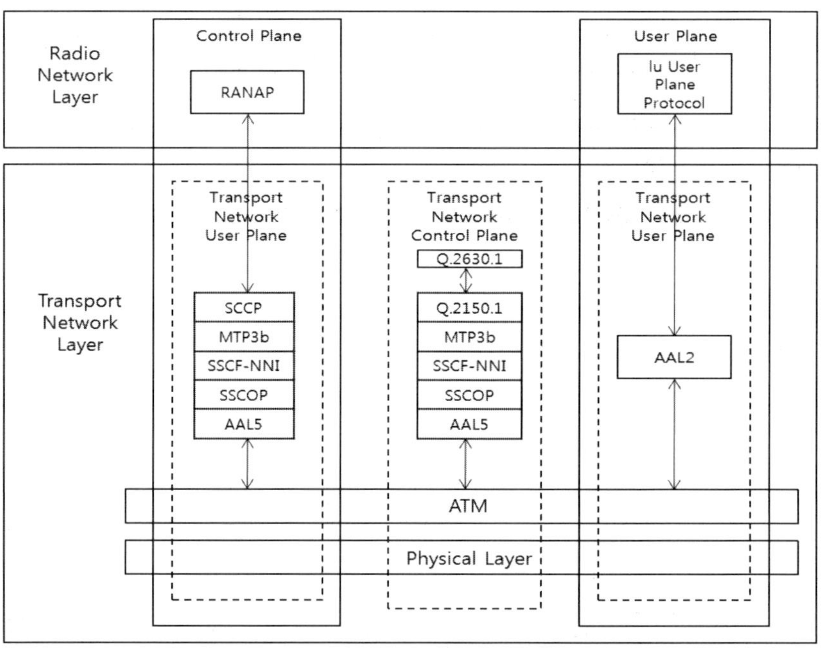

RANAP = Radio Access Network Application Part
SCCP = Signaling Connection Control Part
MTP3b = Layer 3 Broadband Message Transfer Part
SSCF-NNI = Service-Specific Coordination Function at the Network Node Interface
SSCOP = Service-Specific Connection-Oriented Protocol
AAL5 = ATM Adaptation Layer 5

그림 3.6 lu-cs 프로토콜 구조

(Service-Specific Coordination Function at the Network Node Interface), SSCOP(Service-Specific Connection-Oriented Protocol), AAL5(ATM Adaptation Layer 5)로 구성된다.

RANAP는 RAB(Radio Access Bearer)의 설정, 페이징, UE와 CN간의 시그널링 메시지 전송, SRNS(Serving Radio, Network, Controller) 재배치, MSC Server와 RNC간의 RAB 할당 및 해제, SMS의 전달을 수행하며 SCCP와 MTP3b는 표준 SS7(Signaling System Number 7) 네트워크와 동일하다. SSCF-NNI은 망 노드에서 시그널링을 위한 서비스 관련 조정 기능 수행하고 상위 계통의 요구 사항을 하위 계층에 매핑 하는 기능을 하며 SSCOP는 정보 전송의 신뢰성을 보장하기 위해 흐름 제어 등을 수행하고 시그널링 연결의 설정과 해제를 위한 메커니즘 제공한다.

한편 User Plane은 RANAP 및 ALCAP을 통해 설정된 ATM bearer(AAL2)를 통하여 가입자의 User Data를 전송하는 영역으로 User Data의 전송에 앞서 User Plane Entity간에 제어 정보를 전달하여 기본적인 시그널링을 수행한다.

2. Iu-ps 프로토콜 구조

Iu-PS는 RNC와 Core Network 사이에서 패킷 교환을 위한 인터페이스이다.

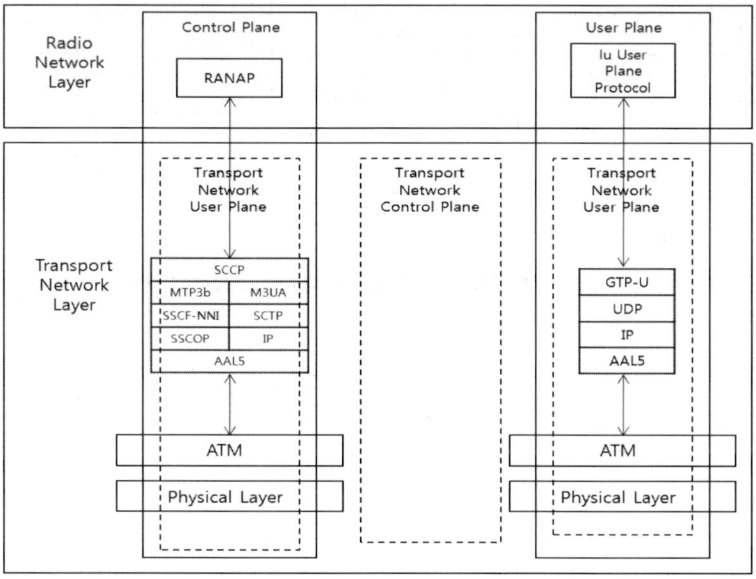

M3UA = MTPS3 User Adaptation
SCTP = Stream Control Transmission Protocol
GTP = GPRS Tunneling Protocol

그림 3.7 Iu-ps 프로토콜 구조

3. Iub 프로토콜 구조

RNS 내부 인터페이스로써 Node B와 RNC사이의 인터페이스이다. Iub 프로토콜을 이용하여 서로 다른 통신 사업자의 Node B와 RNC 연결이 가능하다.

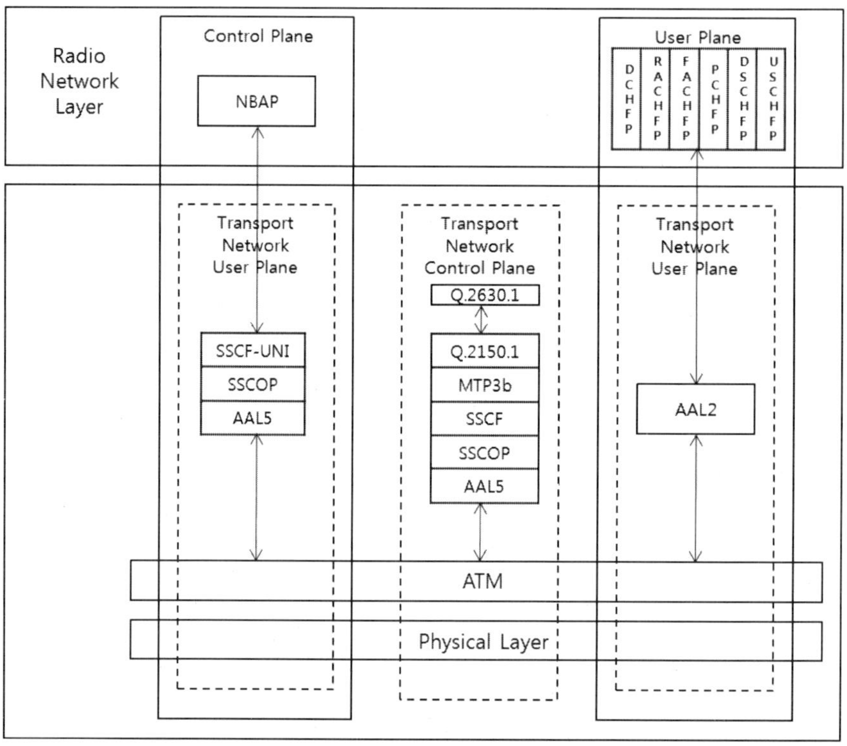

MBAP = Node B Application Part

> 그림 3.8 Iub 프로토콜 구조

4. Iur 프로토콜 구조

Iur 프로토콜은 RNC간의 이동성과 범용 자원 관리 지원하며 여러 RNC와 연결되어 있는 Node B간의 소프트 핸드오프(soft handoff)를 지원한다.

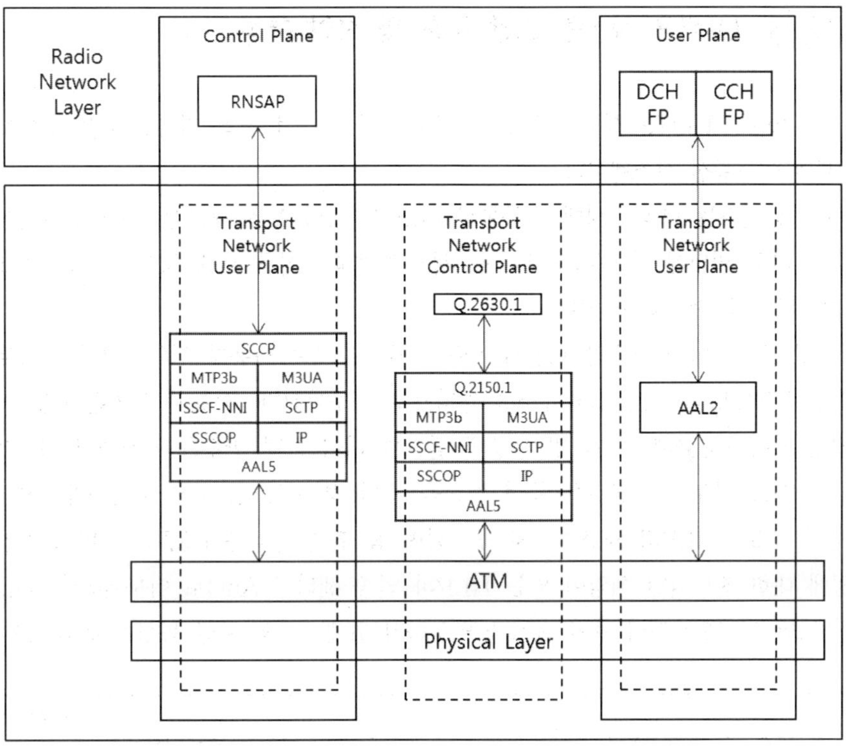

RNSAP = Radio Network System Application Part

그림 3.9 Iur 프로토콜 구조

4 UMTS 보안 구조 및 보안 특성

4.1 UMTS 시스템 보안 구조 및 보안 특성

UMTS 시스템은 UMTS 핵심망과 WCDMA 방식의 무선 접속 기술을 바탕으로 한 3GPP 주도의 3세대 이동통신 시스템이다.

2세대 이동통신과는 달리 3세대 이동통신 시스템에서의 보호 구조는 무선 인터페이스 구간 뿐만 아니라 다른 인터페이스에서도 보호를 필요로 한다. 이를 위해 3GPP에서는 〔그림 4.1〕과 같이 보호 구조를 정의하고 있다.

보호 구조는 UMTS 시스템의 보안과 관련된 네트워크는 사용자 영역, 서비스 네트워크 영역, 홈 환경 HE(Home Environment) 영역으로 나누어진다. 사용자 영역은 UMTS 서비스에 접근하는 사용자의 신분 확인 및 인증에 필요한 데이터 및 함수를 저장한 USIM과 ME로 구성된다. 서비스 네트워크 영역은 무선 접근을 제어 하는 RNC, CS 서비스와 PS 서비스를 위한 위치 등록소인 VLR과 SGSN으로 구성되며 홈 환경 영역은 UMTS 서비스 가입자의 서비스 제공에 대한 전반적인 책임이 있는 HLR과 인증 센터인 AuC로 이루어진다. UMTS에서는 다양한 보안 위협으로부터 보안 목적을 달성하기 위해 5개의 보안 특성을 정의하고 있다.

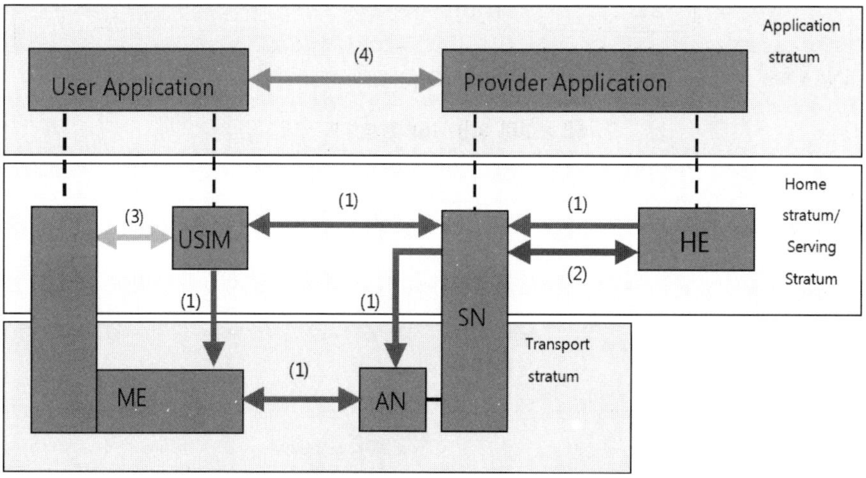

그림 4.1 3G Security 구조의 개요

4.1.1 | 네트워크 접근 보호 (Network access security) (1)

네트워크 접속 구간에서의 보안 그룹은 무선 접속 링크에 대한 공격을 보호하는 보안 특성들은 사용자에게 3G 서비스로의 안전한 접근을 제공하고 사용자 신분 기밀성, 양방향 개체 인증, 데이터 기밀성과 무결성이 제공된다.

4.1.1.1 사용자 신원 기밀성 (User identity confidentiality)

사용자 신원 기밀성은 사용자의 익명성을 보장하기 위한 것으로 다음과 같은 보안 특징이 제공되어야 한다.

① 사용자 신원 기밀성
서비스에 의해 사용자의 영구적인 사용자 신원(IMSI)이 전달될 때 무선 접근 링크에서 도청을 방지 하는 성질

② 사용자 위치 기밀성
무선 접근 링크에서 도청에 의해 어떤 일정한 위치에 사용자의 위치 파악을 도청자가 알 수 없게 하는 성질

③ 사용자 불추적성
무선 접근 링크에서 침입자가 도청에 의해 동일한 사용자에게 어떤 서비스가 같은 사용자에게 전달되는지를 유추할 수 없게 하는 성질

위와 같은 목적을 위해, 사용자는 방문한 서비스 제공 네트워크에서 알려준 사용자 임시 신원인 TMSI에 의해 신분 확인이 수행되어야 한다. 사용자의 추적과 사용자 신원 기밀성의 손상을 막기 위해, 사용자는 오랜 기간 같은 임시 신원의 사용을 피해야 한다. 더불어 사용자의 신원이 드러날 수 있는 사용자의 데이터나 시그널 데이터가 무선 접근 링크 안에서는 암호화해서 전송되어야 한다.

4.1.1.2 개체 인증 (Entity authentication)

개체 인증은 통신에 참여하는 개체 간의 신분 확인 위한 것으로 3GPP에서는 사용자와 네트워크 간의 양방향 인증을 제공하고 있다. 즉, 사용자와 서비스 제공 네트워크 사이에 상호 인증과 키 일치를 위한 메커니즘을 통해 네트워크에 의한 사용자 인증, 사용자에 의한 네트워크의

인증이 포함된다.

개체 인증은 사용자와 네트워크 사이에서 연결 설정이 될 때마다 발생해야 한다. 그리고 사용자의 HE/HLR에서 서비스 제공 네트워크(VLR/SGSN)로 전송되는 인증벡터를 이용한 인증 메커니즘과 인증과 키 설정 과정의 수행 기간 동안 사용자와 서비스 제공 네트워크 사이에 설정된 무결성 키를 이용한 지역적인 인증 메커니즘이 포함된다.

개체 인증을 위해서는 사용자와 SN(Serving Network Domain)이 인증과 키 일치를 위한 메커니즘을 안전하게 협상하는 인증 메커니즘 일치와 서비스 제공 네트워크가 사용자의 ID를 확인하는 사용자 인증, 네트워크 인증이 제공되어야 한다.

네트워크 인증은 사용자가 자신과 연결된 서비스 제공 네트워크가 자신에게 서비스를 제공하기 위해 자신의 HE에 의해 권한을 부여 받았는지를 확인하는 성질이며 부여한 권한이 최근 것이라는 보장하는 것을 포함한다. 이 목적을 위해, 개체 인증이 사용자와 네트워크 사이에 각 연결 설정에서 일어난다는 가정 하에 두 메커니즘이 포함된다.

위의 성질을 만족하기 위하여 사용자와 네트워크 사이의 연결 설정 시마다 개체 인증이 이루어져야 한다. 개체 인증을 하기 위한 방법으로, 사용자의 HE에서 서비스 제공 네트워크로 전송되는 인증벡터를 사용하는 인증 메커니즘과 인증과 키 성립 절차의 실행 동안 사용자와 서비스 제공 네트워크 사이에 성립된 무결성 키를 사용한 로컬 인증 메커니즘이 있다.

4.1.1.3 기밀성 (Confidentiality)

네트워크 접근 링크 안에서 데이터의 기밀성을 보장하기 위해서 MS(Mobile Station)와 SN 사이에서 사용하게 될 암호 알고리즘을 안전하게 협상할 수 있는 암호 알고리즘의 일치와 MS와 SN 사이에서 사용하게 될 암호화 키를 일치시킬 수 있어야 한다. 또한 사용자 데이터가 무선 연결 인터페이스에서 도청되는 것을 방지하는 성질인 사용자 데이터 기밀성과 신호 데이터의 기밀성이 제공되어야 한다.

신호 데이터의 기밀성은 신호 데이터가 무선 접근 인터페이스에서 도청되는 것을 방지하는 성질이며 암호키 일치는 인증 및 키 일치 메커니즘 수행 과정에서 이루어지고, 암호 알고리즘 일치는 사용자와 네트워크 사이에서 보호 모드협상을 위한 메커니즘에 의해 이루어진다.

4.1.1.4 데이터 무결성 (Data integrity)

무결성은 데이터가 권한이 없는 방법으로 변경되지 않는 성질로써 네트워크 접속 링크에서의 데이터 무결성을 제공하기 위해서 무결성 알고리즘 일치, 무결성 키 일치, 데이터 무결성과 시그널 데이터의 출처 인증(Data origin authentication)의 보호 특성들이 제공된다.

무결성 알고리즘 일치는 MS와 SN 사이에서 사용하게 될 무결성 알고리즘을 안전하게 협상할 수 있는 성질이며 키 일치는 MS와 SN 사이에서 사용하게 될 무결성 키의 일치를 말한다. 또한 데이터 무결성과 시그널 데이터의 출처 인증은 데이터를 수신하는 개체(MS 또는 SN)가 송신 이후에 불법적으로 시그널 데이터가 변조되지 않았다는 것과 수신된 신호 데이터의 발신처가 요구되고 있는 곳인지를 확인하는 것이다.

무결성 키 일치는 인증 및 키 일치(AKA) 메커니즘의 실행 중간에 발생된다. 무결성 알고리즘 일치는 사용자와 네트워크 사이의 보안 모드협상에 대한 메커니즘에 의해 생긴다. 또한 이 메커니즘은 무결성 알고리즘의 선택과 적용될 무결성 키 일치를 가능하게 한다.

4.1.1.5 ME 인증

SN은 단말기의 IMEI 또는 IMEISV를 보내 줄 것을 단말기에게 요청할 수도 있다. IMEI는 단말기에 안전하게 저장되어야 하지만 이동 장비의 신원을 네트워크에 전송하는 것은 보안 특징이 아니며, IMEI의 전달은 보호되지 않는다.

4.1.2 | 네트워크 영역 보호 (Network domain security) (2)

사업자 영역인 네트워크 영역에서 안전하게 시그널 데이터를 교환하고 유선 네트워크에 대한 공격을 보호하는 보안 특성으로 비밀성, 무결성, 인증과 재연 방지 서비스가 제공되어야 한다. 적용되는 계층 및 사용되는 프로토콜에 따라 MAPsec(MAP Application Layer Security) 보안 메커니즘과 IPsec 프로토콜이 있다.

4.1.2.1 개체 인증 (Entity authentication)

네트워크 요소들 간의 인증을 위해서는 두 네트워크 개체들이 인증 메커니즘을 안전하게 협상하는 인증 메커니즘의 일치와 네트워크 요소가 통신하기를 원하는 다른 네트워크 요소의 식별 부호를 확인하는 네트워크 요소 인증의 보호 특성이 제공된다.

이런 특성들은 함축적 또는 명시적인 개체 인증 메커니즘을 사용하여 이루어지며 함축적인 개체 인증 메커니즘에서는 단순히 전송되는 데이터를 암호화하여 전송하고 정당한 키를 가진 사람만이 올바른 데이터를 확인할 수 있다. 명시적인 개체 인증 메커니즘에서는 디지털 서명을 사용하는 비대칭 기반 프로토콜들을 사용하는 방법과 Challenge-Response 프로토콜을 사용하는 대칭 프로토콜들을 사용하는 방법이 있다.

4.1.2.2 데이터 비밀 보장

네트워크 요소들 간에 교환되는 데이터의 비밀 보장을 위해 두 네트워크 요소들이 암호 알고리즘을 안전하게 협상하기 위한 암호 알고리즘의 일치와 암호키 일치, 데이터의 도청을 막기 위한 데이터의 비밀 보장의 보호 특성이 제공된다.

이는 인증 데이터가 네트워크 영역에서 도청될 경우 심각한 문제를 가져올 수 있기 때문에 위와 같은 보호 특성들이 필요하다. 암호 알고리즘과 암호키 일치는 네트워크 요소들 간에 수행되는 인증 메커니즘을 통해 이루어진다.

4.1.2.3 데이터 무결성

두 네트워크 요소들 간에 교환되는 데이터의 무결성을 제공하기 위해 두 네트워크 요소들인 무결성 알고리즘을 안전하게 협상하는 무결성 알고리즘 일치와 무결성 키 일치, 데이터 무결성 및 신호 데이터 발신처 인증의 보호 특성들이 제공된다.

데이터가 비 인가된 방법에 의해 변경되지 못하게 하는 것과, 신호 데이터의 발신처가 요구되고 있는 곳인지를 확인, 이 성질은 두 네트워크 요소들 간의 사용자 데이터가 침입자에 의해 변경되는 것을 검출할 수 있다. 무결성 알고리즘과 무결성 키 일치는 네트워크 요소들 간에 수행되는 인증 메커니즘을 통해 이루어진다.

4.1.3 | 사용자 영역 보호 (User domain security) (3)

사용자 영역 보호는 사용자와 USIM 사이의 인증과 USIM과 단말기 사이의 안전한 접근을 제공하는 보안 특성이다. USIM에 대한 접근은 USIM이 사용자를 인증할 때까지 제한된다. 그러므로 USIM에 대한 접근은 인가된 사용자로 제한될 수 있다.

이러한 특성을 달성하기 위해 사용자와 USIM은 USIM에 안전하게 저장된 비밀 데이터를 공유해야 하고 그 비밀 데이터를 알고 있는 사용자만 USIM에 접근할 수 있다.

4.1.3.1 사용자-USIM 인증

이 특징은 USIM이 사용자를 인증할 때까지 USIM으로의 접근을 제한하는 성질을 제공한다. 이런 특징 때문에 USIM으로의 접근은 권한이 있는 사용자 또는 권한이 있는 다수의 사용자로 제한된다.

이 특징을 달성하기 위해 사용자와 USIM은 USIM안에 안전하게 저장된 비밀을 공유하고 사용자는 이 비밀을 알고 있음을 증명해야만 USIM으로 접근할 수 있다.

4.1.3.2 USIM-단말기 링크

이 특징은 단말기 또는 다른 사용자 장비의 접근이 권한을 가진 USIM으로 제한될 수 있음을 보장한다. 이것을 위해 USIM과 단말기는 각각 안전하게 저장된 비밀을 반드시 공유해야만 한다. 만약 USIM이 비밀을 알고 있음을 증명하는데 실패한다면, 단말기로의 접근은 거부될 것이다.

4.1.4 | 응용 영역 보호 (Application domain security) (4)

3G 네트워크를 통해 전송되는 응용 프로그램 데이터의 보호를 위해 다음과 같은 보호 특성들이 제공된다. 즉, 이 보안 그룹은 사용자와 공급자 도메인의 응용 프로그램에서 안전한 메시지 교환을 제공한다.

4.1.4.1 USIM과 네트워크 사이의 안전한 통신

USIM은 운영자가 USIM에 다양한 응용을 탑재할 수 있는 가능성을 제공한다. 네트워크 운영자 또는 응용 공급자에 의해 선택된 보안 레벨을 가지고, 네트워크를 통하여 USIM안에 있는 응용에 전달되는 안전한 메시지가 필요하다.

4.1.4.2 어플리케이션 개체 인증

두 어플리케이션들이 각각 상대방의 신원을 확인하는 성질이다.

4.1.4.3 어플리케이션 데이터의 발신처 인증

수신된 어플리케이션 데이터의 발신처가 요구된 곳인지를 확인하는 성질이다.

4.1.4.4 어플리케이션 데이터의 무결성

송신 어플리케이션 데이터가 변경되지 않았다는 것을 확인하는 성질이다.

4.1.4.5 어플리케이션 데이터의 재연 검출

수신된 어플리케이션 데이터가 반복된 것인지를 검출하는 성질이다.

4.1.4.6 어플리케이션 데이터의 순서 무결성

수신된 어플리케이션 데이터가 순서대로 수신 되었는지를 확인하는 성질이다.

4.1.4.7 수신 증명

송신 어플리케이션 데이터를 수신 어플리케이션이 수신하였다는 것을 증명할 수 있는 성질이다.

4.1.4.8 어플리케이션 데이터의 비밀 보장

어플리케이션 데이터가 비 인가된 개체에 노출되는 것을 방지하는 성질이다.

4.1.5 | 보안의 가시성(Visibility)과 구성(Configuration) (5)

이 보안 그룹은 보안 특징이 작동 중인지의 여부와 사용자와 서비스 설치가 보안 특징에 의존해야만 하는지를 사용자에게 알려 주는 기능을 한다.

4.1.5.1 가시성

일반적으로 보안 특징이 사용자에게 반드시 투명해야 하지만, 특정한 이벤트나 사용자의 관심에 따라 보안 특징의 작용이 사용자 가시성이 제공되어야 한다.

보안과 관련된 이벤트를 사용자에게 알려주는 특징으로는 접근 네트워크 암호화의 표시와 보안 레벨의 표시가 있다.

접근 네트워크 암호화의 표시는 특히 비 암호화된 call이 setup 되었을 때, 무선 접근 링크에서 사용자 데이터의 기밀성이 보호되는지에 대해 사용자에게 알려주는 성질이며 보안 레벨의 표시는 사용자가 핸드오버 되었거나 낮은 보안 레벨의(3G→2G) 네트워크에 있을 때, 방문 네트워크가 제공 가능한 보안 레벨을 사용자에게 알려주는 성질이다.

4.1.5.2 구성 가능성

사용자가 사용이나 서비스 규정이 동작 중에 어떤 보안 특성에 의존하는지 구성할 수 있게 하는 성질로써 사용자가 응용 서비스와 관련된 사용자의 구성에 의해 요구되는 모든 보안 특징이 동작될 때에만 사용될 수 있다. 구성 가능성의 특징은 크게 4가지로 제안 되었다.

① 사용자-USIM 인증의 가능/불능

사용자는 사용자-USIM 인증의 수행 과정을 제어할 수 있어야 한다.

② 수신되는 비 암호화된 call의 수용/거부

사용자는 수신되는 비-암호화된 호(call) 요구를 받아들이거나 아니면 거절할 수 있어야 한다.

③ 비 암호화된 call의 설정 또는 비 설정

사용자는 네트워크가 암호화 기능이 없을 때 연결을 설정할지 여부를 제어할 수 있어야 한다.

④ 특정한 암호화 알고리즘 사용의 수용/거부

사용자는 어떤 암호화 알고리즘을 수용할 것인가를 제어할 수 있어야 한다.

4.1.6 | 분리된 CN 구조에 대한 UMTS 연결 원리

〔그림 4.2〕는 CS 서비스 영역과 PS 서비스 영역을 갖는 UMTS안에서의 ME 등록과 연결 원리를 보여준다. GSM/GPRS 경우와 같이 IMSI 또는 TMSI 인증과 키 일치는 각각의 서비스 영역 안에서 독립적으로 일어난다. 제어 영역 데이터는 둘 중 하나의 서비스 영역에서 암호화

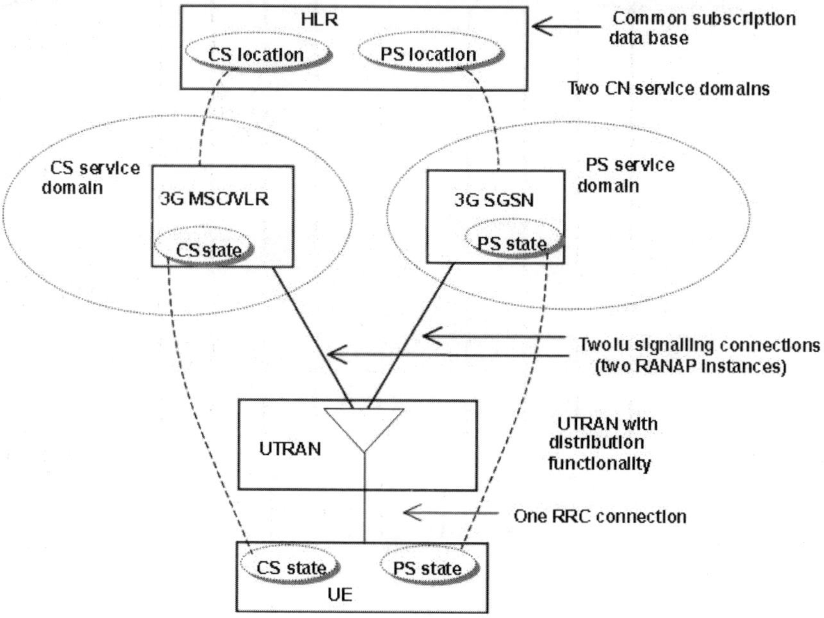

그림 4.2 CS 서비스와 PS 서비스 영역을 갖는 UMTS안에서의 ME 등록과 연결 원리

키와 무결성 키를 사용하여 암호화되고 무결성이 보호되는 반면에, 사용자 영역은 대응하는 서비스 영역과 일치하는 암호화 키를 사용하여 암호화된다.

4.1.7 무선 인터페이스 프로토콜 구조

무선 인터페이스 프로토콜 구조는 〔그림 4.3〕과 같이 표현된다. 그림 안에 각 블록은 각각의 프로토콜의 예를 표현하였고 peer-to-peer 통신을 위한 서비스 접근 포인트(SAP)는 부계층 사이의 인터페이스에 원으로 표시 되었다.

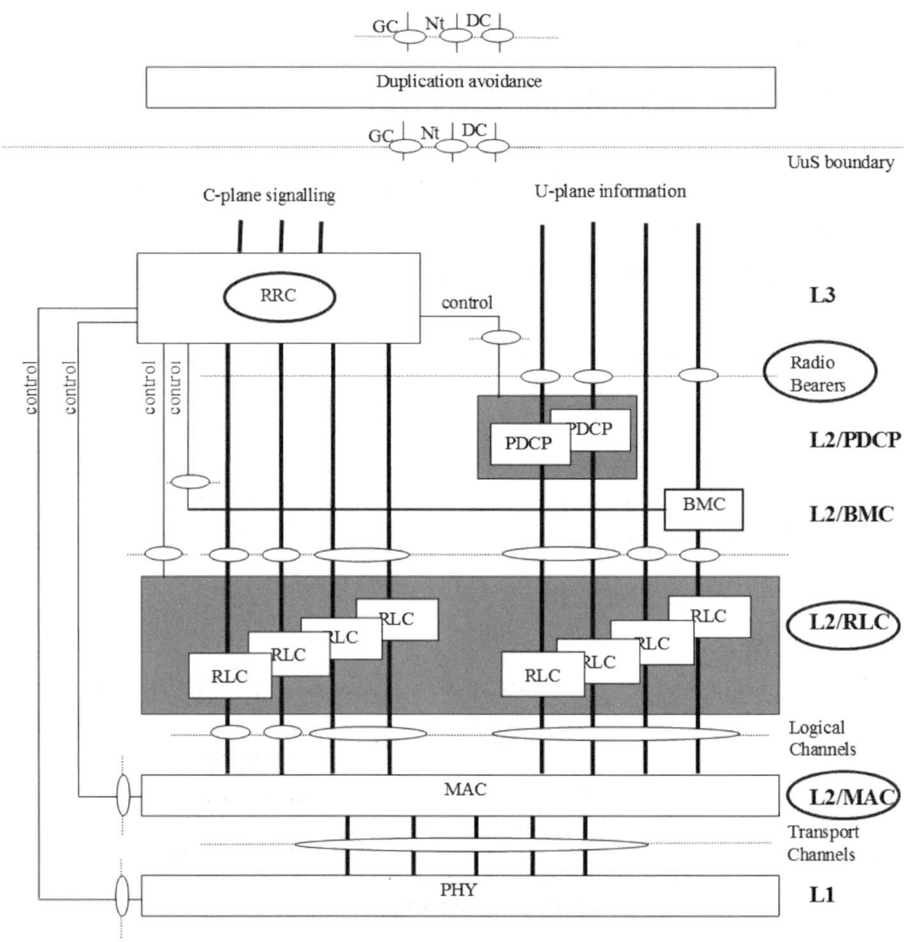

그림 4.3 무선 인터페이스 프로토콜 구조 (서비스 접근 포인트(SAP)는 원으로 표시됨)

무선 인터페이스는 The physical layer (L1), The data link layer (L2), The network layer (L3)와 같이 3개의 프로토콜 계층으로 되어 있다.

4.1.7.1 L2 계층

L2 계층은 MAC(Medium Access Control), RLC(Radio Link Control), PDCP(Packet Data Convergence Protocol), BMC(Broadcast/Multicast Control)와 같이 4개의 부계층으로 나뉜다.

4.1.7.2 L3 계층 & RLC

L3 계층과 RLC는 제어(C-)와 사용자(U-)영역으로 구분된다. PDCP와 BMC는 U-영역에만 존재하며 C-영역 안에 최하위 부계층인 L3 계층은 RRC(Radio Resource Control)와 L2 계층을 포함하는 인터페이스로 표현되는 부계층으로 나누고 UTRAN안에서 끝난다.

부계층은 기능상의 중복 회피를 제공하며 상위 계층에게 접근 Stratum 서비스를 제공하고 MM(Mobility Management)과 CC(Call Control)와 같은 상위 계층 시그널은 비 접근 stratum에 속하는 것으로 가정되므로 3GPP TSG RAN의 범위에 없다. 일반적인 레벨 안에 프로토콜의 구조는 현재 ITU-R 프로토콜 구조 ITU-R M. 1035와 비슷하다.

4.1.7.3 SAP

각 계층 사이의 SAP는 PDCP와 BMC, 각각 PDCP와 BMC SAP에 의해 접근되며 계층 2에 의해 제공되는 서비스는 무선 bearer로 불린다.

C-영역 무선 bearer는 RLC에 의해 RRC에 제공되고 이 bearer는 시그널 무선 bearer라고 하며 C-영역 안에, 'Duplication avoidance'와 상위 L3 부계층(CC, MM)사이의 인터페이스는 the General Control(GC), Notification(Not) and Dedicated Control(DC) SAP로 정의된다.

RLC 계층의 SAP는 MAC과 physical 계층 사이의 SAP는 전송 채널(Transport channel), RLC와 MAC 부계층 사이의 SAP는 논리적인 채널(Logical channel), RLC 연산 모드(UM, AM, TM)에 대해 각각 하나씩 3가지 타입으로 제공한다.

4.1.7.4 로컬 내부 계층 제어 서비스

〔그림 4.3〕에는 RRC와 L1에서와 마찬가지로 RRC와 MAC사이에 연결을 제공하는 로컬

내부 계층 제어 서비스를 보여준다.

같은 제어 인터페이스가 RRC와 RLC 부계층 사이, RRC와 PDCP 부계층 사이, 그리고 RRC와 RLC 부계층 사이에 존재한다. 이런 인터페이스는 RRC가 하위 계층의 구성을 제어하는 것을 가능하게 한다. 이런 목적을 위해 RRC와 각 상위 계층(PDCP, RLC, MAC, and L1)사이에 정의된 제어 SAP를 분리한다. RLC 부계층은 사용된 무선 전송 기술과 기능적으로 결합한 ARQ를 제공하며 C와 U 영역 안에 있는 RLC사이에 차이점은 없다.

MAC 부계층은 여러 개의 다른 MAC 개체(MAC-d, MAC-c/sh/m, MAC-hs, MAC-es/MAC-e and MAC-m)로 구성된다.

MAC-hs 개체는 하이브리드 ARQ 기능을 제공하고, 오직 HS-DSCH에서만 사용되며 MAC-es/MAC-d 개체는 하이브리드 ARQ 기능을 제공하고, 오직 E-DCH와 함께 사용된다. MAC-m 개체는 다른 셀로부터 MTCH에 대한 선택 결합 기능을 제공하며 MAC-m은 오직 MTCH와 MSCH를 나르는 FACH에 대해서만 사용된다.

UTRAN은 lu 연결 포인트가 변경되지 않는 동안 모든 데이터 손실을 막기 위해 CN에 의해 요구될 수 있다. 이것은 RLC 부계층에 의해 제공되는 것으로 기능적으로 UTRAN 재전송에 의해 수행되는 기본 요구이다. 하지만 lu 연결 포인트가 변하는 경우에는 데이터 손실 보호는 UTRAN에 의해 자발적으로는 보장받을 수 없고, CN안에 있는 'Duplication avoidance' 기능에 의존해야 한다. 무선 인터페이스로 전송되는 기본적인 시그널 메시지에는 RRC가 생성한 시그널 메시지와 상위 계층 안에서 생성된 NAS 메시지가 있다.

각 RRC 개체 사이에 시그널 연결 성립 시 3개 또는 4개의 UM/AM 시그널 무선 bearer가 설정되며 bearer 중에 2개는 다음과 같이 RRC가 생성한 시그널 메시지의 전송을 위해 설정된다.

- 승인이 안 된 모드 RLC 개체를 통해 메시지를 전송
- 승인이 된 모드 RLC 개체를 통해 메시지를 전송

하나의 시그널 무선 bearer는 상위 계층에 의해 "high priority"로 놓여질 NAS 메시지를 전송하기 위해 설정되며 선택적인 시그널 무선 bearer가 상위 계층에 의해 "low priority"로 놓여질 NAS 메시지를 전송하기 위해 설정된다. 여러 개의 TM에 시그널 연결 성립 후, 시그널 무선 bearer는 투명 모드 RLC를 사용하는 RRC 시그널 메시지의 전송을 위해 설정될 수 있다.

5 GSM MAC 계층 보안 메커니즘

GSM은 ETSI에 의해 제안된 TDMA 이동통신 방식이며 GSM에서 제공되는 보호 서비스는 가입자 인증과 가입자 익명성, 무선구간 암호 서비스 등이다.

이번 장에서는 2세대 무선망의 대표적인 GSM망에 이용되는 인증 프로토콜과 문제점을 기술하고, 3세대 이동통신에서 보안의 향상된 점을 살펴본다.

5.1 GSM Core Network Architecture

GSM 시스템 네트워크의 구조는 〔그림 5.1〕과 같다.

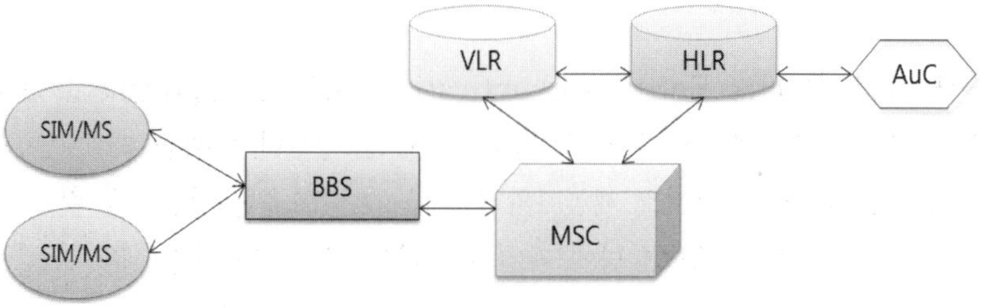

> 그림 5.1 GSM 시스템의 기본 구조

GSM에서 MS에서 SIM은 유일한 IMSI를 포함하고 있으며 ME는 제조업체가 할당한 IMEI를 포함하여 해당 셀에서만 사용되는 TMSI를 이용하여 CM과 MM 기능 수행한다. BSS는 BTS, BSC, TRAU로 구성되며 BTS는 무선 송수신, 단말 켤 때 논리 BCCH(Broadcast Control Channel)를 통하여 초기화 수행하고 BSC는 무선구간에 대한 제어 기능과 CM 관련 처리는 하지 않지만 MM 관련 기능을 담당한다.

한편 TRAU는 무선의 음성 전송률을 유선 교환기에 맞도록 변환하는 기능을 하며 논리적으로 BSS 포함되지만 실제적으로 MSC에 위치한다.

또한 호 처리 관련 기능은 MSC에서 담당하고 MM 관련 기능을 수행과 SS7을 이용하며 이동성 관리 기능을 한다. HLR은 IMSI 바탕으로 단말의 위치를 파악하고 관리하는 데이터베이스이며 착신 호를 받아 단말의 등록된 VLR 영역의 MSC로 해당 호 전달하며 가입자와 연관된 암호화 키 Kc, RAND, 그리고 인증 서명 역할을 하는 SRES를 저장 관리하는 기능을 한다.

VLR은 해당 지역에 있는 가입자의 정보를 일시 저장할 뿐만 아니라 단말이 HLR 관리 영역을 벗어나는 경우 해당 영역의 정보를 HLR에게 등록하는 데이터베이스이며 TMSI를 생성 및 저장하고 인증의 성공 여부를 결정한다.

인증 기능은 AuC, EIR에서 담당하며 AuC은 IMSI 기초로 사용자를 인증하는 서버이며 Ki가 저장되어 A3과 A8 알고리즘을 수행한다.

EIR은 IMEI 기초로 단말기 인증하는 역할을 하는 서버이다. 또한 서비스 및 외부망과의 연동은 SMS 관련 서버인 SMS-SC, SMS-GMSC와 SMS-IMSC 등으로 구성된 SMSC와 유선 전화망과 연동되는 GMGS와 데이터망과의 연동장치인 IWF에서 담당한다.

5.2 GSM Authentication Protocol

개체 인증과 키 일치(GSM Entity authentication and key agreement)는 SN 네트워크 도메인에서 SIM의 인증을 제공하고 암호화 키 Kc를 생성하기 위한 개체 인증과 키 일치 절차이다. [그림 5.2]와 같이 서비스 제공자와 사용자 간에 고유한 인증키를 갖고 Challenge-Response 방식으로 수행되며 GSM 망에 가입된 각각의 사용자는 인증 센터 AuC로부터 인증키인 Ki, IMSI를 발급 받아 단말기에 저장하여 인증 센터와 공유한다.

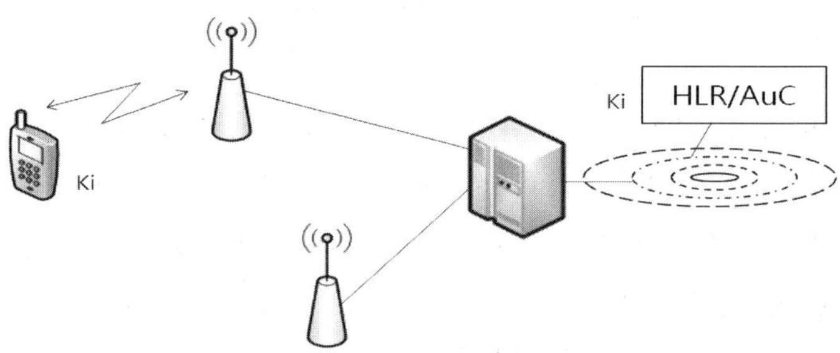

그림 5.2 GSM System

이 프로토콜에서는 [그림 5.3]과 같이 A3, A5, A8 3개의 알고리즘이 사용된다. A3 알고리즘은 challenge에 대한 응답 값을 계산하는 일 방향 함수로써 개별 가입자 인증 인 Ki가 저장되는 인증 알고리즘이다. A8 알고리즘은 세션키를 생성하기 위한 일 방향 함수이며 A5 알고리즘은 데이터를 암호화 및 복호화 하는 알고리즘이다.

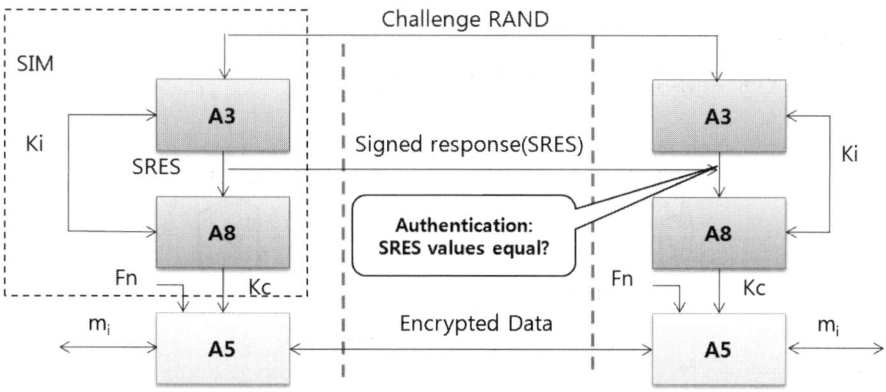

그림 5.3 GSM상에서의 인증 프로토콜

5.2.1 키 준비

GSM 시스템에서는 각종 키와 알고리즘을 담고 있는 SIM을 통해 서비스 제공자는 네트워크 액세스를 통제한다.

SIM에는 Ki라고 하는 128bit의 인증키를 저장하고 있으며 Ki는 밖으로 노출되지 않도록 가입자는 안전하게 관리 이용해야 한다. 만약 Ki가 노출되면 많은 불법적으로 악용될 수 있으므로 Ki는 자신의 SIM과 등록 시 제공한 서비스 제공자만이 알고 있도록 유지해야 한다.

5.2.2 인증과 키 일치

GSM 시스템에서는 인증과 암호키를 생성하기 위해 유일 시도/응답(Unique Challenge /Response)프로토콜을 이용하며 이 프로토콜은 네트워크 운영자에 의해 실행된다. 즉, 네트워크는 128bit의 RAND와 갖고 있는 Ki를 이용해 32 bit의 SRES를 생성한 네트워크에서 내부적으로 계산한 SRES와 비교해서 인증을 시도한다. 이 때 인증에 성공하면 MS는 RAND와 Ki를 이용해 암호키 Kc를 생성하며 네트워크에서도 같은 과정을 통해 MS와 같은 세션 암호키 Kc의 생성 준비한다.

인증 프로토콜이 시작되면 MS는 자신의 IMSI를 요청 신호인 Request Signal과 함께 VLR은 이 값을 인증 센터인 HLR로 전송을 한다. VLR이 TMSI 혹은 IMSI를 HLR/AuC에 전송하면, HLR은 전달된 IMSI로 인증키인 Ki를 구하고, 128bit의 RAND를 생성하여 SRES와 Kc를 생성한다.

〔그림 5.4〕는 인증 과정의 흐름을 도식화 한 것이다.

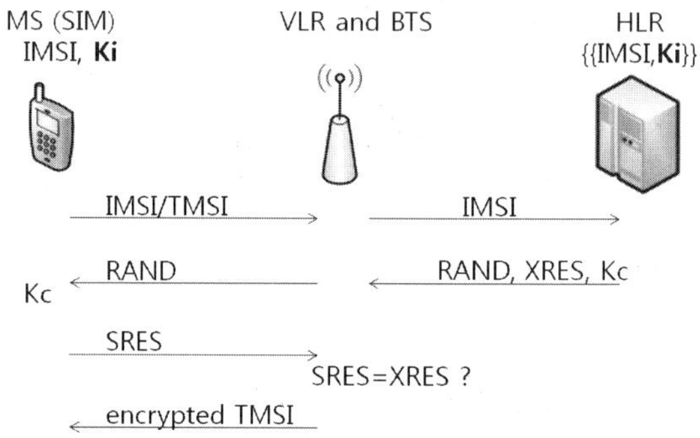

> 그림 5.4 GSM Security Protocol

먼저 SRES는 A3 알고리즘에 Ki와 RAND를 매개변수로 하여 생성되며 사용자 인증을 확인하는 값으로 사용된다. A3 알고리즘은 다음과 같다.

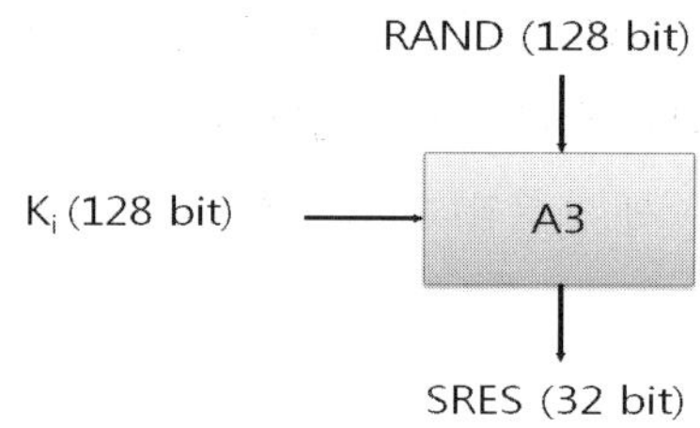

> 그림 5.5 A3 - MS Authentication Algorithm

Kc는 〔그림 5.6〕에서와 같이 Ki와 RAND를 매개변수로 하여 A8 알고리즘에 의해 생성된다. 이 때 생성된 RAND, SRES, Kc는 VLR로 전송된다. VLR은 RAND를 MS로 전송하여 XRES(Expected Response)를 기다린다. MS가 받은 RAND와 자신이 소유한 Ki로 XRES를 계산하여 VLR로 보낸다. VLR은 MS가 보내온 XRES와 SRES를 비교하여 사용자를 인증하게 된다. 이후 익명성을 보장하기 위해서 TMSI를 발급하고 인증이 종료하게 된다.

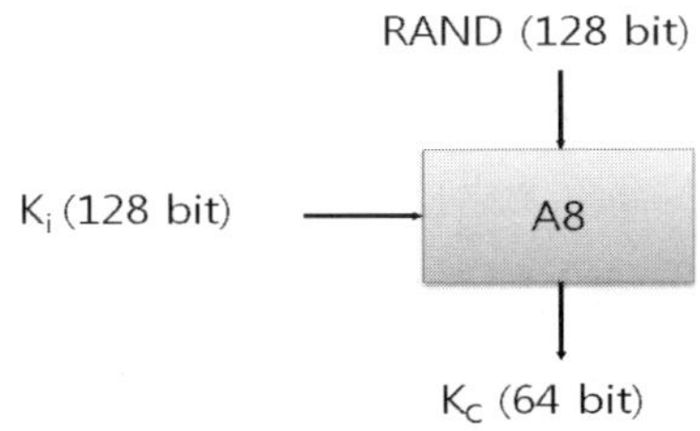

그림 5.6 A8 - Voice Privacy Key Generation Algorithm

이후 인증이 정상적으로 종료 후에는 분배된 세션키(Kc)와 BSS/MSC에서 A5 암호 알고리즘으로 데이터를 암호화 및 복호화 하여 통신을 하게 된다.

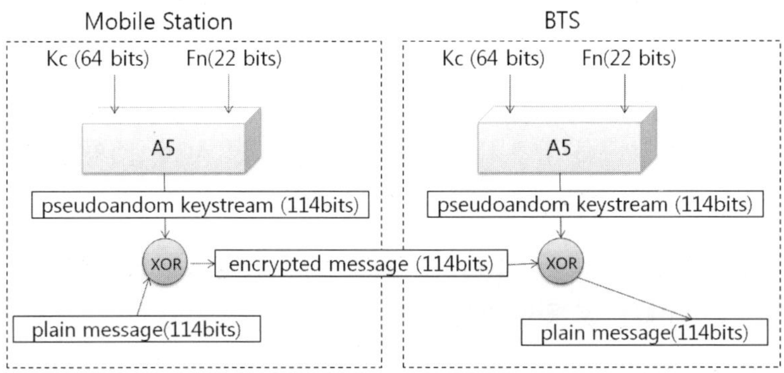

그림 5.7 A5 Implementation

5.2.3 | 암호

GSM에서 가입자 익명성은 TMSI 또는 IMSI로 유지하며 또한 무선구간에 대한 메시지 암호 통신은 비밀키 방식을 이용한다. 여기서 IMSI는 가입자의 ID를 바탕으로 서비스 제공자가 생성한 가입자 고유의 비밀 ID이며 네트워크는 사용자의 ID인 TMSI 또는 IMSI를 통해 가입자의 네트워크 액세스를 기본적으로 제어 한다.

5.2.4 | 로밍

GSM 시스템에서 로밍 서비스는 HLR에서 VLR로 5개의 Triplets를 전송하여 네트워크에서 가입자 인증을 위해 이용한다. 여기서 하나의 Triplet는 RAND, SRES, Kc로 구성된다.

따라서 사용자는 네트워크에서 이 Triplet으로 인증을 받음으로써 서비스의 이용이 가능해 진다. 그리고 가입자는 자신의 인증키 Ki를 노출하지 않고 인증을 받을 수 있으며 이 Triplet을 공격자가 중간에서 획득해도 이 값은 가변적이므로 영구적인 노출의 위험을 줄일 수 있다. 그러나 이 방식은 완전한 로밍을 제공한다고 볼 수 없으며 또한 HLR에서 VLR로 넘겨준 Triplet의 사용하지 않은 잔여 Triplet의 안전한 처리 방법과 전송 방법에 따라 인증 기능을 공격 받을 수 있다는 단점을 갖고 있다.

5.2.5 위치 등록

MS가 기지국에 위치 등록을 하고자 할 경우 수행되는 절차로 MS는 IMSI를 사용하여 신분을 기지국에 전송하여 위치 등록을 한다.

MS의 위치 등록 과정은 다음과 같다.

① HLR이 인증 정보 요구와 함께 IMSI를 AC로 전송하면 AC는 Ki와 RAND를 입력하여 A3와 A8 알고리즘을 수행하여 SRES와 Kc를 계산한다.

② AC가 IMSI, Kc, RAND와 SRES를 포함하는 인증 정보를 HLR에 전송하면 HLR은 이 정보를 데이터베이스로 관리한다.

③ MS는 IMSI를 포함하는 등록 갱신 요구 메시지를 BSS/MSC/VLR을 통하여 HLR에 전송하면 HLR이 전송 받은 IMSI와 연관된 인증 정보인 Kc, RAND, SRES를 VLR에 전송하면 VLR은 이들 정보를 데이터베이스로 관리한다.

④ VLR이 RAND를 포함하는 인증 요구 메시지를 MS로 전송하면 MS는 수신한 RAND와 자신의 비밀키 Ki를 입력하여 A3와 A8 알고리즘을 수행하여 Kc와 SRES를 계산한다.

⑤ MS에 저장되고 SRES는 인증 응답 메시지에 포함하여 VLR에 전송하면 VLR은 수신한 SRES와 자신이 가지고 있는 SRES를 비교하여 일치하면 MS 인증을 성공시키고 MS에게 TMSI를 할당한다.

5.2.6 발호 인증

등록을 마친 MS가 발호를 원할 때 수행되며 이동국은 TMSI를 사용하여 자신의 신분을 기지국에 알리게 된다. 이동국 발호 인증 과정은 다음과 같다.

① MS의 TMSI를 포함하는 호 설정 지시 메시지는 BSS/MSC를 거쳐 VLR로 전송된다.

② VLR은 자신이 관리하는 데이터베이스에서 TMSI와 연관된 RAND 인증을 위해 BSS/MSC에 전송하며 BSS/MSC는 인증 요구 메시지에 RAND를 포함시켜 MS로 전송한다.

③ MS는 수신한 RAND와 자신이 비밀키 Ki의 입력으로 A3와 A8 알고리즘을 수행하여 Kc와 SRES를 계산한 후 Kc는 저장하고 SRES는 인증 응답 메시지에 포함하여 BSS/MSC를 거쳐 VLR에 전송한다.

④ VLR은 수신한 SRES와 자신이 가지고 있는 SRES를 비교하여 일치하면 MS 인증을 성공시킨다.

5.2.7 | 착호 인증

등록된 MS가 기지국의 호출에 응답할 때 수행되는 절차로 그 인증 과정은 다음과 같다.

① VLR이 IAM(ISUP Initial Address Message)를 받으면 BSS/MSC가 VLR에 MSRN을 전송하며 VLR이 TMSI, LAI(Location Area Identification), Kc, RAND와 SRES를 선택하여 인증 메시지와 함께 SRES를 BSS/MSC에 전송한다.

② BSS/MSC가 호출 요청 메시지를 MS에 전송하면 MS는 채널 요청 메시지를 BSS/MSC로 전송하고 BSS/MSC는 immediate assignment 메시지를 MS에 전송하고 다시 MS는 호출 응답 메시지를 BSS/MSC에 전송한다. 이 때 MS와 BSS/MSC 사이에 교환되는 메시지는 TMSI를 포함하며 BSS/MSC가 RAND를 포함하는 인증 요구 메시지를 MS에 전송한다.

③ MS는 수신한 RAND와 자신의 Ki를 입력하고 A3/A8 알고리즘을 수행하여 SRES와 Kc를 생성한 후 Kc는 저장하고 SRES는 BSS/MSC를 거쳐 VLR에 전송한다.

④ VLR은 전송 받은 SRES와 자신이 가지고 있는 SRES를 비교하여 일치하면 MS 인증을 성공시킨다.

5.2.8 | 기타

그 외 인증 서비스 관련 LAI 질의 및 갱신 등의 절차가 있다.

5.3 GSM Authentication Protocol의 취약점

GSM 인증 프로토콜에서 발견할 수 있는 취약점을 요약하면 다음과 같다.

- 암호 알고리즘의 취약점으로써 비교적 짧은 키 길이와 인증 알고리즘인 A3, A8과 암호화 알고리즘인 A5가 취약하여 공격자의 계산 능력 증대로 단기간 내에 암호 해독이 가능하다.
- 네트워크만 사용자에 대한 인증을 하는 단 방향 인증을 제공하기 때문에 사용자 입장에서는 서비스 제공자의 정당성을 판단할 수 없다. 이로 인해 네트워크로 위장한 공격자가 가입자의 정보를 획득할 수 있다.
- 무결성 알고리즘이 제공되지 않아서 일부 Signal 메시지는 평문의 상태로 전송되어 공격자가 Signal 메시지를 가로채기 또는 수정을 가능하게 한다.
- [그림 5.8]과 같이 Active attack으로 False BTS와 같은 네트워크 개체로 위장하는 것이 가능하다.

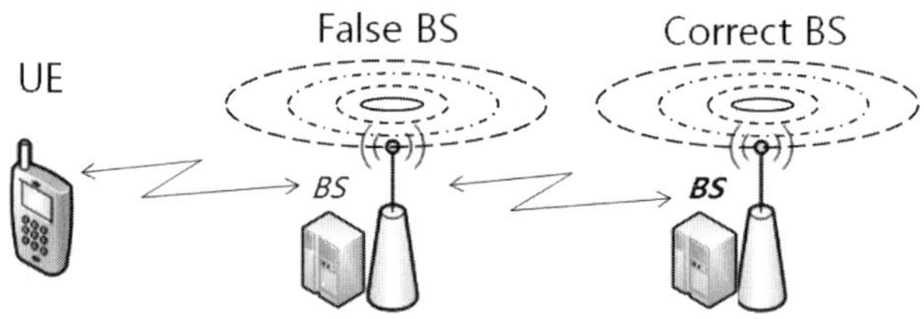

그림 5.8 Active attack

- 암호키들이 네트워크 내에서 평문으로 전달된다.
- Radio channel hijack에 대한 보호는 암호화에 의존하지만, 대부분의 네트워크는 암호화를 사용하지 않는다는 점이다.
- TMSI를 분실했을 경우 IMSI를 노출될 수 있다.

이런 단점을 이용하여 불법적인 연결하여 사용자의 개인 정보를 획득할 수 있다. 또한 중요한 인증 정보를 HLR 뿐만 아니라 VLR에도 저장하기 때문에 더욱 높은 수준의 보안이 필요하다.

5.4 Additional UMTS Security Features

UMTS에서의 인증 프로토콜은 GSM 인증 프로토콜에서 추가된 내용은 다음과 같다. GSM에서는 네트워크만 사용자에 대한 단 방향 인증을 제공하지만 UMTS에서는 네트워크와 사용자가 서로를 상호 인증하는 양방향 인증을 제공한다.

또한 GSM에서는 무결성 알고리즘이 제공되지 않아서 공격자가 Signal 메시지를 가로채기 또는 수정이 가능했지만 UMTS에서는 무결성 알고리즘에 의해 데이터 무결성이 보장되었으며 네트워크 안에서와 네트워크 사이에 보안이 제공되며 BS가 아닌 스위치 내에서 보안이 제공된다.

그리고 특정한 이벤트나 사용자의 관심에 따라 보안 특징의 작용이 사용자 visibility에 제공됨으로써 암호화된 call이 설정 되었을 때, 무선 접근 링크에서 사용자 데이터의 기밀성이 보호되는지에 대해 사용자에게 알려주며 사용자가 핸드오버 되었거나 낮은 보안 레벨의(3G→2G) 네트워크에 있을 때, 방문 네트워크가 제공 가능한 보안 레벨을 사용자에게 알려주게 된다.

마지막으로 사용자가 사용이나 서비스 규정이 동작 중에 어떤 보안 특성에 의존하는지 구성할 수 있게 하는 구성 가능성이 제공된다. 이로 인해 사용자는 사용자-USIM 인증의 수행 과정, 어떤 암호화 알고리즘을 수용 여부, 사용자가 네트워크가 암호화 기능이 없을 때 연결을 설정할지 여부를 제어 할 수 있다.

6 UMTS MAC 계층 보안 메커니즘

6.1 UMTS Network Architecture

UMTS의 구조는 〔그림 6.1〕과 같이 UE, AN(Access Network Domain), SN, HE로 나누어진다.

UE는 USIM과 ME, AN은 Node B와 RNC, SN은 VLR/ SGSN, HE는 HLR/AuC로 구성되어 인증 및 키 일치 과정인 AKA 과정을 통해 암호화 키 CK(Cipher Key), 무결성 키 IK(Integrity Key)를 공유하여 양방향 인증을 하게 된다.

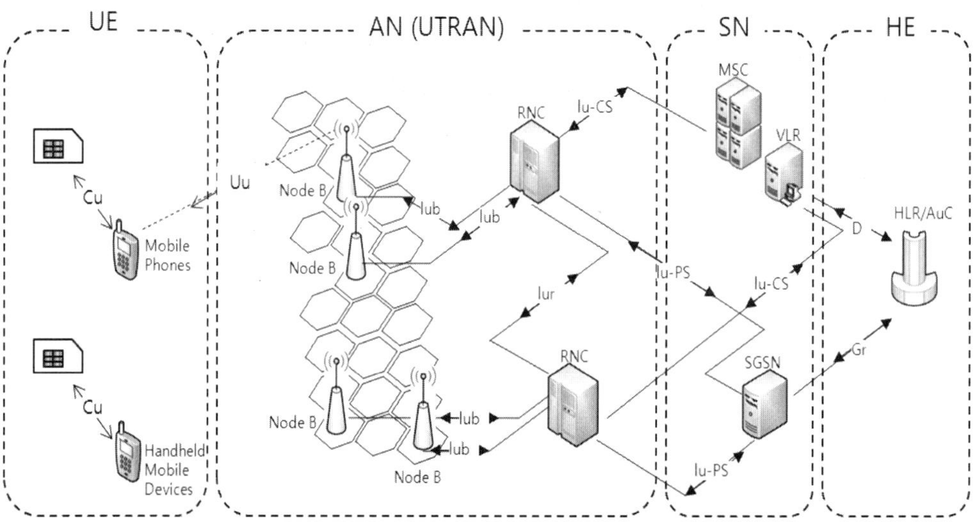

그림 6.1 UMTS Interface and Domain Architecture

6.2 UMTS Security Architecture

UMTS Security Architecture는 〔그림 6.2〕와 같이 USIM, ME, VLR/SGSN, HLR/AuC 사이에서 AKA 과정이 이루어지며 그 결과로 UE와 RNC사이에 CK와 IK를 공유한 후 무결성과 암호화 과정이 이루어진다.

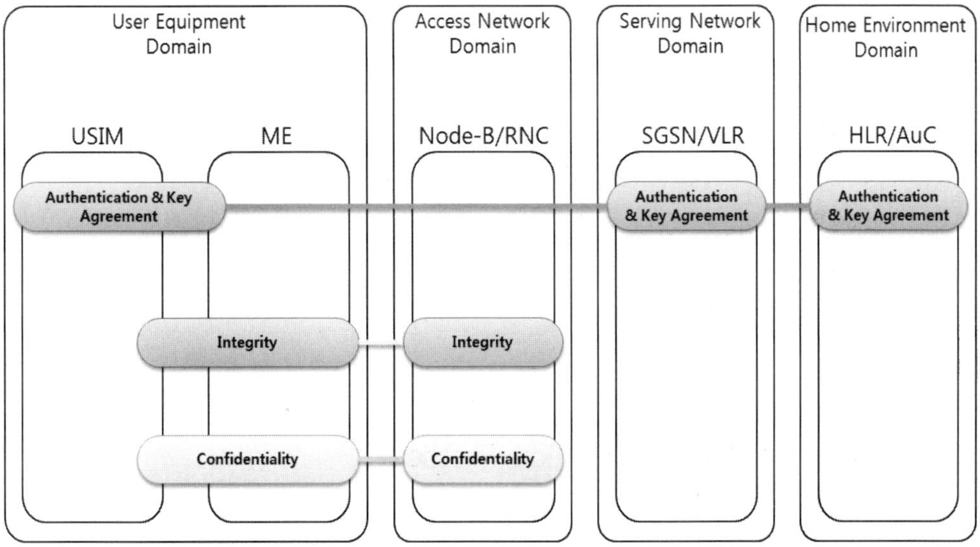

그림 6.2 UMTS Security Architecture

6.3 Security Functions

AKA 과정에서 사용되는 암호학적 함수는 다음과 같다. 각 함수의 상세한 설명은 6.4.4.1절을 참조하기 바란다.

- f0 난수 요구(Challenge)생성 함수
- f1 MAC을 계산하기 위하여 사용되는 메시지 인증 함수
- f1* MAC-S를 계산하기 위하여 사용되는 메시지 인증 함수
- f2 RES와 XRES를 계산하기 위하여 사용되는 메시지 인증 함수
- f3 CK를 계산하기 위하여 사용되는 키 생성 함수
- f4 IK를 계산하기 위하여 사용되는 키 생성 함수
- f5 보통 시행에서 AK(Anonymity Key)를 계산하기 위하여 사용되는 키 생성 함수
- f5* 재동기화 과정에서 AK를 계산하기 위하여 사용되는 키 생성 함수
- f6 MAP 암호화 알고리즘
- f7 MAP 무결성 알고리즘

- f8 무선구간 무결성 알고리즘
- f9 무선구간 기밀성 알고리즘
- c1 GSM과 호환을 위해 RAND(UMTS)를 RAND(GSM)로 변환하는 함수
- c2 GSM과 호환을 위해 XRES(UMTS)를 SRES(GSM)로 변환하는 함수
- c3 GSM과 호환을 위해 CK와 IK(UMTS)를 Kc(GSM)로 변환하는 함수
- c4 GSM과의 호환을 위한 변환 함수
- c5 GSM과의 호환을 위한 변환 함수

6.4 UMTS Authentication Protocol

UMTS에서 적용된 인증 프로토콜은 〔그림 6.3〕과 같은 네트워크 구조에서 수행된다.

UMTS에서의 인증 프로토콜에서는 인증 정보를 안전하게 처리하기 위해 VLR/SGSN은 사용자의 HE가 신뢰하고 VLR/SGSN과 HE/AuC사이의 내부 시스템 링크가 안전하며 사용자가 HE를 신뢰하고 VLR/SGSN 사이에 링크의 충분히 안전하다는 가정 하에 시작한다.

UMTS 인증 프로토콜에서 새로 소개된 용어는 인증벡터 AV(Authentication Vector)이다.

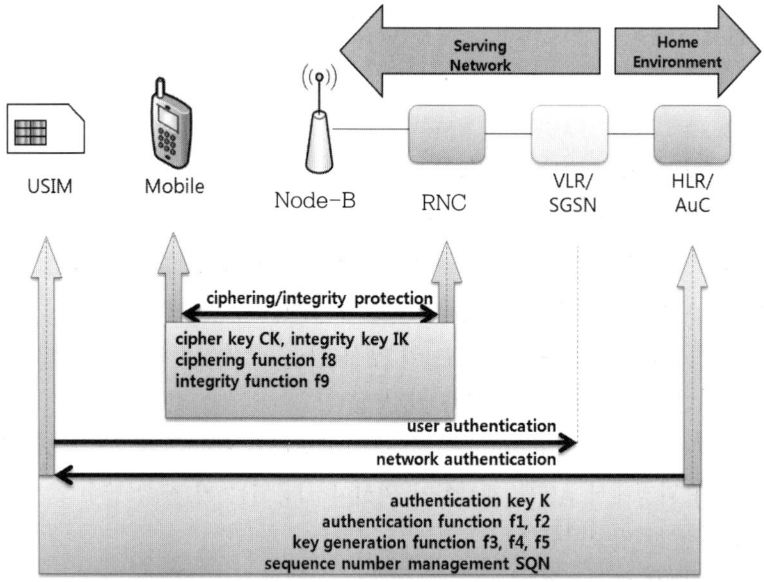

그림 6.3 UMTS Security Architecture

GSM에서 사용된 RAND, SRES, Kc같이 인증에 필요한 인자들을 포함하여 AV라 한다.

UMTS에서 AV는 RAND, 기대된 응답 XRES, CK, IK 그리고 인증 토큰 AUTN (Authentication Token)들로 구성된다. UMTS에 쓰인 알고리즘은 RES/XRES를 계산하는 메시지 인증 함수 f2와 CK, IK를 생성하는 키 생성 함수 f3, f4 그리고 MAC(Message Authentication Code)를 생성하는 메시지 인증 함수 f1, 익명성 키 AK를 계산하는 키 생성 함수 f5 등이다.

MS가 IMSI로 등록 요청을 하면 VLR은 이 정보를 HLR로 전달을 하고, HLR은 RAND, SQN(Sequence number)을 생성하여 MAC, XRES, CK, IK, AK를 각각 계산하여 자신을 인증하는 메시지 집합인 AV를 구성하여 VLR로 전송한다. VLR은 AV 인자들 중에서 RAND, AUTN을 MS로 보내게 된다.

이 때 MS에서는 자신의 Ki와 RAND를 매개변수로 함수 f5로부터 AK를 생성하여 AK와 EXOR된 문장으로부터 SQN를 구한다. Ki, RAND, SQN, AMF(Authentication management

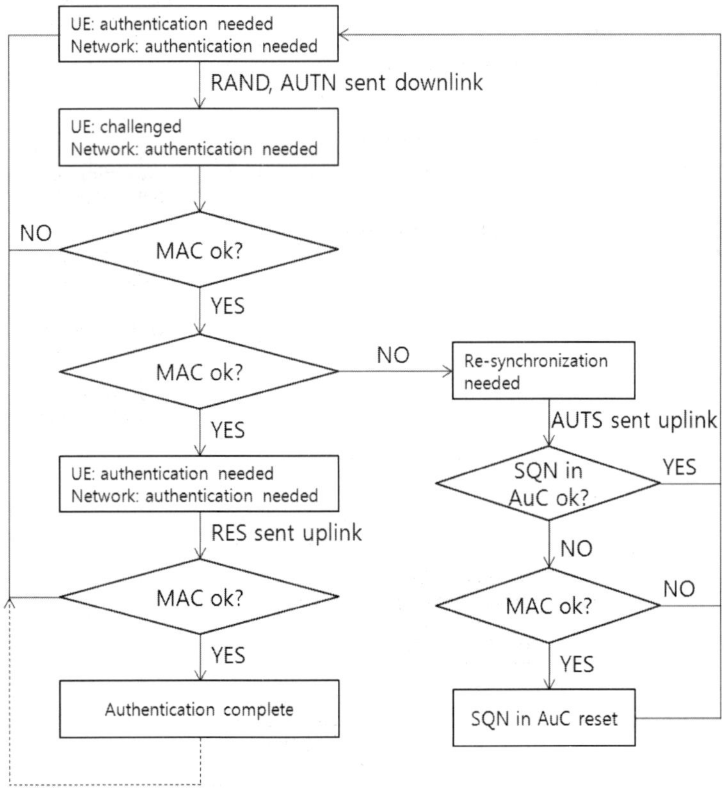

그림 6.4 Authentication flow chart

field)를 매개변수로 함수 f1으로 MAC 값을 계산한 후, 구하고 VLR에서 전송된 MAC 값과 비교하여 HLR를 인증 한다. 만약 인증 메시지가 HLR에서 생성한 것이 확인되면 MS에 대한 RES를 포함한 인증 메시지를 VLR로 보낸다. VLR은 XRES와 RES의 값을 비교하여 같다면 정당한 사용자로 판단하고 인증 과정을 종료한다. 만약 일치하지 않는다면 거절한다.

이 프로토콜의 제일 큰 특징은 사용자와 네트워크 간에 상호 인증을 제공한다는 것이다. MS

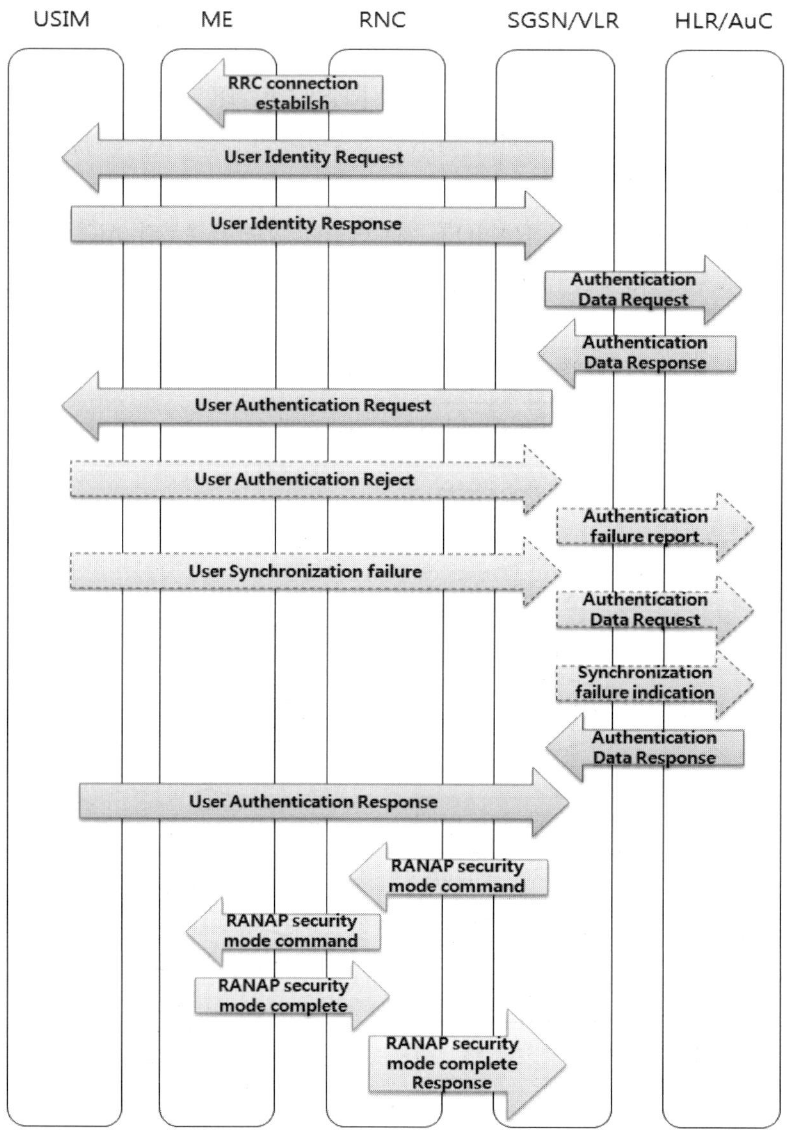

그림 6.5 UMTS Authentication Protocol Flows

는 SQN과 MAC을 이용하여 메시지가 HLR로부터 작성된 것을 확인하며 서비스 제공자는 RES/XRES로 MS로 인증함으로써 상호 인증을 제공하게 된다.

두 번째 특징은 무결성 알고리즘에 의해 데이터 무결성이 보장되며 보안 가시성을 제공하고 세 번째는 정보의 무결성을 제공하는 것이다. 평문으로 전송되던 Signal 메시지를 암호화하기 위한 암호 모듈을 추가하고 이때 사용될 암호화 키 CK를 인증 시 분배한다.

그리고 네트워크 안에서와 네트워크 사이에 보안이 제공되며 BS가 아닌 스위치 내에서 보안이 제공된다. 또한 특정한 이벤트나 사용자의 관심에 따라 보안 특징의 작용이 사용자 보안의 가시성과 구성이 제공됨으로써 사용자는 사용자-USIM 인증의 수행 과정, 어떤 암호화 알고리즘을 수용 여부, 사용자가 네트워크가 암호화 기능이 없을 때 연결을 설정할지 여부를 제어 할 수 있다.

UMTS Authentication Protocol의 전체 과정은 〔그림 6.5〕와 같이 ME와 RNC 사이에 RRC connection establish와 User Identity Request/Response 과정을 거친 후 AKA 과정을 통해 양방향 인증이 끝나면 RRC connection security mode complete 과정이 실행된다.

6.4.1 | 사용자 신분 확인

6.4.1.1 TMSI을 이용한 사용자 식별

TMSI는 무선구간에서 IMSI의 노출을 최소화하기 위하여 최초 위치 등록 시 Original IMSI 대신에 가입자 별로 할당하고 단말과 네트워크 사이에 주고받는 가입자 식별 번호이다.

TMSI를 이용하여 무선 접근 링크에서 사용자를 식별하는 것으로 Paging 요구, 위치 갱신 요구, 서비스 요구, 연결 재설정 등에 이용되며 TMSI는 방문망에서 할당하고 그 망에서만 의미를 가진다. 외부에서 TMSI를 사용할 때는 LAI/RAI를 같이 사용해야 하며 TMSI와 IMSI는 사용자가 등록된 VLR/SGSN에 저장된다.

1. TMSI 구조

   TMSI는 VLR에서 암호화된 형태로 할당한 임시 가입자 신원으로 AKA 프로토콜 실행 동안 업데이트된다. TMSI는 4byte 형태이며 Structure와 coding은 운영자와 서비스 제공자의 요구에 맞게 결정되며 암호화된 형태로 할당된다. 한편 SGSN 서비스와 MSC 서비스 구분을 위해 상위 2bit를 할당하게 되며 모든 비트가 '1'인 TMSI는 유효하지 않은 TMSI를 나타낸다.

하나의 VLR내에서 중복 할당을 방지하기 위해 시간에 의존하여 TMSI를 암호화하여 할당된다. SGSN-based 서비스와 MSC-based 서비스에 대한 TMSI를 구분하기 위해 상위 2bit를 '00', '01', '10'으로 할당하게 되며 MSC-based 서비스에 '11'은 SGSN-based 서비스를 위한 TMSI에 할당된다.

2. TMSI 할당 시기

TMSI의 할당은 단말에서 IMSI로 위치 등록이나 발/착신 호를 시도하는 경우, 단말이 위치 등록 발/착신 호 시도 시 사용한 TMSI로 가입자를 찾지 못해 단말로 IMSI 요구하는 경우, 시스템에 최초 위치 등록 하는 경우, 마지막으로 방문자망 VLRn이 이전 방문망 VLRo와 다른 경우, VLRn은 TMSI와 관련된 IMSI 등의 데이터가 없으며 VLRo에 요청하여 TMSI를 이용한 사용자 확인을 수행한다. 하지만 TMSI에 의해 IMSI 확인이 되지 않거나 TMSI로부터 유도된 IMSI를 이용한 인증 절차가 실패한 경우 VLR에 의해 시작된다.

3. TMSI 할당 절차

TMSI 할당은 무선구간이 암호화 모드일 때 수행되고 VLR에 의해 시작되며 그 과정은 다음과 같다.

① VLR은 새로운 TMSI 생성, IMSI와 함께 DB에 저장한다.
② VLR은 TMSI를 사용자에게 전송, 필요하다면 새로운 LAI와 함께 전송한다.
③ 사용자는 이전의 TMSI를 새로운 TMSI로 갱신, 할당 완료 메시지 전송한다.
④ VLR은 DB에서 이전의 TMSI 삭제한다.

4. LAI

UE가 위치 등록 없이 이동할 수 있는 cell의 Area로써, RNC에서 지정되며 위치 등록과 착신 Paging에 이용되며 LAI는 〔그림 6.6〕과 같이 3개의 식별 값으로 구성된다.

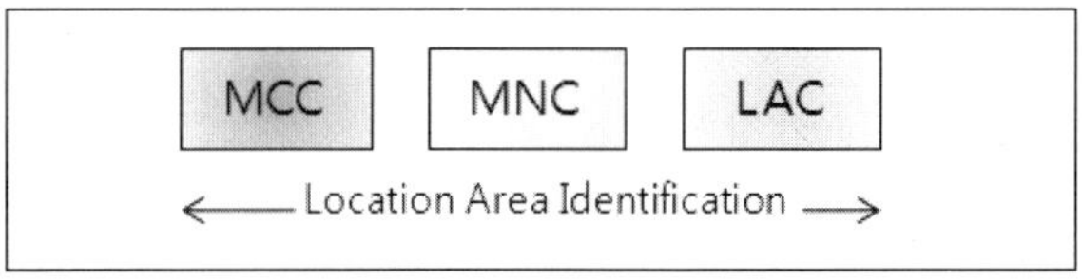

그림 6.6 LAI 구성

MCC(Mobile Country Code)는 3digits이며 GSM PLMN 망이 소속된 국가 코드를 나타낸다. MNC(Mobile Network Code)는 2~3digits이며 한 국가 내에서 PLMN에 해당하는 식별 값이다. LAC(Location Area Code)는 2octets이며 한 GSM PLMN에서 Location Area 식별 값이다.

6.4.1.2 IMSI(International Mobile Subscriber Identity)을 이용한 사용자 식별

IMSI는 무선 경로 상에서 사용자의 신분을 확인하는데 사용되는 영구적인 사용자 ID이다. 즉, IMSI는 가입자의 위치 등록, 인증, 발신 및 착신 등의 처리 시 가입자의 유일한 식별자로 사용되며 가입자가 발신하거나 착신할 때 쓰이는 다이얼링 번호와는 별개이다.

따라서 IMSI를 이용하여 무선구간에서 사용자의 신분을 확인하는 경우는 TMSI에 의해 사용자 신분 확인이 실패 했을 때 SN에 의해 시작되며 사용자가 SN에 처음 등록하거나 SN이 TMSI로부터 IMSI의 복구가 불가능 할 때 사용된다.

1. IMSI의 구조

IMSI는 무선구간에서 사용자를 식별하는 ID로써 가입자에게 유일하게 할당되며, 구성은 〔그림 6.7〕과 같이 MCC, MNC, MSIN로 이루어진다.

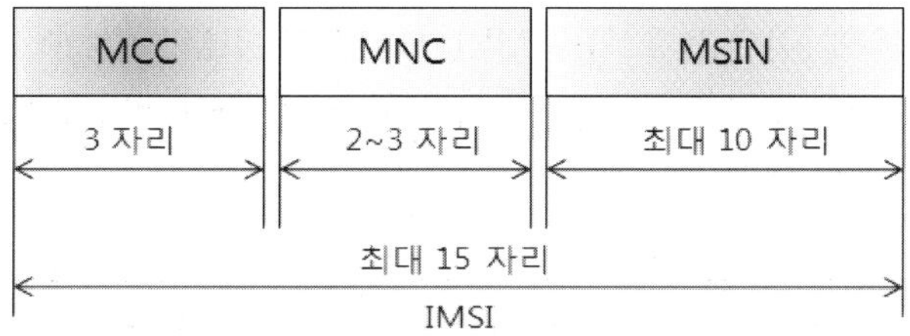

그림 6.7 IMSI의 구성 요소

MCC는 3digits이며 이동 가입자의 국가를 유일하게 표현한다. MNC는 2~3digits이며 이동 가입자의 home QSM PLMN을 표현하고 MCC 값에 의존한다. 또한 MNC은 한 나라에 2개 이상의 GSM PLMN이 있다면 각각에게 유일한 MNC를 할당한다. MSIN(Mobile Subscriber Identification Number)는 최대 10자리로 구성되며 GSM PLMS의 이동 가입자를 나타낸다.

약어	명칭	할당기관
MCC	Mobile Country Code	ITU
MNC	Mobile Network Code	National Authority or TSB
MSIN	Mobile Subscriber Identification Number	National Authority

표 6.1 IMSI 구성 요소

2. IMSI의 할당 원리

IMSI는 〔그림 6.7〕에서 보듯이 최대 15자리를 넘지 않으며 앞부분은 가입자 홈망의 ID를 나타낸다. 또한 IMSI는 '0'부터 '9'까지 숫자로만 구성되며 MCC 할당은 CCITT(The International Telegraph and Telephone Consultative Committee)에 의해 관리된다.

3. IMSI에 의한 사용자 식별 절차

TMSI에 의해 사용자의 IMSI를 확인할 수 없거나 TMSI로부터 유도된 IMSI를 이용하여 인증이 실패 할 경우 VLR에 의해 식별 절차가 실행되며 그 과정은 다음과 같다.

① VLR은 사용자에게 IMSI를 요청한다.

② 사용자는 자신의 IMSI를 포함한 응답 메시지를 VLR에게 전송한다.

6.4.1.3 기타 식별 번호

IMSI와 TMSI 이외에 식별 번호로는 IMEI와 MSISDN(Mobile Station International ISDN Number)이 있다. IMEI는 단말을 구분하기 위한 단말 번호로써, EIR에서 관리하며 IMEI 구조는 다음과 같다.

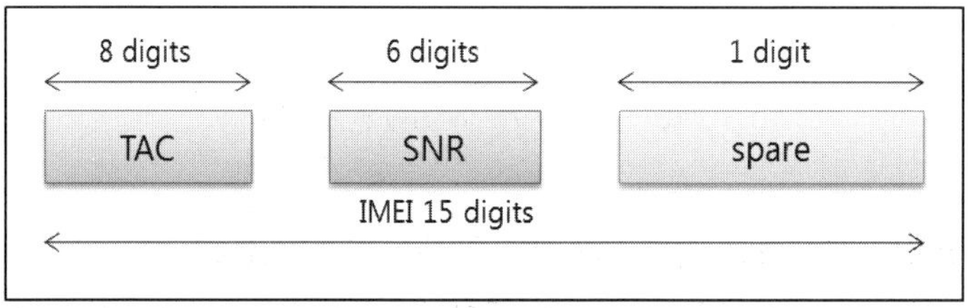

그림 6.8 IMEI 구조

IMEI는 IMSI와 같이 15자리로 구성되며 TAC(Type Allocation Code)는 제조사별로 할당하며, SNR(Serial Number)는 TAC당 유일한 단말 ID이며 Spare digit는 '0'으로 할당된다.

6.4.2 | RRC connection establishment

사용자 신원 요구와 AKA 과정이 일어나기 전에 ME에서 전송되는 RRC connection establishment 메시지를 저장하고 있다가 인증이 성립되면 Security mode를 협상할 때 이 값을 사용한다. 즉, ME security capability와 CS 서비스 영역과 PS 영역에 대한

START 값을 SRNC에 전송하고 SRNC는 UE에서 받은 데이터를 저장한다.

6.4.2.1 RRC connection establishment 과정에 필요한 데이터 및 암호학적 함수

1. START

   START는 20bit로써 COUNT-C와 COUNT-I에 의해 암호화와 무결성 알고리즘이 전송되고 연결 성립 시에 COUNT-C와 COUNT-I는 초기화가 된다. ME와 USIM은 CS 암호화/무결성 키에 대한 $START_{CS}$ 또는 PS 암호화/무결성 키에 대한 $START_{PS}$를 저장한다.
   ME와 RNC 사이의 START 값은 무선 연결 성립 시, ME는 RNC에게 RRC connection setup complete 메시지 안에 $START_{CS}$ 또는 $START_{PS}$를 보낸다.
   ME와 RNC는 대응하는 Service Domain의 START 값을 위해 RRC HFN(Hyper Frame Number), RLC HFN 그리고 MAC-d HFN의 최상위 20bit를 초기화하고 나머지 bit는 0으로 초기화한다. 또한 RRC SN(Sequence number)과 RLC SN은 0으로 초기화하고 무선 연결이 진행되는 동안, ME와 SRNC안에 $START_{CS}$ 또는 $START_{PS}$는 CK_{CS} and/or IK_{CS} 또는 CKps and/or IK_{PS}를 사용하여 보호된 CS 또는 PS 사용자 데이터 무선 bearer와 모든 시그널 무선 bearer의 현재 COUNT-C와 COUNT-I 값의 최대 값을 최상위 20bit로 정의하고 1을 증가시킨다.

2. COUNT-I

   COUNT-I는 무결성 Sequence number로써 〔그림 6.9〕와 같이 32bit의 길이를 갖는다. Signaling 무선 bearer에 대하여 COUNT-I 값은 상위 계층과 하위 계층에 각각 하나씩 존재하며 COUNT-I는 2개의 부분 즉, "short" Sequence number와 "long" Sequence number로 구성된다. RRC SN은 각각의 RRC PDU에 의해 이용 가능하고, RRC HFN은 각각 RRC SN cycle에 의해 증가하며 ME와 RNC는 START에서 RRC HFN의 최상위 20bit를 초기화하고, RRC HFN의 나머지 비트들은 0으로 초기화한다.

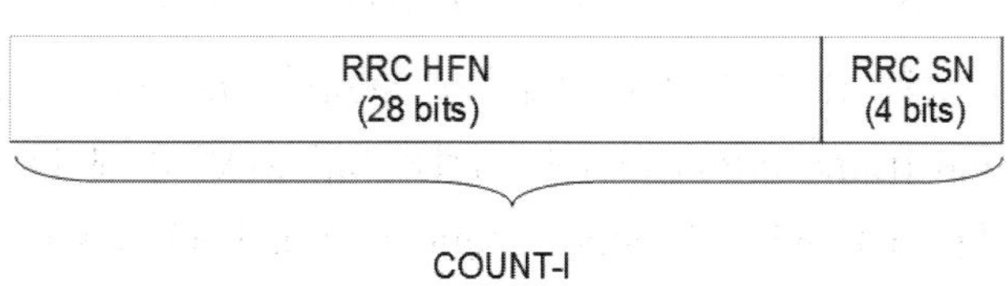

> 그림 6.9 COUNT-I 구조

- "short" Sequence number: COUNT-I의 최하위 비트들
- "long" Sequence number: COUNT-I의 최상위 비트들

3. COUNT-C

32bit의 COUNT-C는 암호화 Sequence number 이며 상위 계층과 RLC AM 또는 RNC UM을 사용하는 하위 계층에 각각 하나씩 존재하며 같은 CN 영역의 모든 투명한 mode RLC 무선 bearer에 대해서 COUNT-C는 같다. 또한 상위 계층과 하위 계층에 대해서도 COUNT-C는 같다.

COUNT-C는 〔그림 6.10〕과 같이 "short" Sequence number와 "long" Sequence number로 구성된다.

- "short" Sequence number: COUNT-C의 최하위 bit
- "long" Sequence number: COUNT-C의 최상위 bit

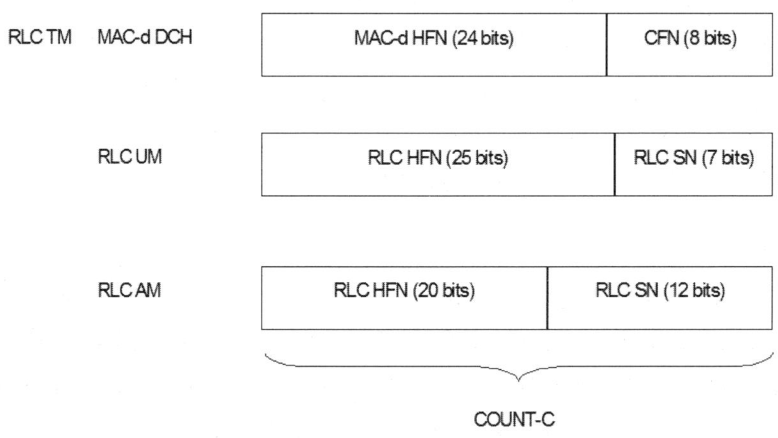

> 그림 6.10 COUNT-C 구조

COUNT-C의 update는 다음과 같은 전송 mode에 의존한다.

- DCH안에 있는 RNC TM에 대해서는 "short" Sequence number는 8bit CFN (connection frame number)이다. 이것은 ME MAC-d 개체와 SRNC MAC-d 개체 안에서 독립적으로 유지되며 "long" Sequence number는 24bit MAC-d HFN이고 각 CFN cycle에서 증가된다.
- RLC UM mode에 대해서는 "short" Sequence number는 7bit RLC Sequence

number(RLC SN)이고, RLC UM PDU header의 일부분이다. "long" Sequence number는 25bit RLC UM HFN이고 각 RLC SN cycle에서 증가된다.

- RLC AM mode에 대해서는 "short" Sequence number는 12bit RLC SN이고, RLC AM PDU 헤더의 일부분이다. "long" Sequence number는 20bit RLC AM HFN 이고 각 RLC SN cycle에서 증가된다. 그리고 HFN은 매개변수 START에 의해 초기화된다.
- ME와 RNC는 START에서 RLC AM HFN과 RLC UM HFN, MAC-d HFN의 최상위 20bit를 초기화하고 이들의 마지막 bit는 0으로 초기화 시킨다.
- 새로운 무선 bearer가 암호화 모드 안에서 RRC connection동안 만들어진다면 HFN은 현재의 START에 의하여 초기화된다.

RRC connection establishment 메시지는 〔그림 6.11〕과 같이 ME가 RNC로 START, UE security capability (UIA(UMTS Integrity Algorithm), UEA(UMTS Encryption Algorithm))를 포함하여 메시지를 전송한다.

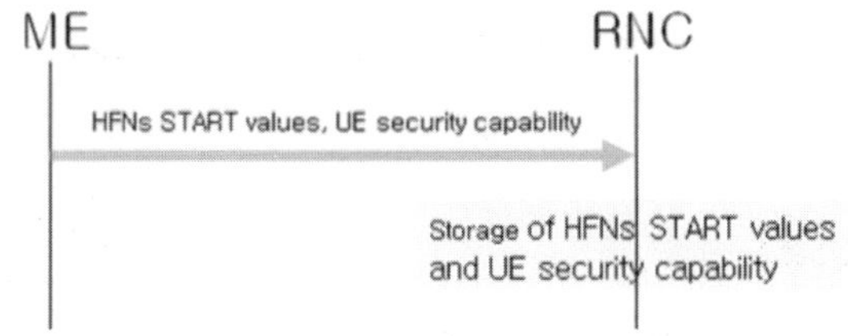

그림 6.11 RRC connection establishment

이 때 HFNs START value는 CS 서비스 영역과 PS 서비스 영역에 대한 START, 암호화 알고리즘을 위한 Sequence number인 COUNT-C의 입력 값의 일부, 무결성 보호 알고리즘을 위한 Sequence number인 COUNT-I의 입력 값으로 구성된 정보를 포함하고 있다.

그리고 UE security capability는 Unprotected message, MS의 Ciphering capabilities (UEAMS)와 Integrity capabilities (UIAMS)의 정보를 포함하고 있다.

여기서 〔그림 6.12〕와 같이 USIM과 ME 사이에서 START 값을 저장하게 되는데 ME는 RRC connection마다 해당 bearer에 속하는 $START_{CS}$ 또는 $START_{PS}$가 THRESHOLD에 도달했는지 확인해서 만약 START 값과 THRESHOLD가 동일하다면 ME는 USIM에 있는 START를 표시하고 USIM에 저장되어 있는 CK, IK를 삭제 후 KSI는 '111'로 세팅한다.

반면 START 값과 THRESHOLD가 동일하지 않다면 USIM에 $START_{CS}$ 또는 $START_{PS}$ 값을 저장한다.

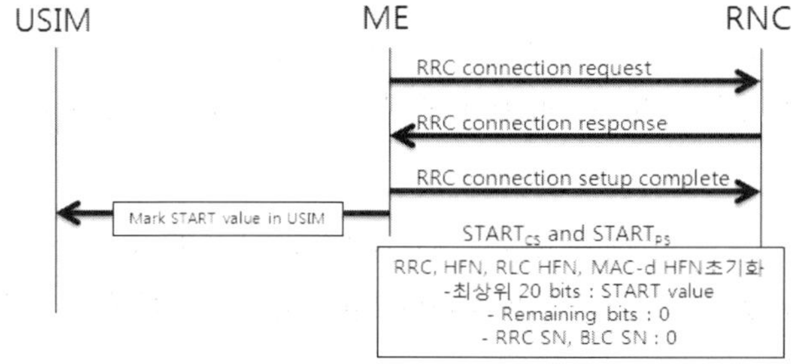

그림 6.12 RRC connection establishment

6.4.3 사용자 신원 요구 /사용자 신원 응답(User Identity Request/Response)

VLR/SGSN으로부터 사용자 신원 요구 메시지(User Identity Request)를 받으면 IMSI, TMSI, LAI, KSI를 포함한 신원 응답 메시지(User Identity Response)를 VLR/SGSN에 전송한다.

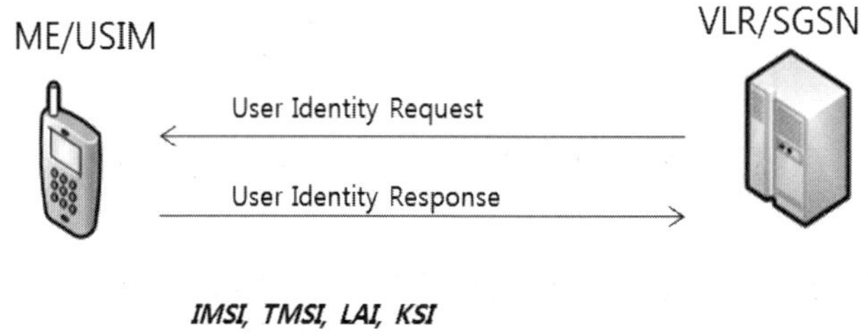

그림 6.13 User Identification

6.4.4 인증 및 키 일치 (AKA: Authentication and Key Agreement) 메커니즘

인증 및 키 일치 메커니즘은 USIM과 AuC에서만 이용할 수 있는 비밀키 K를 사용하여 상호 인증을 한다. 이 메커니즘은 사용자와 네트워크를 인증하는 양방향 인증을 제공하며 무선구간에서 암호화 및 복호화와 무결성을 확인하기 위해서 암호화 키 CK와 무결성 키 IK를 생성하여 키 일치 프로토콜을 통해 CK, IK를 서로 공유하고 이전에 사용된 적이 없음을 사용자와 네트워크에 보장하는 것이다.

VLR이나 HLR에서 가입자 관련 정보 요소의 변경, 서비스에 접속, VLR/SGSN이 restart 한 경우, 네트워크에 처음 접속, 암호화 키, 무결성 키의 불일치한 경우 MS와 VLR/SGSN간에 AKA를 수행한다.

AuC와 USIM은 사용자 고유의 비밀키 K, 메시지 인증 함수인 f1, f1*, f2, 키 생성 함수인 f3, f4, f5, f5*를 공유한다. AuC는 난수 생성기(Random number generator)와 새로운 수열(Fresh Sequence number)을 생성하는 방법과 USIM은 전달된 수열의 freshness를 검증하는 방법이 필요하다. 이 때 USIM과 RNC가 서로 키를 공유한다.

6.4.4.1 USIM, HLR/AuC에 저장된 데이터 및 암호학적 함수

사용자 등록 후 USIM에 저장된 데이터와 암호학적 함수는 OPc, THRESHOLD, K, IMSI, SQN_{MS}, f1, f1*, f2, f3, f4, f5, f5* 함수이다. 한편 HLR/AuC에 초기 저장된 데이터 및 암호학적 함수는 OP, SQN_{HE}, f0, f1, f1*, f2, f3, f4, f5, f5* 함수이다.

1. K
   가입자 인증 키 K는 128bit이며 USIM과 AuC에 저장된 long term 비밀키로 사용자 HE의 operator에 의해 생성되고 관리된다.

2. RAND
   f0 함수로 생성 되며 128bit 길이의 난수 값이며 Service operator에 의해 생성, 관리된다.

3. SQN
   48bit의 Sequence number로써 HE/AuC에서 새로운 SQN을 생성하며 USIM 안에 있는 SQN들의 freshness를 검증하기 위한 메커니즘은 동기 실패에 따른 인증 실패율을 충분히 줄이기 위해 SQN이 일정 범위에 포함되는 경우 인증을 허락하게 된다.

4. AMF (AMF*)
   AMF는 16bit의 인증 관리 필드이며 AMF의 사용은 표준화되지 않았다. AMF*는 재동기 과정 시 사용되며, 현재 제약 사항이 없다. 모두 '0'으로 세팅하여 사용한다.

5. MAC-A (XMAC-A)
   MAC-A는 64bit 길이의 사용자가 네트워크를 인증하기 위해 사용하는 메시지 인증 코드이며 MAC-A는 데이터 무결성과 RAND, SQN, AMF의 데이터 원본을 인증하며, USIM에 의한 MAC-A의 검증은 사용자에게 네트워크의 개체 인증을 위해 구성된다.

- MAC-A(or XMAC-A) = $f1_K(SQN_{HE} \| RAND \| AMF)$

7. RES(XRES)

사용자 응답으로 RES와 XRES는 네트워크에서 사용자의 인증을 위해 구성된다.

- RES(or XRES) = $f2_K(RAND)$

8. CK

128bit의 암호화 키로 CS 또는 PS 서비스 도메인과 사용자 사이에 성립된 CS 또는 PS 연결을 위해 하나의 CK_{CS} 또는 CK_{PS}가 존재하며 CK는 USIM에 저장되고 ME가 요구하면 ME로 보내진다. USIM안에 STARTcs 또는 STARTps가 THRESHOLD에 도달하면 새로운 인증 과정이 성립되므로 CK는 업데이트 되며 ME는 USIM의 제거 후나 전원 오프 후에 메모리에서 CK를 제거한다.

- CK = $f3_K(RAND)$

9. IK

128bit의 길이를 가진 무결성 키이며 CS 또는 PS 서비스 도메인과 사용자 사이에 성립된 CS 또는 PS 연결을 위해 하나의 IK_{CS} 또는 IK_{PS}가 존재한다. 사용자 데이터에 대한 무선 bearer의 데이터 무결성은 보호되지 않으며 시그널 무선 bearer는 CS와 PS 도메인에 의해 전달되는 서비스들을 위한 시그널 데이터 전송에 사용된다. 이 시그널 무선 bearer는 서비스 도메인의 IK에 의해 데이터 무결성이 보호되어야 한다.

- IK = $f4_K(RAND)$

10. AK, AK*

AK는 SQN_{HE} 값을 숨기기 위한 익명키로써 48bit 길이를 갖는다. AK*는 SQN_{MS}를 숨기기 위한 익명키이며 AK와 AK*의 사용은 선택적이다.

- AK = $f5_K(RAND)$
- AK* = $f5^*_K(RAND)$

11. OP

128bit의 길이이며 Service operator의 정책과 관리에 의존하는 값이다.

12. IMSI

무선 경로 상에서 사용자의 신분을 확인하는데 사용되는 영구적인 사용자 ID이며 가입자에게 유일하게 할당된다.

13. THRESHOLD

THRESHOLD는 32bit로 구성되며 $START_{CS}$ 또는 $START_{PS}$가 도달할 수 있는 최대 값이다. THRESHOLD는 USIM에 할당하고 Service operator에 의해 생성되고 관리되며 CK와 IK의 lifetime을 조절하고 재동기를 유발하기 위해 사용된다.

14. TMSI

TMSI는 VLR/SGSN에서 할당한 32bit의 임시 가입자 신원이며 AKA 프로토콜이 실행되는 동안 업데이트된다.

TMSI는 등록된 사용자의 지역 영역과 라우팅 영역 안에서만 사용된다. 한편 TMSI는 암호화된 형태로 할당되고 영역 밖에서 LAI나 RAI를 수반해야 하며 IMSI와 TMSI사이의 결합은 사용자가 등록된 VLR/SGSN에서 저장한다.

15. LAI

LAI의 길이는 40bits이며 UE가 위치 등록 없이 이동할 수 있는 cell의 Area로써, RNC에서 지정된다.

16. AUTN

AUTN은 인증 토큰으로 길이는 128bit이며 구성은 다음과 같다.

- AUTN=SQN[⊕AK] ∥ AMF ∥ MAC

17. AV(1,...,n)

AV는 인증 벡터로써 RAND, XRES, CK, IK, AUTN의 결합으로 구성되며 AKA 프로토콜이 시작하는 동안 HE가 VLR에 전달하고 저장한다.

- AV=RAND ∥ XRES ∥ CK ∥ IK ∥ AUTN

18. AUTS

AUTS는 USIM에서 SQN과 SQN_{MS}를 비교하여, 재동기화가 필요하다고 판단될 때 구성하여 보내는 토큰이며 HE가 재동기화 과정 실행하며 동기 실패 후 USIM이 VLR에게 전달 후 VLR이 HE에게 전달한다.

- AUTS=SQN_{MS}[⊕AK] ∥ MAC-S

19. KSI(Key set identifier)

KSI는 3bit의 KSI는 인증을 하는 동안 유도된 CK, IK와 결합된 수를 나타내며 네트워크에 의해 할당되고, 계산된 CK, IK와 함께 저장될 MS에서 인증 요구 메시지와 함께 보내진다.

KSI의 목적은 네트워크가 인증 과정을 실행하지 않고 MS안에 저장될 CK와 IK를 식별하는 것을 가능하게 하는 것이며 '111' 값은 사용에 필요한 유효한 키가 없다는 것을 MS에 지시하는 값이다. 즉, CK와 IK를 삭제 시 KSI는 '111'로 세팅한다.

6.4.4.2 USIM, HLR/AuC에 저장된 암호학적 함수

f1, f1*, f2, f3, f4, f5, f5* 함수의 입력 파라미터는 〔표 6.2~3〕, 출력 파라미터는 〔표 6.4~10〕과 같다.

Parameter	Size (bits)	Comment
K	128	Subscriber key K〔0〕…K〔127〕
RAND	128	Random challenge RAND〔0〕…RAND〔127〕
SQN	48	Sequence number SQN〔0〕…SQN〔47〕. (For f1* this input is more precisely called SQN_{MS}.)
AMF	16	Authentication management field AMF〔0〕…AMF〔15〕

> 표 6.2 inputs to f1 and f1*

Parameter	Size (bits)	Comment
K	128	Subscriber key K〔0〕…K〔127〕
RAND	128	Random challenge RAND〔0〕…RAND〔127〕

> 표 6.3 inputs to f2, f3, f4, f5 and f5*

Parameter	Size (bits)	Comment
MAC-A	64	Network authentication code MAC-A〔0〕…MAC-A〔6

> 표 6.4 f1 output

Parameter	Size (bits)	Comment
MAC-S	64	Resynch authentication code MAC-S(0)…MAC-S(63)

> 표 6.5 f1* output

Parameter	Size (bits)	Comment
RES	64	Response RES(0)…RES(63)

> 표 6.6 f2 output

Parameter	Size (bits)	Comment
CK	128	Confidentiality key CK(0)…CK(127)

> 표 6.7 f3 output

Parameter	Size (bits)	Comment
IK	128	Integrity key IK(0)…IK(127)

> 표 6.8 f4 output

Parameter	Size (bits)	Comment
AK	48	Anonymity key AK(0)…AK(47)

> 표 6.9 f5 output

Parameter	Size (bits)	Comment
AK	48	Resynch anonymity key AK(0)…AK(47)

> 표 6.10 f5* output

1. f0

난수 요구 생성 함수이며 RAND를 생성한다.

2. f1

네트워크 인증 함수이며 f1은 반드시 MAC 함수이어야 한다. 특히, RAND, SQN, AMF와 MAC-A(또는 XMAC-A)로부터 K를 유도해내는 것이 계산적으로 불가능해야 한다.

- $f1_K(SQN_{HE} \| RAND \| AMF) \rightarrow$ MAC-A (or XMAC-A)

3. f1*

재동기 메시지 인증 함수이다.

- $f1^*_K(SQN_{MS} \| RAND \| AMF) \rightarrow$ MAC-S (or XMAC-S)

4. f2

사용자 인증 함수이며 반드시 MAC 함수이어야 한다. 특히, RAND와 RES(또는 XRES)로 부터 K를 유도해내는 것이 계산적으로 불가능해야 한다.

- $f2_K(RAND) \rightarrow$ RES (or XRES)

5. f3

암호화 키 유도 함수로써 CK를 생성하며 f3는 반드시 키 유도 함수이어야 한다. 특히, RAND와 CK로 부터 K를 유도해내는 것이 계산적으로 불가능해야 한다.

- $f3_K(RAND) \rightarrow$ CK

6. f4

무결성 키 유도 함수이며 IK를 생성하며 f4는 반드시 키 유도 함수이어야 한다. 특히, RAND와 IK로 부터 K를 유도해내는 것이 계산적으로 불가능해야 한다.

- $f4_K(RAND) \rightarrow$ IK

7. f5

익명키 유도 함수로써 f5는 반드시 키 유도 함수이어야 한다. 특히, RAND와 AK로 부터 K를 유도해내는 것이 계산적으로 불가능해야 한다. f5의 사용은 선택이다.

- $f5_K(RAND) \rightarrow$ AK

8. f5*

재동기화를 위한 익명키 유도 함수이다.

- $f5^*_K(RAND) \rightarrow$ AK

6.4.4.2 AKA 프로토콜

UMTS에서의 〔그림 6.14〕와 같은 AKA 과정을 통해 사용자와 네트워크가 서로 양방향 인증을 통해 USIM과 AuC가 동일한 CK, IK를 공유하고 있음을 증명하는 것이다. 또한 인증과 보안 모드에서 사용할 CK, IK에 대한 키 일치 프로토콜이 동시에 이루어지며 무결성 알고리즘 의해 무선구간에 전송되는 메시지에 대한 무결성이 보장된다.

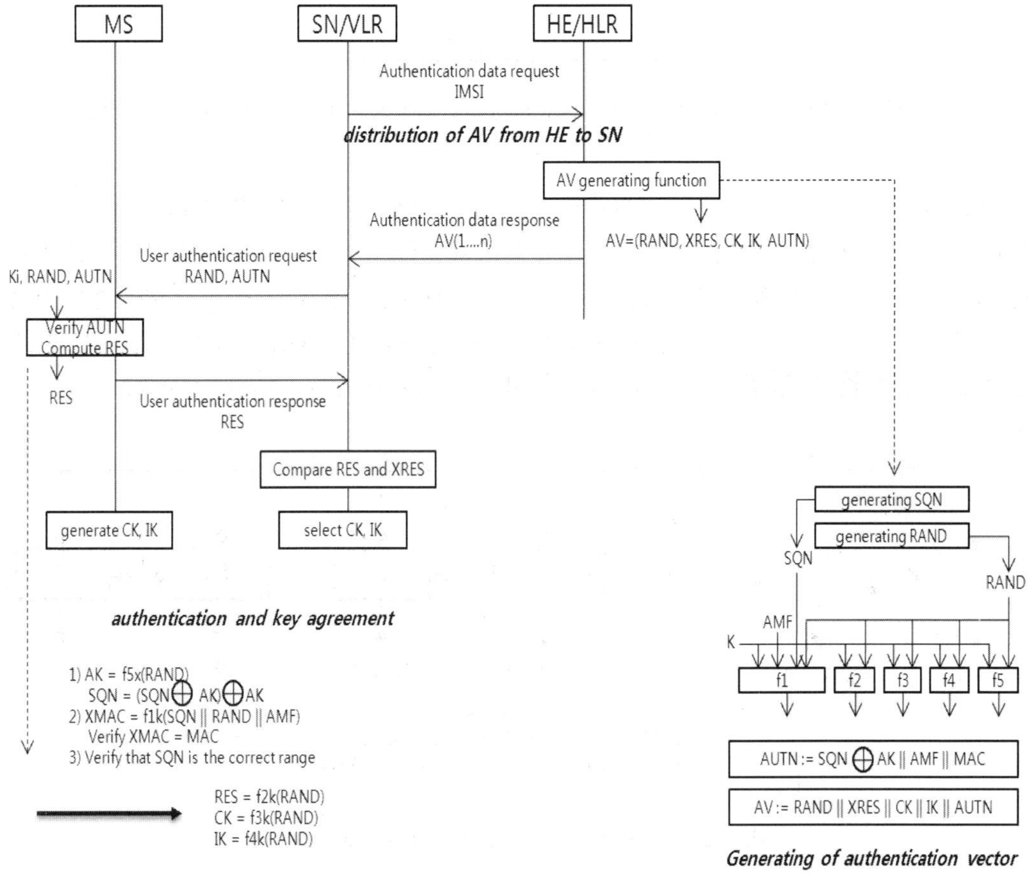

> 그림 6.14 3GPP 인증과 키 설정

AKA 과정은 〔그림 6.15〕와 같이 ME가 IMSI로 등록 요청하면 VLR/SGSN은 인증 데이터 요구를 HLR로 전달한다.

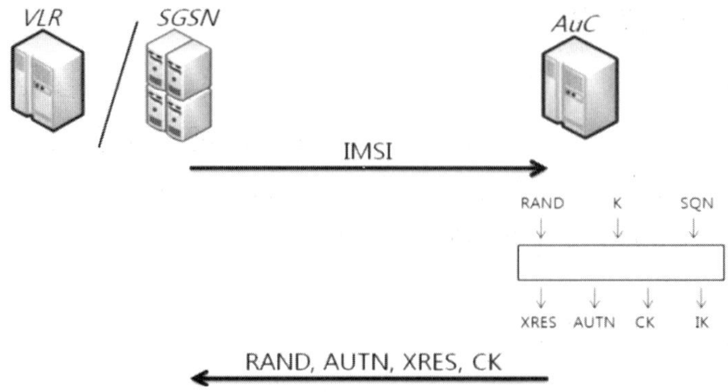

> 그림 6.15 Authentication data request and authentication data response

VLR/SGSN으로부터 IMSI를 포함하는 인증 데이터를 요구 받으면 HE/AuC는 〔그림 6.16〕과 같이 RAND, SQN, AMF를 이용하여 $MAC = f1_K(SQN \| RAND \| AMF)$, $XRES = f2_K(RAND)$, $CK = f3_K(RAND)$, $IK = f4_K(RAND)$, $AK = f5_K(RAND)$를 각각 계산하여 자신을 인증 하는 AV를 생성하여 VLR로 전송한다. AV는 RAND, XRES, CK, IK, AUTH로 구성되며 VLR/SGSN과 USIM 사이에 단 한 번의 인증과 키 설정을 위해 사용된다.

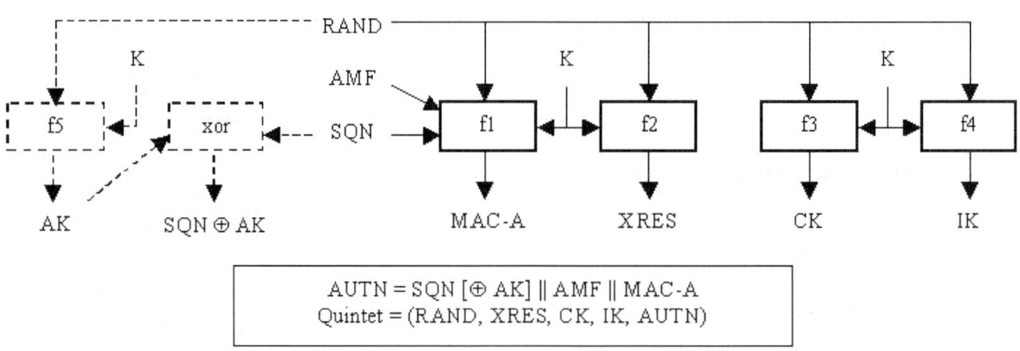

> 그림 6.16 HLR/AuC Use of the algorithms

한편 HLR로부터 인증벡터 AV를 전송 받은 VLR은 〔그림 6.17〕과 같이 RAND, AUTN=(SQN〔⊕AK〕 ‖ AMF ‖ MAC)을 포함한 Authentication Request 메시지를 UE에게 전송하고 VLR로부터 Authentication Request 메시지를 전송 받은 USIM은 〔그림 6.18〕과 같이 XMAC(Expected Message Authentication Code)를 계산하여 VLR로부터 수신한 MAC과 같은지 비교한다.

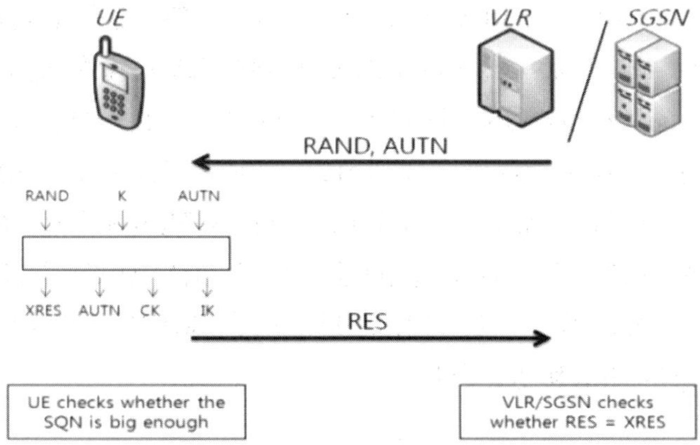

> 그림 6.17 User Authentication request and User Authentication response

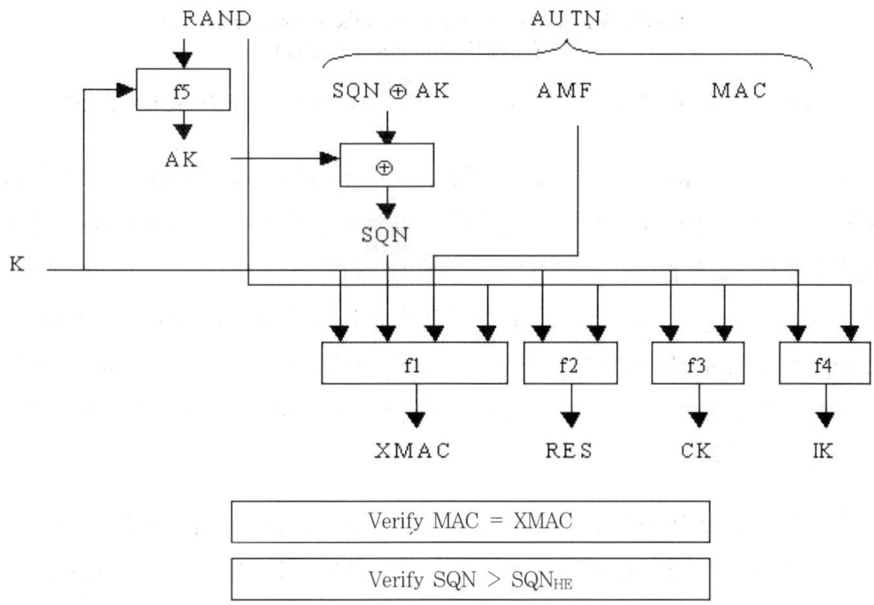

> 그림 6.18 USIM에서의 사용자 인증 기능

USIM에서 AUTN을 검증하고 RES로 응답하는 과정은 다음과 같다.

① 아래의 식과 같이 RAND를 f5에 입력하여 AK를 계산하고 AUTN에 포함된 〔SQN⊕AK〕와 f5를 이용하여 획득한 AK를 XOR하여 SQN을 얻는다.

- $AK = f5_K(RAND)$, $SQN = (SQN \oplus AK) \oplus AK$

② XMAC=$f1_K$(SQN ∥ RAND ∥ AMF)을 계산해서 AUTN 내의 MAC과 비교한다. 만약 XMAC 값과 MAC 값이 일치하지 않으면 네트워크에 대한 인증을 실패하게 되고 Authentication Reject 메시지를 VLR로 전송하고 VLR은 〔그림 6.19〕와 같이 IMSI, 인증 실패 원인, access type, 인증 재시도, VLR/SGSN 주소, RAND를 포함하여 인증 실패를 알리는 Authentication failure report를 HLR에게 전송한다.
반면에 XMAC 값과 MAC 값이 일치하면 AK=$f5_K$(RAND)를 생성하여 AK와 SQN를 EXOR하여 SQN를 계산한 후 VLR로부터 수신한 SQN과 USIM에 저장된 SQN_{MS}를 비교하여 SQN의 유효성 판별한다.

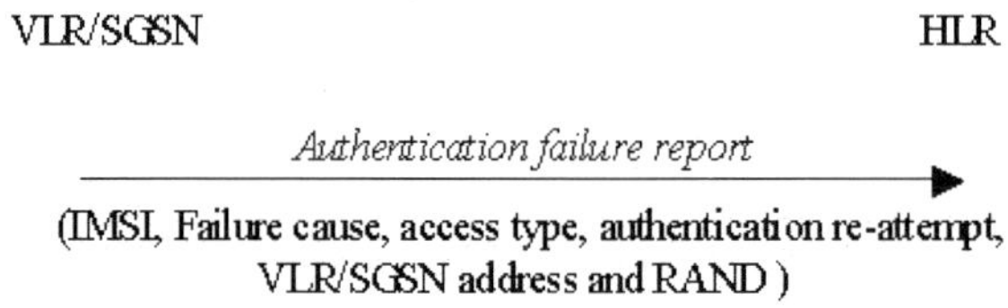

그림 6.19 Reporting authentication failure from VLR/SGSN to HLR

③ 이 때 SQN이 유효한 경우 RES를 포함한 Authentication Response 메시지를 전송, SQN이 적합한 범위에 속하는지 확인하고 그렇지 않다면 Synchronization failure 메시지와 재동기화에 필요한 AUTS를 구성하여 전송한다.
사용자로부터 Synchronization failure를 받으면 VLR/SGSN는 HE/AuC에게 Synchronization failure indication을 포함한 인증 데이터 요구 메시지를 보내서 새로운 AV에 기초한 인증을 다시 시도한다. 이때 HLR은 정책에 따라 IMSI에 의한 신원 확인 및 인증벡터 분배 과정을 다시 수행한다.

이 과정을 통해 MAC과 SQN이 모두 만족 하는 경우 USIM은 네트워크에 대한 인증을 완료하게 되며 MS는 RES=$f2_K$(RAND), CK=$f3_K$(RAND), IK=$f4_K$(RAND)를 계산하고 VLR로 RES를 포함한 Authentication Response 메시지를 VLR에게 전송하게 된다.

VLR이 MS로부터 Authentication Response 메시지를 수신한 경우 VLR은 XRES와 RES의 값을 비교한다. VLR은 자신이 갖고 있던 XRES와 비교하여 같으면 새로운 암호화 키와 무결성 키를 포함한 Security mode command 메시지를 RNC로 전송하여 보안 모드 협정 단계로 들어간다. 여기서 AK는 사용자의 Identity와 위치가 노출되었을 때 SQN을 보호하기 위해 사용되며 SQN을 보호할 필요가 없을 때는 f5=0 즉 AK=0으로 세팅된다.

결국 이 과정은 〔그림 6.20〕에서와 같이 User Authentication Request/Response 메시

지를 전송 과정에서 VLR이 사용자 인증을 위해 인증벡터가 필요한 경우, 사용자의 IMSI로부터 사용자의 HLR을 알아내어 HLR/AuC로 인증벡터 생성 요구 메시지를 전송하면 HLR/AuC는 해당 사용자의 비밀키 K를 이용하여 인증벡터 쌍을 생성하여 VLR로 전송한다.

AV를 받은 VLR/SGSN은 인증과 키 설정을 시도해서 사용자에게 RAND(i) ∥ AUTN(i)를 전송한다. USIM은 AUTN이 적합한지를 판단해서 오류가 없을 경우 RES를 계산하여 VLR에 전송하고 CK와 IK를 생성한다. 그러면 VLR/SGSN은 받은 RES와 저장된 XRES를 비교해서 인증과 키 설정이 완료되었음을 인식하고 CK와 IK가 선택된다.

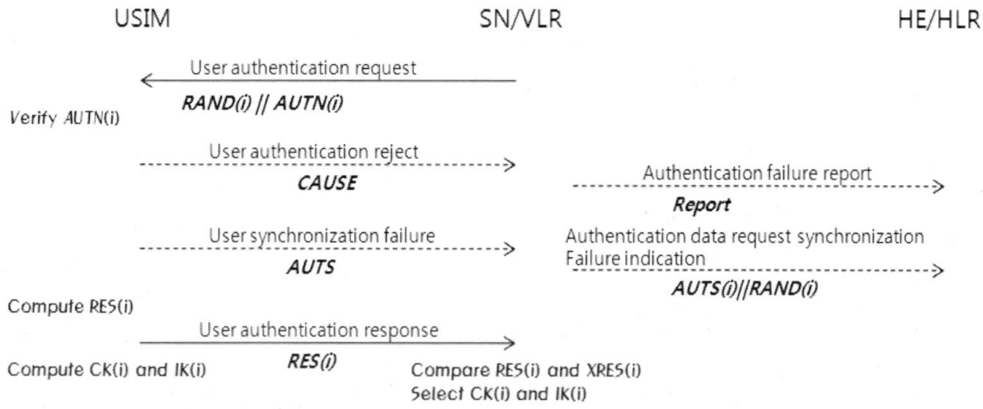

> 그림 6.20 User Authentication Request/Response

6.4.4.3 AKA 프로토콜 후 저장된 데이터

AKA 프로토콜이 완료된 후에 USIM, ME에는 각각 〔표 6.11〕과 〔표 6.12〕에서와 같은 데이터가 저장된다.

기 호	설 명	다양성	길이(bit)	수 명	필수/선택
SQN_{MS}	수열 넘버 카운터	1	48	AKA 프로토콜이 실행될 때 업데이트	필수
WINDOW (선택 1)	수용된 수열 넘버 배열	1	10~100	〃	선택
LIST (선택 2)	수신된 수열 넘버의 정렬된 리스트	1	32~64	〃	선택
$RAND_{MS}$	사용자에 의해 수신된 난수	1	128	〃	필수
KSI	키 셋 식별자	1	3	〃	필수

CK	암호화 키	1	128	〃	필수
IK	무결성 키	1	128	〃	필수
HFN_{MS}	COUNT-C와 COUNT-I를 위한 상위 값 초기화	1	25	연결이 해제될 때 업데이트	필수
TMSI	VLR에서 할당한 임시 가입자 신원	1		TMUI 할당 프로토콜 실행 후 update	필수
LAI/RAI	위치 영역 식별자 / 라우팅 영역 식별자	1		〃	필수
AMF	인증 관리 필드(사용 중인 알고리즘과 키를 나타냄)	1	16	AKA 프로토콜이 실행될 때 업데이트	필수

> **표 6.11** AKA 프로토콜 후 USIM에 저장된 데이터

기 호	뜻	길이(bit)	수 명
THRESHOLD	재인증을 시작하게 하고 암호화 키 lifetime 제어	32	영구적
IMSI	국제적 이동 가입자 신원		영구적
START	RRC연결 후 COUNT-I와 COUNT-C의 초기 값	20	AKA 프로토콜 실행 후 0으로 setting
CK	암호화 키	128	AKA 프로토콜 실행 후 update
IK	무결성 키	128	AKA 프로토콜 실행 후 update
TMSI	VLR에서 할당한 임시 가입자 신원		TMUI 할당 프로토콜 실행 후update
LAI/RAI	위치 영역 식별자 / 라우팅 영역 식별자		TMUI 할당 프로토콜 실행 후update

> **표 6.12** ME에 장착된 USIM에 AKA 절차 후 저장된 데이터

따라서 AKA 과정을 통해 ME는 SQN과 MAC을 이용하여 메시지가 HLR로부터 작성된 것을 확인하며 서비스 제공자는 RES/XRES로 MS로 인증을 하여 상호 인증을 제공하고 평문으로 전송되던 시그널 메시지를 암호화하기 위한 암호 모듈을 추가하여 인증 과정에서 키를 분배함으로써 무결성을 제공하게 된다.

6.4.5 | 인증벡터(Authentication Vector : AV)

UMTS 인증벡터 AV를 다른 이름으로 Quintet이라고 한다. Quintet은 특정 사용자를 UMTS AKA에 참여시키기 위해 VLR/SGSN에게 부여하는 임시 인증과 키 일치 데이터이며

네트워크 요구 RAND, 기대된 사용자 응답 XRES, 암호화 키 CK, 무결성 키 IK, 네트워크 인증 토큰인 AUTN 5개의 원소로 구성된다.

- AUTN=(SQN〔⊕AK〕 ‖ AMF ‖ MAC)
- AV=RAND ‖ XRES ‖ CK ‖ IK ‖ AUTN

HE/AuC은 VLR/SGSN으로부터 IMSI를 포함하는 인증 데이터를 요구 받으면 즉시 HLR/AuC는 n개의 인증벡터들을 VLR/SGSN에 보낸다. 이 때 각각의 인증벡터는 RAND, XRES, CK, IK, AUTN으로 구성되며 VLR/SGSN은 배열로부터 하나의 인증벡터를 선택한 후 사용자에게 변수 RAND와 AUTN을 보낸다. USIM은 AUTN이 받아들일 수 있는 것인지를 확인한 후 네트워크가 인증되면 응답 RES를 VLR/SGSN에 보내고 CK와 IK를 생성한다.

마지막으로 VLR/SGSN은 RES와 XRES를 비교하여 USIM을 인증하고 설정된 키 CK와 IK로 USIM과 VLR/SGSN 사이의 암호화와 무결성 함수들을 수행한다.

6.4.5.1 인증벡터 AV 생성

위의 메커니즘에서 사용하는 인증벡터의 생성 절차와 구성 요소를 살펴보자. HLR/AuC에서 인증벡터 Quintet의 생성하는 과정은 〔그림 6.21〕과 같다.

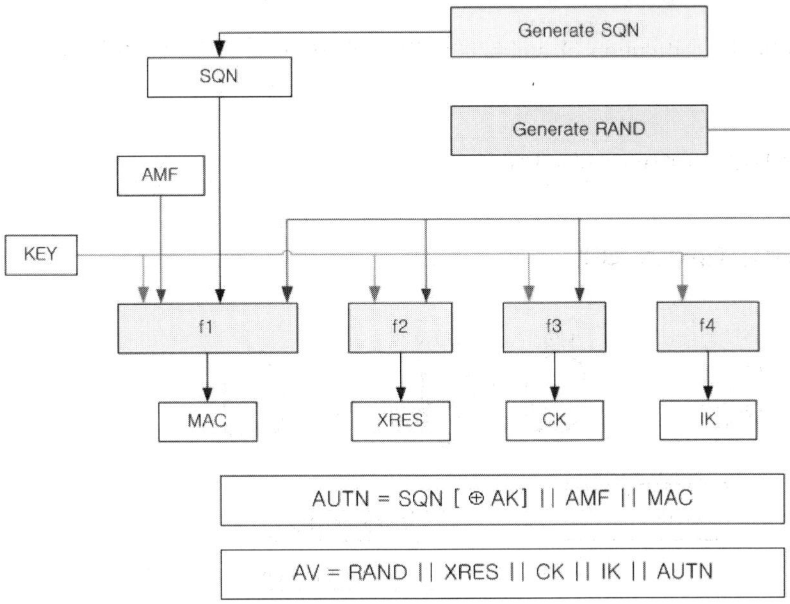

그림 6.21 Generation of authentication vectors

AuC는 SQN_{HE}를 저장 후 SQN_{HE}에서 SQN을 생성한다. 이 때 시간에 의존할 수도 있으며, 시간에 독립적으로 생성할 수도 있다.

시간에 의존하지 않을 경우, SQN에 의한 추적 방지를 위해 f5 함수를 이용해서 생성된 AK를 이용하여 SQN을 숨긴 후 RAND를 생성하여 앞에서 생성한 SQN을 이용하여 MAC= $f1_K$(SQN ∥ RAND ∥ AMF), XRES= $f2_K$(RAND), CK= $f3_K$(RAND), IK= $f4_K$(RAND), AK = $f5_K$(RAND)를 계산하여 자신을 인증 하는 AUTN과 AV를 구성한다.

6.4.5.2 인증벡터 AV 분배

VLR이 사용자를 인증하는 경우, 사용자의 IMSI로부터 사용자의 HLR을 확인한 후 HLR/AuC로 AV 생성 요구 메시지를 전송한다. 이때 HLR/AuC는 해당 사용자의 비밀키 K를 이용하여 AV를 생성하여 VLR로 전송한다.

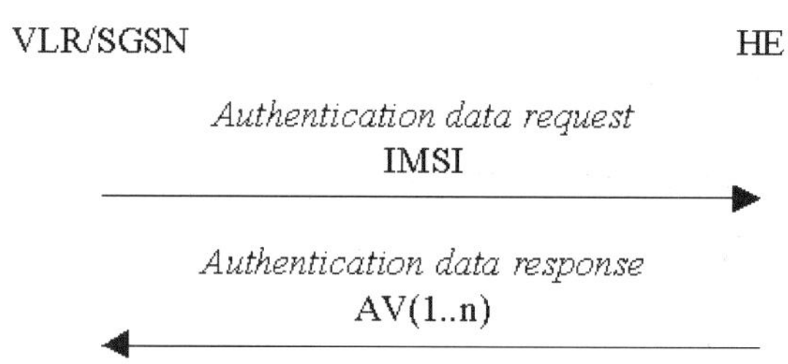

그림 6.22 Distribution of authentication data from HE to VLR/SGSN

6.4.6 재동기화 (Resynchronization)

6.4.6.1 USIM에서 재동기화 과정

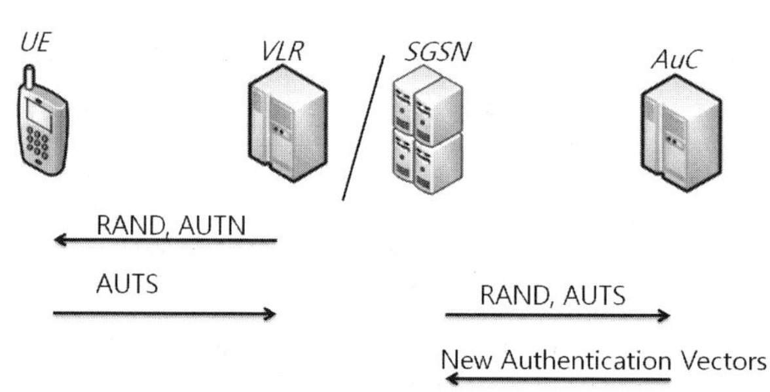

그림 6.23 Resynchronization 메커니즘

SQN_{HE}가 올바른 범위에 있을 경우 새로운 인증벡터를 보내고, 그렇지 않을 경우 MAC-S와 XMAC-S를 비교하여 같으면 SQN_{HE}를 SQN_{MS}로 대체하고 범위를 벗어나면 저장된 AV로부터 다른 AV를 가져온다.

즉, USIM에서 SQN_{HE}와 SQN_{MS}를 비교하여 재동기화가 필요하다고 판단될 때 SQN_{MS}, AK, MAC-S로 이루어진 AUTS를 구성하여 전송한다. AUTS는 f1*와 f5* 함수를 이용하여 〔그림 6.24〕와 같이 계산된다.

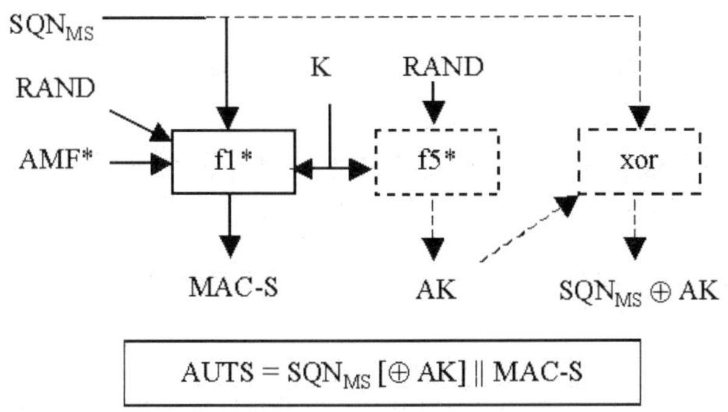

그림 6.24 USIM에서 재동기화를 위한 f1*, f5*의 사용

- f1*: (K; SQN, RAND, AMF*) → MAC-S(or XMAC-S)
- f5*: (K; RAND) → AK
- SQN_{MS}: $(SQN_{MS} \oplus AK) \oplus AK$

AUTS 생성 과정에서 f1*와 f5* 함수는 f1과 f5 함수와 같은 크기의 입출력을 가지며 AMF*는 '0'으로 사용하며 생략도 가능하다. 한편 SQN_{MS} 입력 시에는 현재까지 전송 받은 최대값 SQN이 저장된다.

6.4.6.2 AuC에서 재동기화 과정

HLR/AuC는 VLR로부터 AUTS와 RAND를 전송 받아 〔그림 6.25〕와 같이 재동기화를 수행하는 과정은 다음과 같다.

① $AK = f5_K(RAND)$를 생성한 후 AK를 이용하여 $SQN_{MS} = (SQN_{MS} \oplus AK) \oplus AK$를 획득 한다.

② SQN_{HE}와 SQN_{MS}를 비교하여 SQN_{HE}가 올바른 범위에 있는지 확인하여 올바른 범위에 있는 경우는 SQN_{HE}를 이용하여 생성한 새로운 인증벡터를 VLR로 전송하고 그렇지 않는 경우는 $MAC\text{-}S = f1^*_K(SQN_{MS} \| AMF^* \| RAND)$를 계산한다.

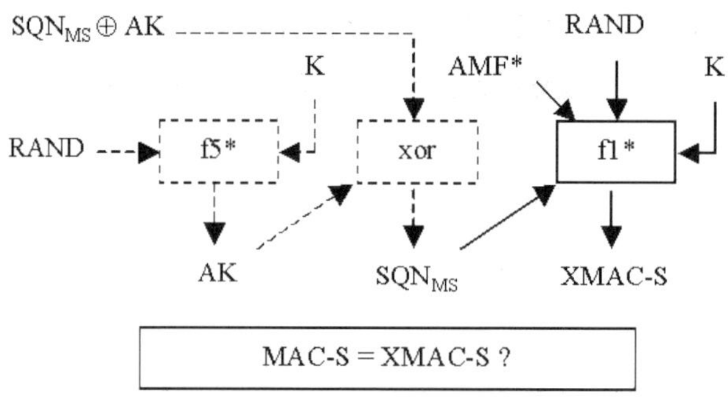

> 그림 6.25 HLR/AuC에서 재동기화를 위한 f1*, f5*

그 후에 AUTS에 포함된 MAC-S와 비교하여 일치하는 경우는 SQN_{HE}를 SQN_{MS}로 설정한 후 새로운 인증벡터를 생성하여 VLR로 전송한다.

한편 일치하지 않는 경우는 SQN_{HE}를 그대로 이용하여 새로운 인증벡터를 생성하여 VLR로 전송한다.

③ 인증벡터를 받은 VLR은 이전의 인증벡터들을 삭제하고 AKA 과정을 다시 실시한다.

6.4.7 | SQN 관리

SQN 생성 방법은 7.6.3절에 설명되어 있다.

SQN은 가입자가 네트워크를 인증하기 위하여 사용되는 값으로 USIM과 HLR은 각각 SQN를 공유한다. 가입자가 망에 접근할 때 VLR은 HLR로부터 사용자에 해당하는 SQN를 전송 받은 후 그 값을 전송하여 HLR과 VLR이 정당한 관계에 있음을 증명하고 이를 통하여 가입자가 망을 인증하게 된다.

SQN는 32개의 배열을 이용하여 배열의 SQN 값은 0으로 세팅하여 기존에 수신된 SQN 값을 SEQ[0], …, SEQ[31]에 저장한다. 또한 현재 수신한 SQN 값의 INDEX(5bit)를 이용하여 SEQ를 배열에 저장한다.

6.4.8 | 암호화/무결성 모드협상

6.4.8.1 암호화/무결성 키 라이프타임과 식별

액세스 링크키에 의해 보호되는 데이터 양을 제한하며 USIM은 $START_{CS}$ 또는 $START_{PS}$

를 CK, IK와 함께 저장하여 $START_{CS}$ 또는 $START_{PS}$가 THRESHOLD에 도달하면, CK, IK를 삭제하고 새로운 액세스 링크 키 생성을 개시한다.

KSI는 인증 절차가 완료된 후, CK, IK에 할당되는 값으로써 네트워크가 인증 과정 수행 없이 CK, IK를 식별할 수 있게 한다. 또한 연속적인 연결 설정 과정 동안 CK, IK의 재사용을 가능하게 한다.

KSI는 3bit, 0 ~ 6사이의 값 중 VLR이 선택, Authentication Request 메시지에 포함하여 전송하며 MS가 Initial L3 메시지 전송 시에 포함시킨다. 따라서 암호화 키, 무결성 키의 불일치 경우에 해당하는지 판별하는 기준이 된다.

6.4.8.2 보안 모드 구성 절차

암호화/무결성 보호 설정 절차는 10.3절에 설명되어 있다.

6.5 GSM과 UMTS의 AKA 메커니즘의 차이점

6.5.1 | GSM의 AKA 프로토콜

GSM의 AKA 과정은 〔그림 6.26〕과 같다.

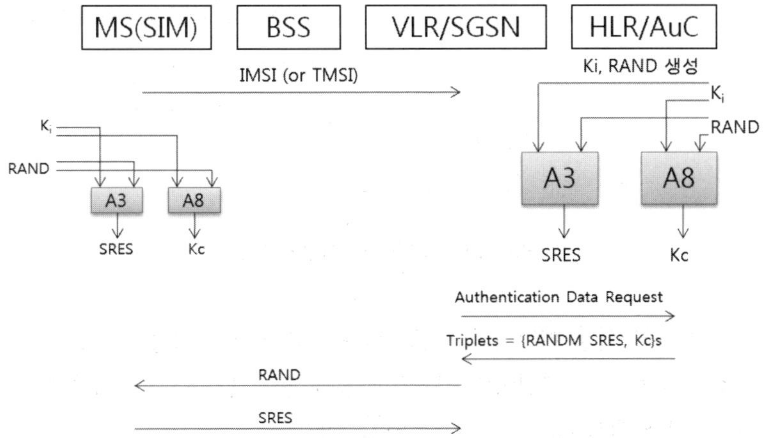

> 그림 6.26 GSM의 AKA

〔그림 6.26〕의 과정에서 보듯이 GSM AKA는 네트워크가 가입자를 인증하기 위한 과정이며 무선구간에서 암호화 및 복호화를 위해서 암호화 키(Kc)를 사용한다. 그리고 SIM과 BSS에서 암호화 키를 공유하게 된다.

GSM 시스템에서는 인증과 암호키를 생성하기 위해 네트워크는 128bit의 RAND와 Ki를 이용해 A3 알고리즘, 사용자 인증을 위해 사용되는 SRES와 A8 알고리즘에 의해 Kc를 생성하여 Triplets를 VLR로 보낸다.

그 후에 MS가 받은 RAND와 자신이 소유한 Ki로 XRES를 계산하여 VLR로 보낸다. VLR은 MS가 보내온 XRES와 SRES를 비교하여 사용자를 인증 하게 된다.

정상 종료 후에는 분배된 세션키(Kc)와 BSS/MSC에서 A5 암호 알고리즘으로 정보를 암호화 및 복호화 하여 통신을 하게 된다.

6.5.2 UMTS의 AKA 프로토콜

UMTS의 AKA 과정은 〔그림 6.27〕과 같다.

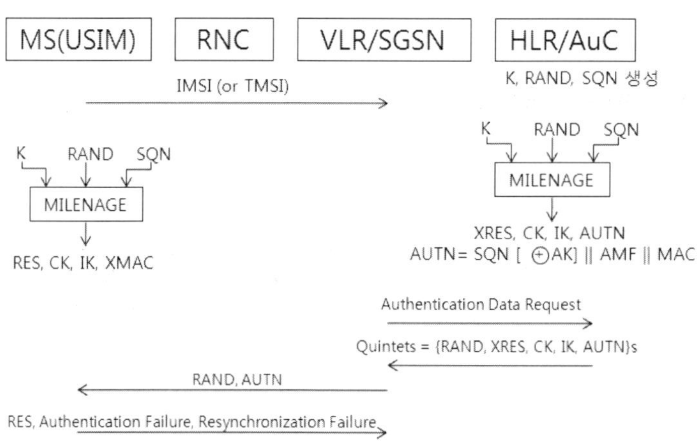

> 그림 6.27 UMTS의 AKA

UMTS에서 인증과 키 설정 메커니즘은 USIM과 AuC에서만 저장하고 있는 비밀키 K를 이용하여 서로 상호 인증을 하는 과정이다. AKA 과정이 끝난 후 무선구간에서 암호화 및 복호화와 무결성을 확인하기 위해서 CK, IK를 사용하게 된다.

HE/AuC은 IMSI 또는 TMSI를 포함한 인증 데이터 요구를 받으면 RAND, SQN를 이용해서 MAC, XRES, CK, IK, AK를 생성한 후 자신을 인증 하는 AV를 생성하고 VLR로 전송한다. 여기서 AV는 RAND, XRES, CK, IK, AUTN=(SQN〔⊕AK〕‖AMF‖MAC)으로 구성된다. VLR이 RAND, AUTN을 포함한 Authentication Request 메시지를 전송하면 USIM은 XMAC 계산하여 VLR로부터 수신한 MAC와 SQN을 검증하고 RES를 포함한 메시지를 전송하여 응답하는 과정이다.

6.5.3 | 인증벡터 AV의 비교

GSM에서 사용되는 인증벡터인 Triplets는 다음과 같이 구성된다.

GSM(Triplets) → (Kc:64, RAND:128, SRES:32)

반면에 UMTS에서 사용되는 인증벡터인 Quintet는 다음과 같이 구성된다.

UTMS(Quintet) → (RAND:128, XRES:128, CK:128, IK:128, AUTN)

* AUTN=SQN〔⊕AK〕‖AMF‖MAC

6.5.4 | Interworking

각각의 AKA 과정에서 사용되는 변환 함수는 다음과 같다.

- c1 : $RAND_{(GSM)}$ = RAND
- c2 : $SRES_{(GSM)}$ = XRES*1⊕XRES*2⊕XRES*3⊕XRES*4
- XRES* = XRES (XRES가 128bit인 경우)
- RES* = XRES‖0…0 (XRES가 128bit보다 작은 경우)
- RES*i = 32bit
- c3 : $Kc_{(GSM)}$ = CK1⊕CK2⊕IK1⊕IK2 (CKi, IKi : 64bit)
- CK = CK1‖CK2
- IK = IK1‖IK2
- c4 : $CK_{(UMTS)}$ = Kc‖Kc
- c5 : $IK_{(UMTS)}$ = Kc1⊕Kc2‖Kc‖Kc1⊕Kc2
- Kci : 32bit, Kc = Kc1‖Kc2

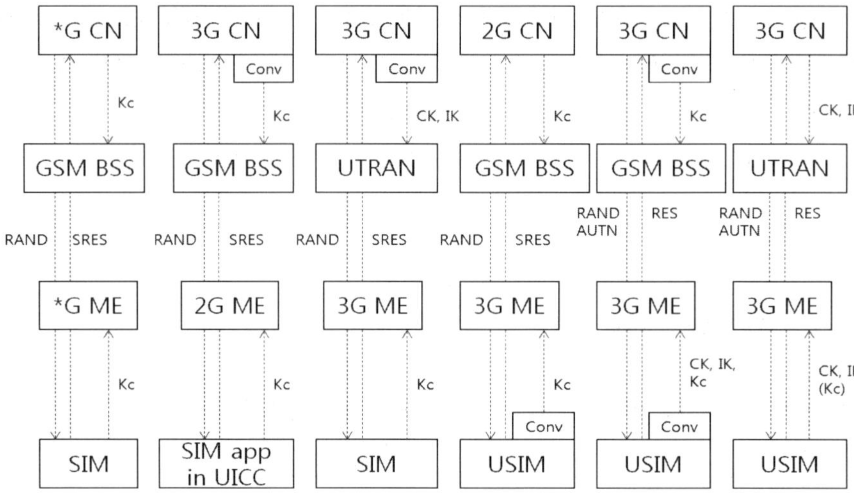

그림 6.27 Interworking 시나리오

6.5.5 | 인증 프로토콜 특징

5.2절에서 GSM 인증 과정을 살펴보았듯이 GSM 인증 프로토콜은 암호 알고리즘과 인증 알고리즘으로 사용되는 A5, A3, A8이 취약할 뿐 아니라 네트워크가 사용자만을 인증하는 단방향 인증을 제공하고 무결성 알고리즘이 제공되지 않아서 사용자는 네트워크의 정당성을 알 수 없다. 이로 인해 사용자는 다양한 공격에 노출 되었다. 하지만 3GPP의 인증 프로토콜은 이런 단점을 보안하여 네트워크와 사용자가 서로를 상호 인증하는 양방향 인증을 제공하며 무결성 알고리즘을 제공하는 등 GSM 인증 프로토콜에서의 문제점을 보안하게 되었다.

7 UMTS Access link security

UMTS 네트워크 구성에서 USIM, ME, RNC, VLR/SGSN, HLR/AuC의 각각 네트워크 성분에서 MAC 계층 보안 메커니즘 과정인 RRC connection establish, AKA, RRC security mode 과정을 살펴본다.

7.1 기능적인 네트워크 구조

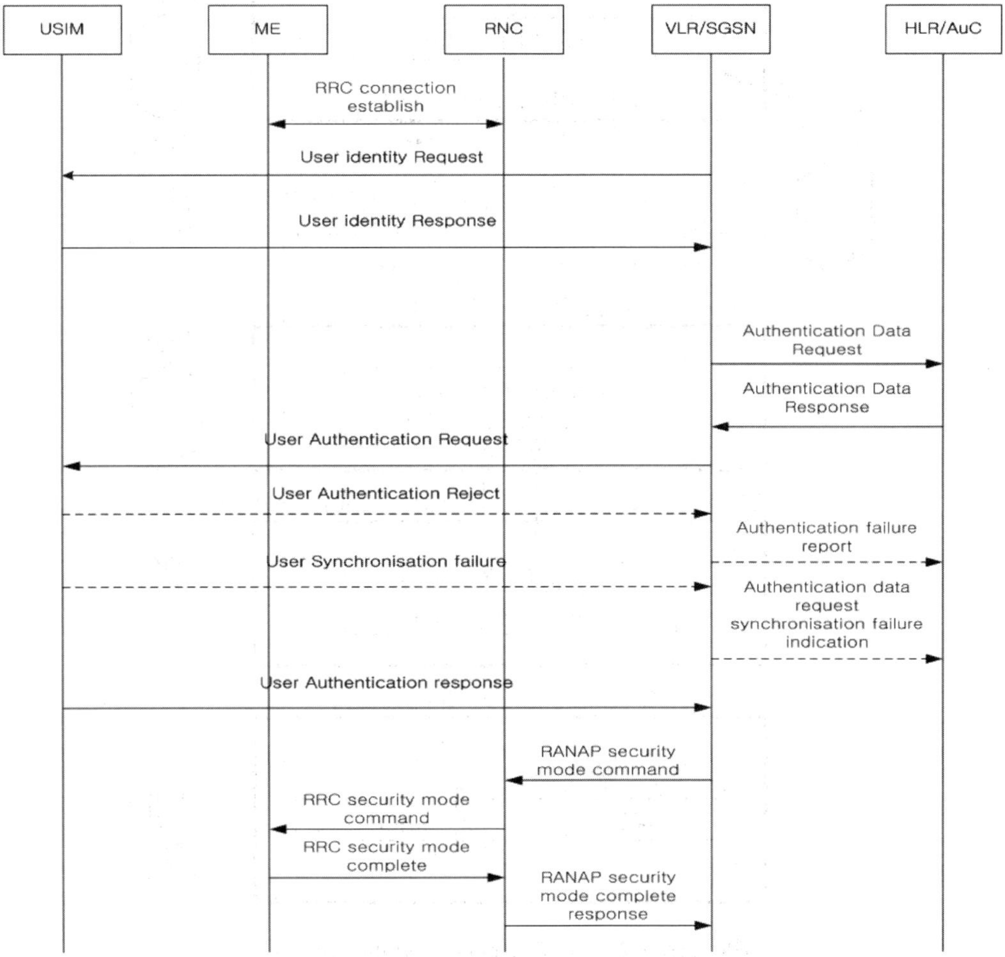

그림 7.1 기능적인 네트워크 구조

〔그림 7.1〕에서 보듯이 사용자 영역의 USIM, ME, 서빙 네트워크 영역에서는 RNC, VLR/SGSN, HE 영역에서는 HLR/AuC로 구성된다.

각각의 네트워크 구성 요소에서 사용자와 서빙 네트워크 사이에서 사용자 신원 기밀성을 위한 메커니즘인 RRC connection establish 과정, 인증과 키 일치를 위한 메커니즘인 AKA 과정, 시그널 데이터와 사용자의 데이터 기밀성을 위한 메커니즘과 시그널 데이터의 데이터 무결성을 위한 메커니즘인 RRC security mode의 보안 메커니즘이 실행된다. 〔그림 7.2〕는 UMTS access security 전체적인 흐름을 나타낸다.

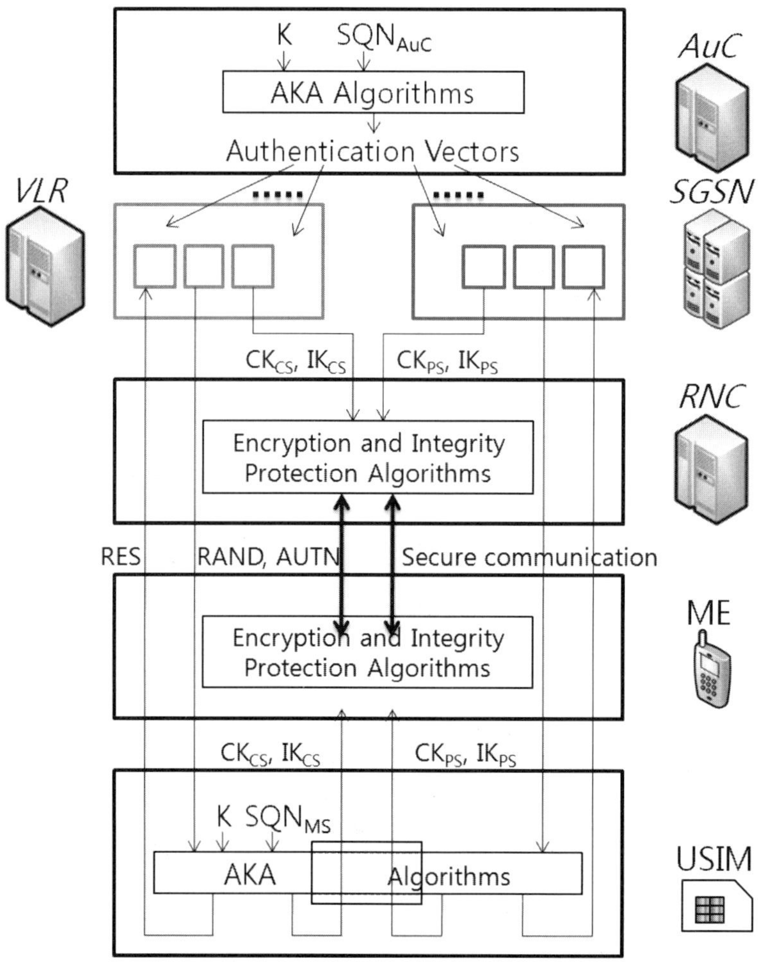

그림 7.2 UMTS access security summary

7.2 USIM

7.2.1 USIM 흐름도

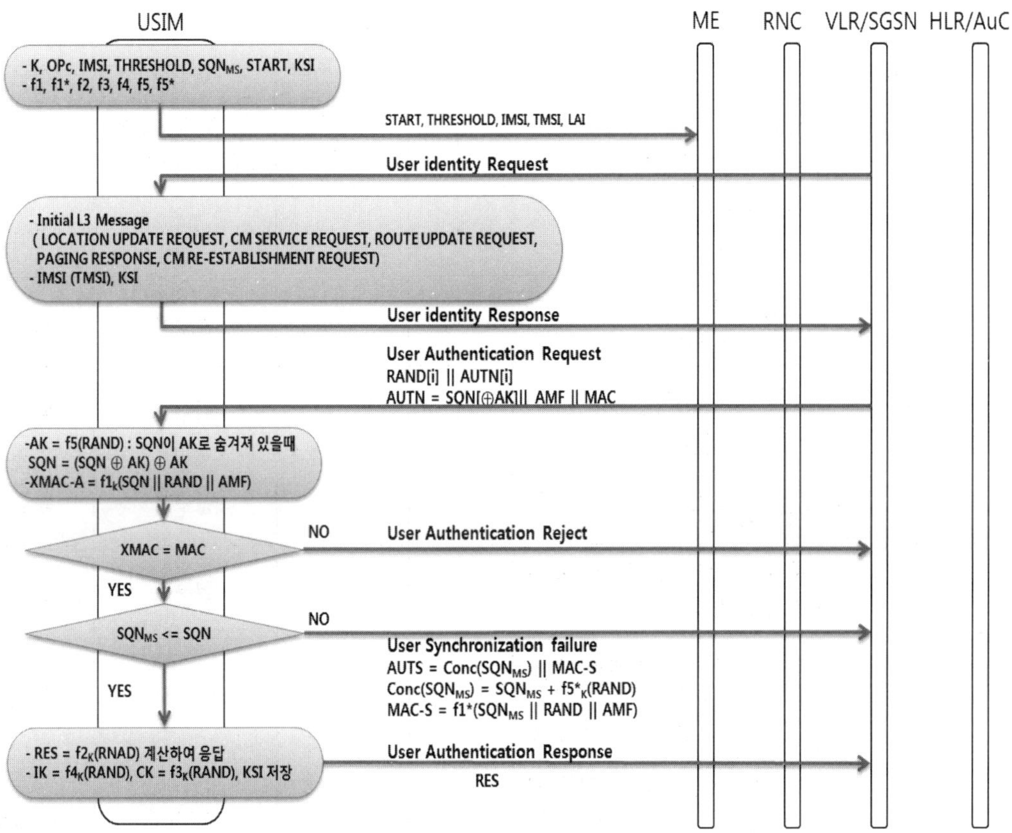

> 그림 7.3 USIM 흐름도

7.2.2 USIM에 저장된 데이터 및 암호학적 함수

사용자 등록 후에 USIM에 저장된 데이터는 K, OPc, IMSI, THRESHOLD, SQN_{MS}, START, KSI이며 함수는 f1, f1*, f2, f3, f4, f5, f5*가 저장되어 있다. 저장된 데이터와 각각의 함수에 대한 설명은 〔표 7.1〕과 같다.

기 호	설 명	다양성	길이(bit)	수 명	필수/선택
OPc	OP를 암호한 값	1	128	영구적	필수
THRESHOLD	재인증을 시작하게 하고 IK, CK의 lifetime 제어	1	32	영구적	필수
K	비밀키	1	128	영구적	필수
IMSI	국제적 이동 가입자 신원	1		영구적	필수
SQN_{MS}	사용자 등록 후 HE로부터 받은 SQN 초기 값	1	48	AKA 프로토콜 실행 후 update	필수
f1	네트워크 인증을 위한 메시지 인증 함수	1		영구적	필수
f1*	재동기화를 지원하기 위한 메시지 인증 함수	1		영구적	필수
f2	사용자 인증을 위한 메시지 인증 함수	1		영구적	필수
f3	암호화 키를 유도하기 위한 키 생성 함수	1		영구적	필수
f4	무결성 키를 유도하기 위한 키 생성 함수	1		영구적	필수
f5	보통 시행에서 익명성 키를 유도하기 위한 키 생성 함수, SQN 생성 방법에 따라 선택	1		영구적	선택/필수
f5*	재동기화에서 익명성 키를 유도하기 위한 키 생성 함수, SQN 생성 방법에 따라 선택	1		영구적	선택/필수

> 표 7.1 사용자 등록 후 저장된 데이터와 암호학적 함수

USIM이 ME에 장착 후 〔그림 7.4〕에서와 같이 USIM은 ME에게 START, THRESHOLD, IMSI, TMSI, LAI, UE security capability information (UEA, UIA)을 전송한다.

USIM과 ME사이의 AKA 과정이 진행되는 동안 대응하는 SN의 새로운 키 셋과 결합된 START 값은 USIM과 ME에서 0으로 세팅되며 ME는 오직 전원이 들어온 상태이고 USIM이 삽입될 때에만, 유효한 START 값을 가진다.

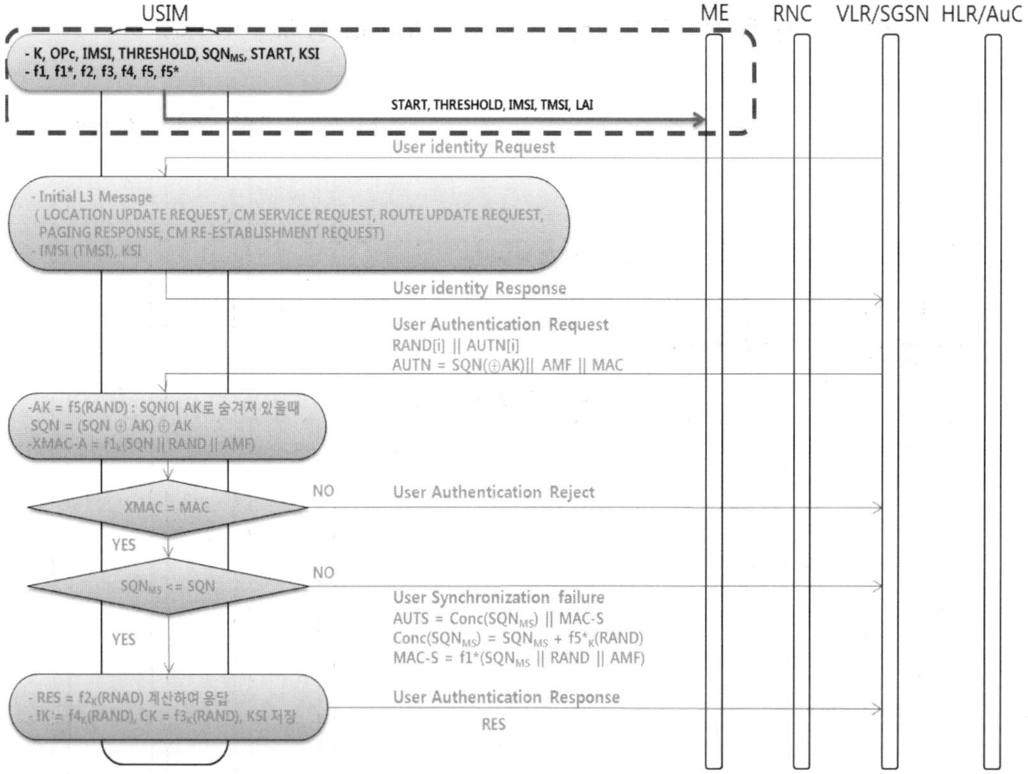

그림 7.4 UE에 장착

ME가 전원이 꺼져 있거나 USIM이 제거되면 ME는 START 값을 삭제하며 전원이 들어온 상태이고 USIM의 삽입 후에 USIM은 START 값을 ME에게 전송하면 ME는 START 값을 저장한다. 또한 Idle 모드 동안, ME와 USIM에 있는 START 값은 동일하게 되며 이때는 정지상태가 된다. 그리고 ME는 USIM안에 있는 $START_{CS}$ 또는 $START_{PS}$ 값을 THRESHOLD와 비교하여 START의 유효성을 판별하여 기록한다.

결국 $START_{CS}$ 또는 $START_{PS}$가 최대 값 THRESHOLD에 도달한다면 USIM에 저장된 CK와 IK는 지워지고, KSI를 '111'로 세팅하여 무효로 만든다. 즉, THRESHOLD에 도달한 후에는 새로운 인증 과정이 시작되고 그렇지 않은 경우 $START_{CS}$ 또는 $START_{PS}$는 USIM에 저장된다.

7.2.3 사용자 신원 요구/응답 (User Identity Request/Response)

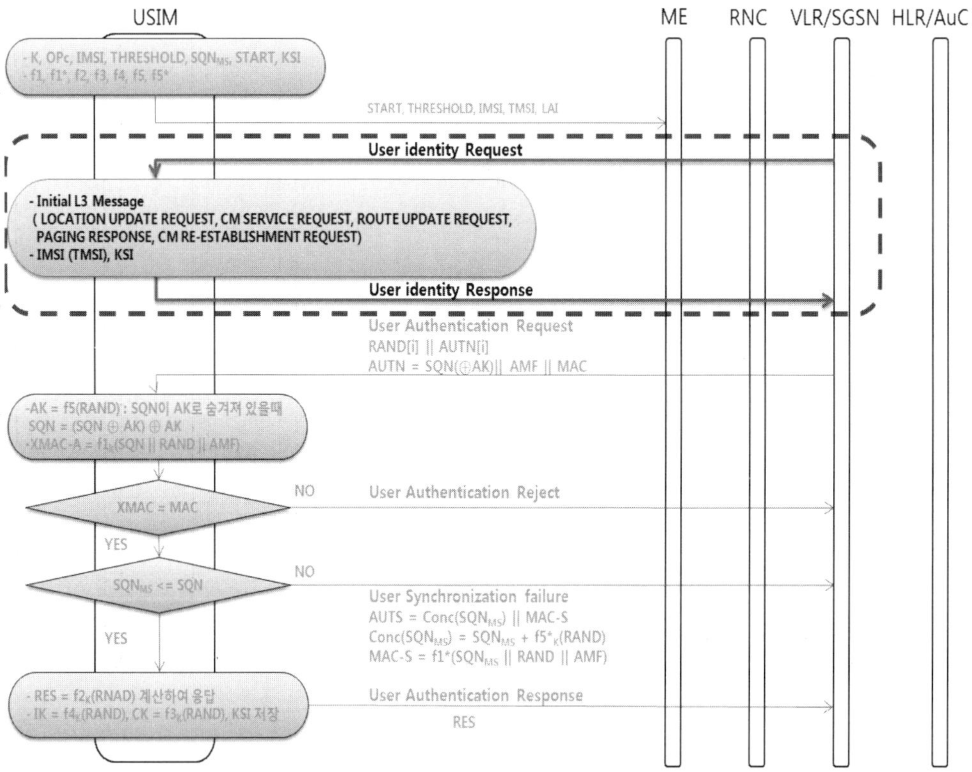

> 그림 7.5 User Identity Request/Response

VLR로부터 사용자 신원 요구 메시지인 User Identity Request를 받으면 LOCATION UPDATE REQUEST, CM SERVICE REQUEST, PAGING RESPONSE, CM RE-ESTABLISHMENT REQUEST 정보를 포함하고 있는 Initial L3 메시지에 IMSI 또는 TMSI, KSI를 포함하여 VLR에 사용자 신원 응답 메시지인 User Identity Response와 함께 전송한다.

Initial L3 메시지를 전송할 때 TMSI 대신 IMSI를 전송하는 경우는 사용자가 SN에 처음 등록할 때, TMSI에 의해 식별이 안되는 경우, SN이 TMSI로부터 IMSI를 찾을 수 없는 경우이다.

7.2.4 | 사용자 인증 요구/응답 (User Authentication Request/Response)

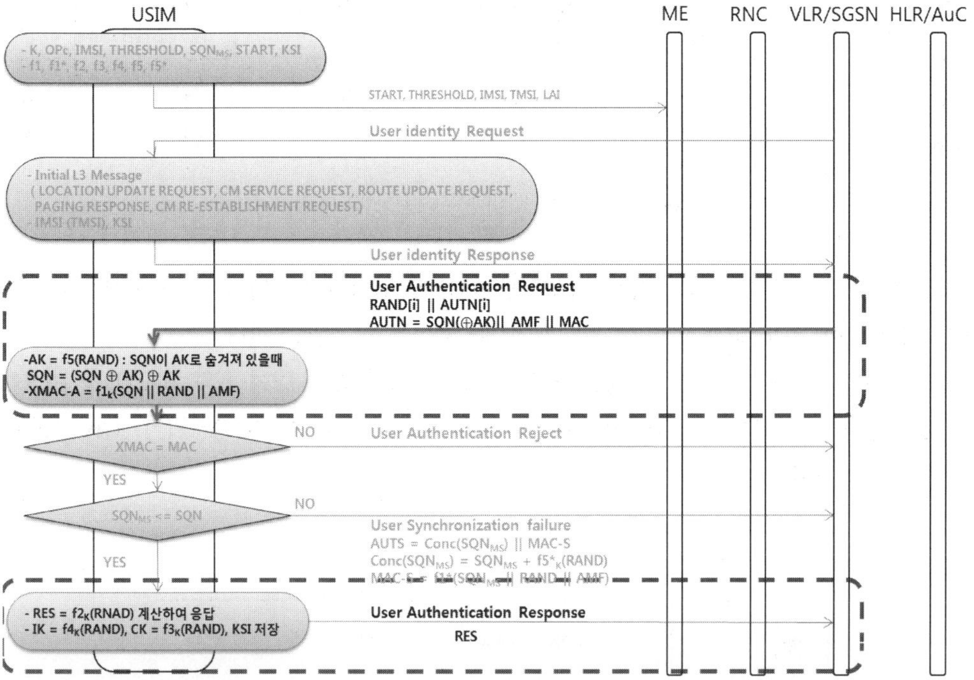

> 그림 7.6 User Authentication Request/Response

USIM으로부터 전송 받은 IMSI로 ME가 등록을 요청한 후 VLR은 이 정보를 HLR로 전달을 하고, AKA 과정 중 HLR은 RAND와 SQN을 생성하여 $MAC=f1_K(SQN \| AMF \| RAND)$, $XRES=f2_K(RAND)$, $CK=f3_K(RAND)$, $IK=f4_K(RAND)$, $AK=f5_K(RAND)$를 각각 계산하고 자신을 인증 하는 RAND, XRES, CK, IK, AUTN으로 구성된 AV를 VLR로 전송한다.

그 후 〔그림 7.6〕에서와 같이 VLR은 사용자 인증 요구 메시지에 포함된 RAND〔i〕 AUTN〔i〕를 전송한다.

7.2.4.1 USIM에서의 인증 (USIM에서 AUTN를 검증하고 RES로 응답 과정)

USIM에서 전송 받은 VLR로부터 RAND〔i〕AUTN〔i〕에서 AUTN를 검증하고 RES로 응답 과정은 〔그림 7.7〕과 같이 f5 함수에 비밀키 K와 RAND을 입력하여 AK를 생성한다.

이때 SQN이 숨겨져 있는 경우는 $SQN=(SQN \oplus AK) \oplus AK$에서 f5 함수를 이용하여 생성한 AK를 이용하여 SQN를 구한다.

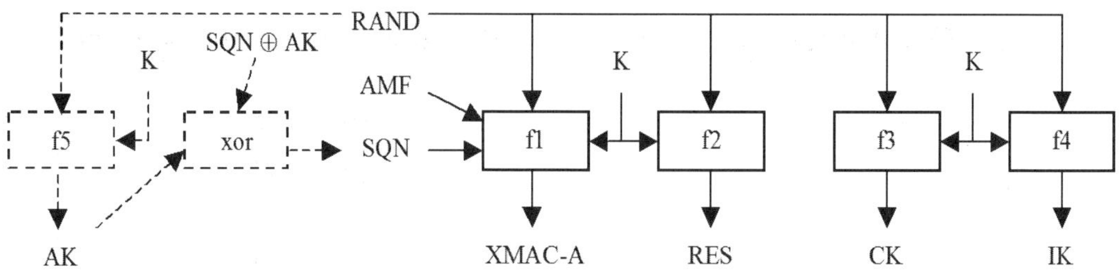

> 그림 7.7 USIM에서 f1~f5의 사용

다음 단계로 f1 함수에 K, SQN, RAND, AMF를 입력하여 XMAC-A를 생성한 후 [그림 7.8]에서와 같이 VLR에서 전송된 MAC과 비교하여 HLR를 인증 한다.

MAC 비교가 끝난 후 SQN이 옳은 범위에 있는지 검증하고 f2에 K와 RAND를 이용해서 RES를 생성하여 VLR에게 전송하고 f3 함수와 f4 함수에 K와 RAND를 입력, CK, IK를 각각 생성하여 저장한다.

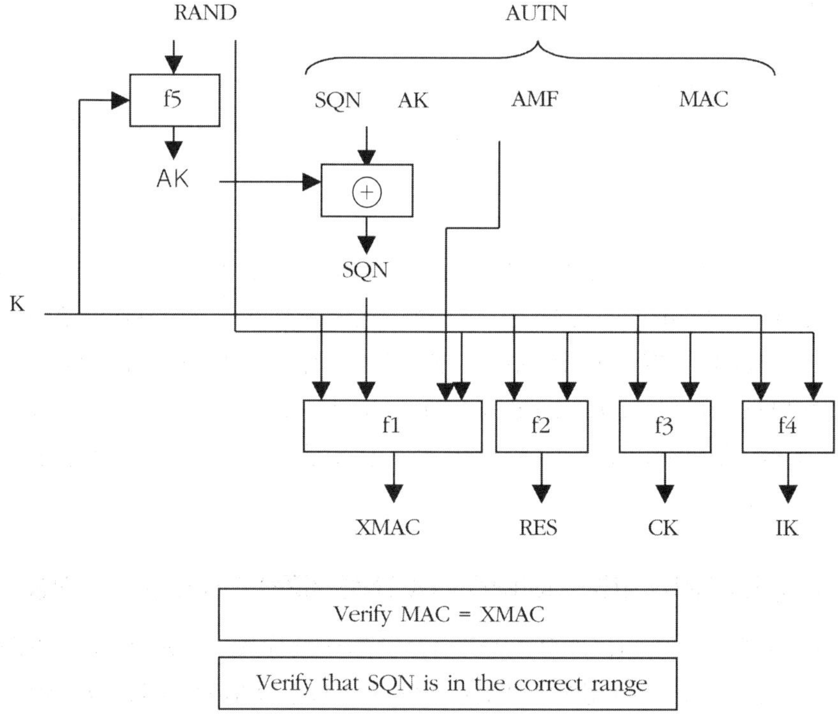

> 그림 7.8 USIM안이 사용자 인증 기능

7.2.4.2 Sequence number의 Freshness 검증 방법

USIM은 이미 수신한 SQN을 SEQ_{MS}[0],…,SEQ_{MS}[31]에 저장하며 현재 수신한 SQN을 인증하기 위한 절차는 다음과 같다.

수신한 SQN의 IND와 같은 배열의 SEQ_{MS}[IND]과 비교한다. 만일 SEQ > SEQ_{MS}[IND]이면, USIM은 수신한 SEQ가 fresh한 것으로 판단하여 인증하고 SEQ_{MS}[IND] ← SEQ로 세팅한다. 만일 SEQ <= SEQ_{MS}[IND]이면, USIM은 수신한 sequence 값 중에서 최대인 SEQ_{MS}를 가져와서 Synchronization failure message를 생성한다.

한편 USIM은 현재 수신한 SQN 값이 USIM에 저장 중인 최대 SQN 값인 SQN_{MS}보다 어느 정도 적은 경우에도 수용하게 할 수 있으며 SEQ_{MS} - SEQ < L인 경우에도 수신한 SQN을 수용하게 할 수 있도록 L을 지정할 수 있다.

7.2.5 | 오류 처리

AKA 메커니즘이 실행되는 도중에 MAC-A와 SQN을 검증할 때 오류가 발생하면 다음과 같은 오류 메시지를 작성하여 VLR에게 전송한 후에 사용자는 진행을 포기한다.

7.2.5.1 사용자 인증 실패 (User Authentication Reject)

[그림 7.9]에서 f1 함수를 이용하여 XMAC-A=$f1_K$(SQN ∥ RAND ∥ AMF)를 계산한 후 VLR에서 전송된 RAND[i]AUTN[i]에 포함된 MAC과 비교하여 HLR를 인증한다. 만약 USIM이 생성한 XMAC-A와 일치하지 않는다면 네트워크에 대한 인증이 실패하게 되고 VLR에게 사용자 인증 거부(User Authentication Reject) 메시지를 전송하여 인증 절차는 실패하게 된다.

7.2.5.2 사용자 동기 실패 (User Synchronization failure)

[그림 7.10]에서 VLR에서 전송된 RAND[i]AUTN[i]에서의 SQN[i]와 SQN_{MS}를 SQN이 적합한 범위에 속하는지 확인하여 유효한 경우 RES를 포함한 Authentication Response 메시지를 전송한다. 하지만 SQN이 적합한 범위를 벗어나는 경우는 [그림 7.11]에서와 같이 재동기화 함수인 f1*를 이용해서 MAC-S=$f1^*_K$(SQN_{MS} ∥ RAND ∥ AMF*)를 계산한 후 재동기화에 필요한 토큰인 AUTS를 구성, User Synchronization failure 메시지를 전송한다.

여기서 SQN_{MS}가 AK를 이용하여 숨겨진 경우에는 재동기화 함수인 f5*를 이용, AK=$f5^*_K$

(RAND)를 생성한 후 $SQN_{MS}=(SQN_{MS}\oplus AK)\oplus AK$을 계산한다. 한편 VLR/SGSN는 사용자로부터 Synchronization failure를 받으면 HE/AuC에게 Synchronization failure indication을 포함한 인증 데이터 요구 메시지를 보내서 새로운 AV에 기초한 인증을 다시 시도한다.

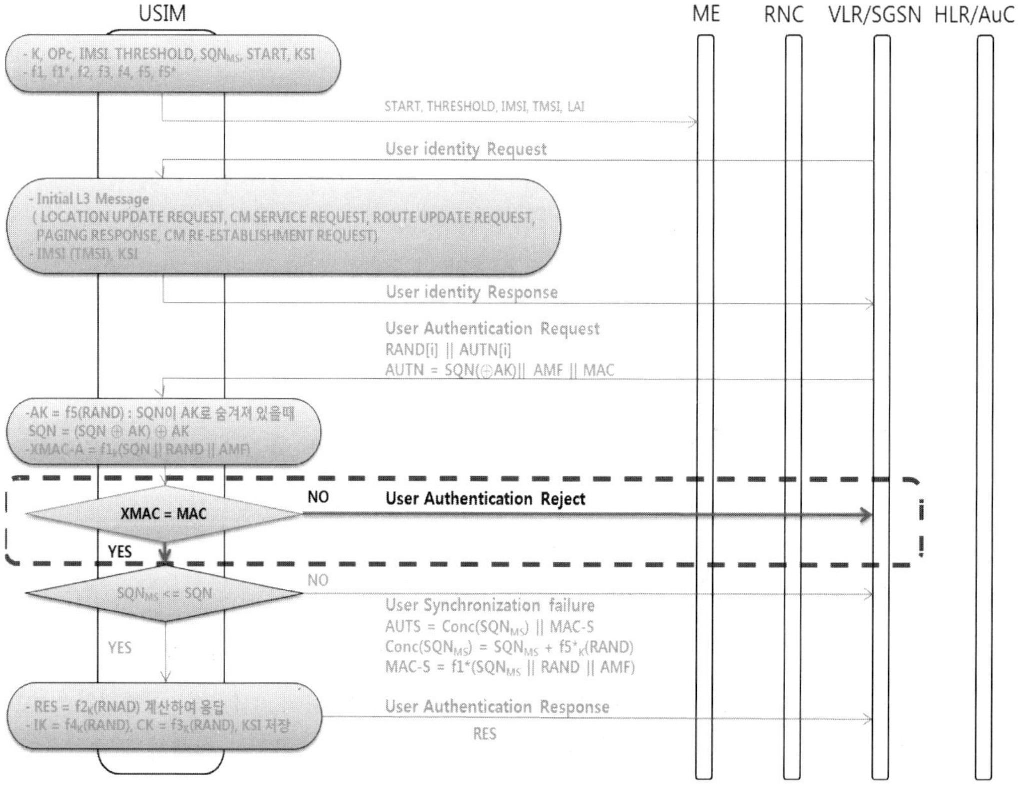

>그림 7.9 User Authentication Reject

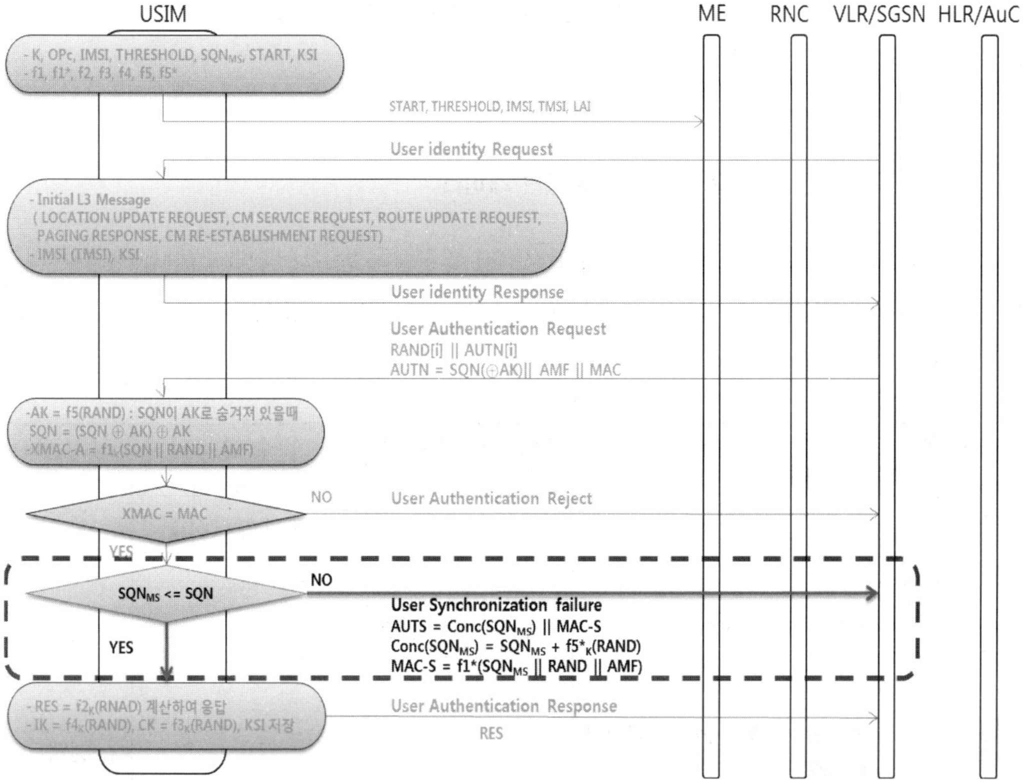

그림 7.10 User Synchronization failure

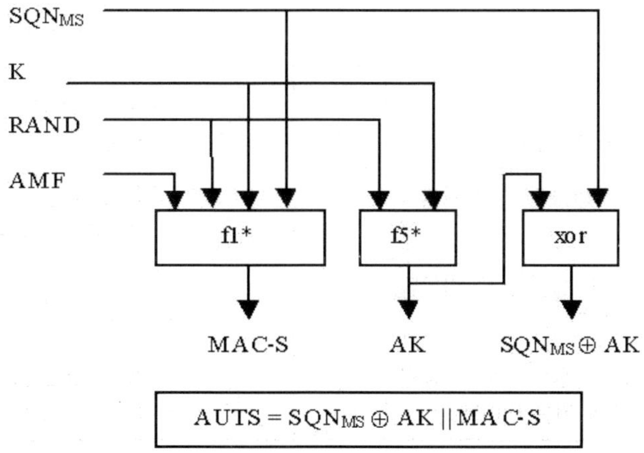

그림 7.11 USIM에서 재동기화를 위한 f1*, f5*

여기서 AMF*는 재동기에 사용되는 AMF에 대한 default 값이며 AUTS는 AUTS= SQN_{MS}〔⊕AK〕‖MAC-S로 구성된다.

7.2.6 | AKA 프로토콜 후 USIM에 저장된 데이터

AKA 프로토콜이 수행 후 USIM에 저장되는 값은 사용자 등록 후에 USIM에 저장된 데이터는 SQN_{MS}, WINDOW, LIST, $RAND_{MS}$, KSI, CK, IK, HFN_{MS}, TMSI, LAI/RAI, AMF이다.

기 호	설 명	다양성	길이(bit)	수 명	필수/선택
SQN_{MS}	수열 넘버 카운터	1	48	AKA 프로토콜이 실행될 때 업데이트	필수
WINDOW					
(선택 1)	수용된 수열 넘버 배열	1	10~100	〃	선택
LIST					
(선택 2)	수신된 수열 넘버의 정렬된 리스트	1	32~64	〃	선택
$RAND_{MS}$	사용자에 의해 수신된 난수	1	128	〃	필수
KSI	키 셋 식별자	1	3	〃	필수
CK	암호화 키	1	128	〃	필수
IK	무결성 키	1	128	〃	필수
HFN_{MS}	COUNT-C와 COUNT-I를 위한 상위 값 초기화	1	25	연결이 해제될 때 업데이트	필수
TMSI	VLR에서 할당한 임시 가입자 신원	1		TMUI 할당 프로토콜 실행 후 update	필수
LAI/RAI	위치 영역 식별자 / 라우팅 영역 식별자	1		〃	필수
AMF	인증 관리 필드 (사용 중인 알고리즘과 키를 나타냄)	1	16	AKA 프로토콜이 실행될 때 업데이트	필수

> 표 7.2 AKA 프로토콜 후 USIM에 저장된 데이터

7.3 ME

7.3.1 ME 흐름도

ME는 사용자와 시그널 데이터의 기밀성과 무결성을 위한 UMTS 메커니즘을 지원한다.

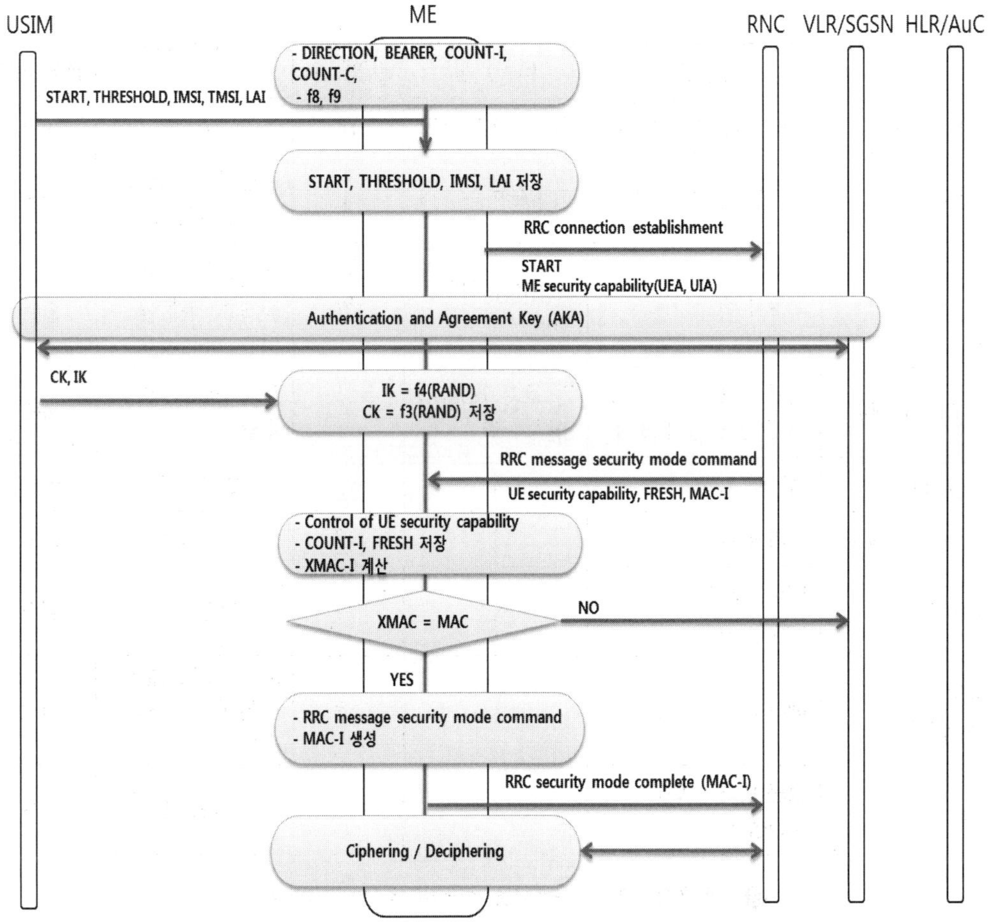

그림 7.12 ME 흐름도

7.3.2 ME에 저장된 데이터 및 암호학적 함수

7.3.2.1 데이터 무결성을 위한 데이터 및 암호학적 함수

ME에서 데이터의 무결성을 위해 사용되는 데이터는 UIA-MS, UIA, IK, DIRECTION, COUNT-I_{UP}, COUNT-I_{DOWN}, FRESH, MAC-I, XMAC-I이며 f9 함수가 저장되어 있다. 저장된 데이터와 각각의 함수에 대한 설명은 〔표 7.3〕과 같다.

기 호	설 명	다 양 성	길이(bit)	수 명	필수/선택
UIA-MS	ME의 암호화 가능성	각 ME마다 1개	16	영구적	필수
UIA	선택된 암호화 가능성	각 ME마다 1개	4	연결이 설정되었을 때 업데이트	필수
IK	무결성 키	각 mode마다 1개	128	AKA 프로토콜의 실행에 의해 업데이트	필수
DIRECTION	업링크 또는 다운링크의 전달 방향의 표시	각 무선 bearer마다 1개	1	무선 bearer의 수명	필수
COUNT-I_{UP}	동기화 값	1	32	연결 동안	필수
COUNT-I_{DOWN}	동기화 값	1	32	연결 동안	필수
FRESH	네트워크 요구(challenge)	1	32	연결 동안	필수
MAC-I XMAC-I	메시지 인증 코드	1	32	AKA 프로토콜의 실행에 의해 업데이트	필수
f9	접근 링크 데이터 무결성 함수	1		영구적	필수

> 표 7.3 데이터 무결성을 위한 데이터 및 암호학적 함수

7.3.2.2 데이터 암호화를 위한 데이터 및 암호학적 함수

ME에서 데이터의 암호화를 위해 사용되는 데이터는 UEA-RNC, UEA, CK, COUNT-C_{UP}, COUNT-C_{DOWN}, BEARER, DIRECTION이며 f8 함수가 저장되어 있다. 저장된 데이터와

각각의 함수에 대한 설명은 〔표 7.4〕와 같다.

기 호	설 명	다 양 성	길이(bit)	수 명	필수/선택
UEA-RNC	RNC의 암호화 가능성	1개	16	영구적	필수
UEA	선택된 암호화 능력	각 사용자와 각 mode마다 1개	4	연결이 설정되었을 때 업데이트	필수
CK	암호화 키	〃	128	〃	필수
COUNT-C_{UP}	암호화의 동기화를 위하여 시간에 변화하는 매개변수	각 무선 bearer 마다 1개	32	무선 bearer의 수명	필수
COUNT-C_{DOWN}	암호화의 동기화를 위하여 시간에 변화하는 매개변수	〃	32	〃	필수
BEARER	무선 bearer 식별자	〃	5	〃	필수
DIRECTION	업링크 또는 다운링크의 전달 방향의 표시	〃	1	〃	필수
f8	접근 링크 암호화 함수	1		영구적	필수

표 7.4 데이터 암호화를 위한 데이터 및 암호학적 함수

7.3.3 RRC connection establish

RRC connection establish 과정에서 ME는 CS 서비스 영역과 PS 서비스 영역에 대한 START, ME security capability를 RNC에 전달한다. 여기서 "UE security capability"는 네트워크의 무결성 보호가 시작되기 전에 필요하다. 따라서 "UE security capability"는 보호되지 않은 메시지로 네트워크에 보내진다. ME는 되돌아온 보호된 메시지 안에 "UE security capability"가 네트워크에 제대로 도착한 "UE security capability" 인지를 검증해야 한다.

7.3.4 | RRC connection security mode complete

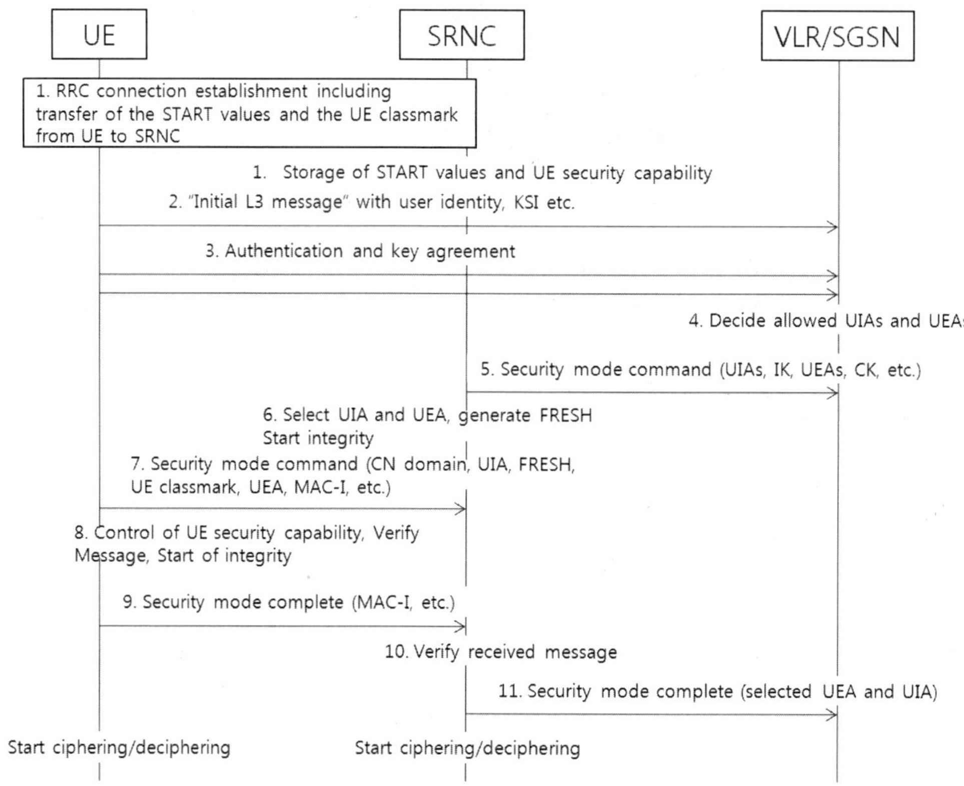

그림 7.13 RRC connection security mode complete

MS로부터의 Security mode complete는 uplink 무결성을 보호하는 출발점이다. 즉, MS로부터 받은 Security 모드와 모든 메시지는 새로운 무결성을 구성하기 위해 사용한 무결성 보호이다.

RNC로부터 받은 RRC message Security mode command에서의 FRESH, MAC-I, UEA, UIA, CN 도메인 등을 입력 값으로 하여 RRC connection security mode complete를 완료하는 것이다. 그 과정은 받은 ME security capability와 초기 메시지 안의 ME security capability를 비교해서 〔그림 7.14〕와 같이 f9 함수를 이용, XMAC-I를 계산하고 MAC-I와 XMAC-I를 비교한다.

이때 MAC-I와 XMAC-I가 다르면 해제하고 MAC-I와 XMAC-I가 같으면 RRC message security mode complete를 작성하고 이 메시지에 대한 MAC-I 계산한다.

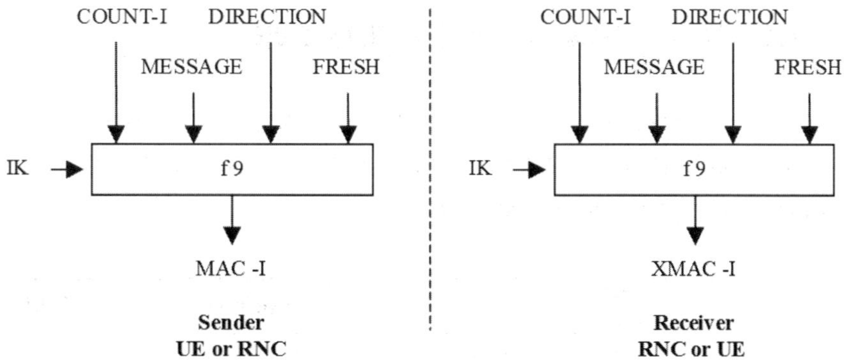

> 그림 7.14 시그널 메시지에서 MAC-I의 유도

7.3.5 암호화 (기밀성)

Security mode setup 진행이 암호화 시작을 위해 새로운 암호 구성을 사용하여 downlink와 uplink에 각각 RLC SN과 Connection Frame Number를 세팅하는 동안, 암호화 활성화 시간에 관련된 모든 정보는 RNC와 MS사이에서 교환이 이루어진다.

Security mode 협상이 성공적으로 이루어지면, RNC와 f8 함수를 사용하여 데이터 암호화 및 복호화가 이루어진다. 이 때 [그림 7.15]와 같이 키스트림에 비트 XOR 연산을 사용, 평문을 암호화하기 위한 f8 함수를 사용하게 된다.

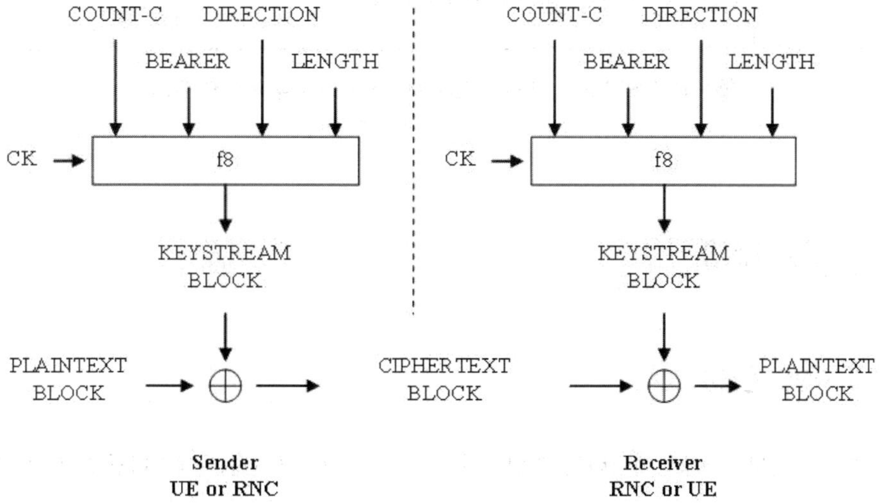

> 그림 7.15 무선 접근 링크 위에서 전송된 시그널 데이터와 사용자의 암호화

7.3.6 ME에 장착된 USIM에 AKA 절차 후 저장된 데이터

AKA 프로토콜이 수행된 후 ME에서 장착된 USIM에 저장되는 데이터는 데이터의 암호화를 위해 사용되는 데이터는 THRESHOLD, IMSI, START, CK, IK, TMSI, LAI/RAI이며 저장된 데이터에 대한 설명은 〔표 7.5〕와 같다.

기 호	뜻	길이(bit)	수 명
THRESHOLD	재인증을 시작하게 하고 암호화 키 lifetime 제어	32	영구적
IMSI	국제적 이동 가입자 신원		영구적
START	RRC 연결 후 COUNT-I와 COUNT-C의 초기 값	20	AKA 프로토콜 실행 후 0으로 setting
CK	암호화 키	128	AKA 프로토콜 실행 후 update
IK	무결성 키	128	AKA 프로토콜 실행 후 update
TMSI	VLR에서 할당한 임시 가입자 신원		TMUI 할당 프로토콜 실행 후 update
LAI/RAI	위치 영역 식별자/라우팅 영역 식별자		TMUI 할당 프로토콜 실행 후 update

표 7.5 ME에 장착된 USIM에 AKA 절차 후 저장된 데이터

7.4 RNC

7.4.1 RNC 흐름도

RNC는 사용자와 시그널 데이터의 기밀성과 무결성을 위한 UMTS 메커니즘을 지원한다.

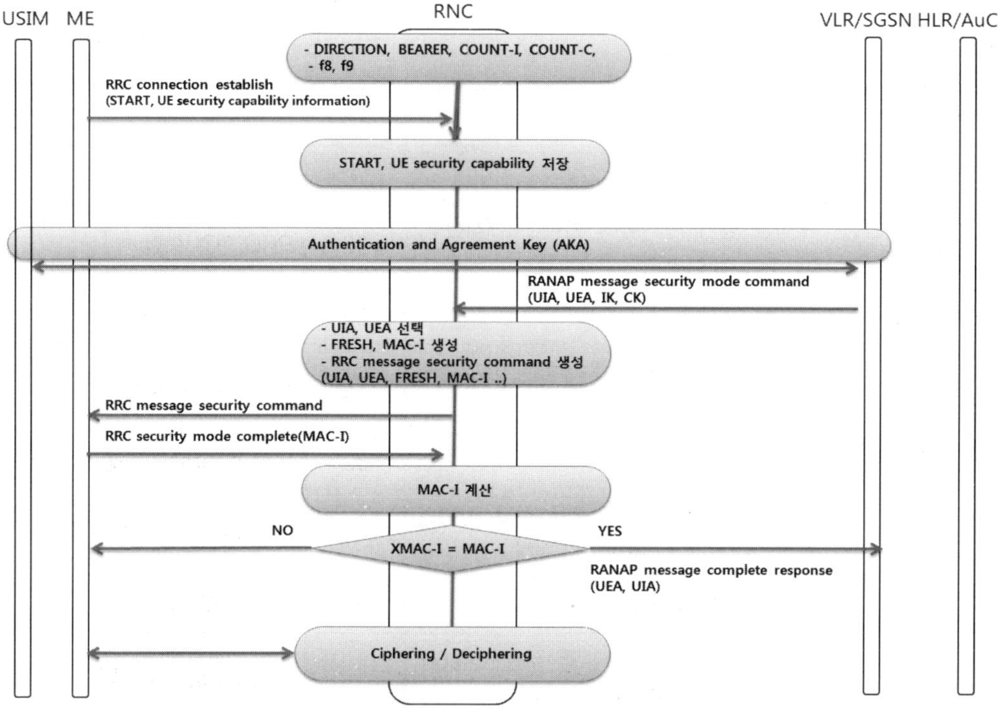

> 그림 7.16 RNC 흐름도

7.4.2 | 저장된 데이터 및 암호학적 함수

사용자의 데이터 무결성과 기밀성을 위한 데이터 및 암호학적 함수는 START, CK, IK, UEA-RNC, UEA, UIA-RNC, UIA, $\text{COUNT-I}_{\text{DOWN}}$, $\text{COUNT-I}_{\text{UP}}$, $\text{COUNT-C}_{\text{DOWN}}$, $\text{COUNT-C}_{\text{UP}}$, DIRECTION, FRESH, BEARER, f8, f9 함수이며 저장된 데이터와 각각의 함수에 대한 설명은 [표 7.6]과 같다.

기 호	뜻	길이(bit)	수 명
START	RRC 연결 후 COUNT-I와 COUNT-C의 초기 값	20	AKA 프로토콜 실행 후 0으로 설정
CK	암호화 키	128	연결이 설정되었을 때 update
IK	무결성 키	128	RRC 연결 동안
UEA-RNC	RNC의 암호화 가능성	16	영구적

UEA	선택된 암호화 능력	4	RRC 연결이 설정되었을 때 update
UIA-RNC	RNC의 암호화 가능성	16	영구적
UIA	선택된 암호화 가능성	4	RRC 연결 동안
COUNT-I_{DOWN}	무결성 동기화를 위해 변하는 매개변수, 각 무선 bearer마다 1개	32	RRC 연결 동안
COUNT-I_{UP}	〃	32	RRC 연결 동안
COUNT-C_{DOWN}	암호화의 동기화를 위해 변하는 매개변수, 각 무선 bearer마다 1개	32	무선 bearer의 수명
COUNT-C_{UP}	〃	32	무선 bearer의 수명
DIRECTION	uplink 또는 downlink의 전달 방향의 표시, 각 무선 bearer마다 1개	1	무선 bearer의 수명
FRESH	MS요구(Challenge)	32	RRC 연결 동안
BEARER	무선 bearer 식별자 , 각 무선 bearer 마다 1개	5	무선 bearer의 수명
f8	접근 링크 데이터 암호화 함수		영구적
f9	접근 링크 데이터 무결성 함수		영구적

> 표 7.6 사용자의 데이터 무결성과 기밀성을 위한 데이터 및 암호학적 함수

7.4.3 | RRC connection establishment

사용자 신원 요구와 AKA 과정이 일어나기 전에 ME에서 전송되는 RRC connection establishment 메시지를 저장한 후 인증이 성립되면 〔그림 7.17〕과 같이 Security mode를 협상할 때 이 값을 사용한다.

RRC connection establishment 메시지는 START, UE security capability (UIA, UEA)를 포함하여 전송한다. START 값은 CS 서비스 영역과 PS 서비스 영역에 대한 START, 암호화 알고리즘을 위한 COUNT-C의 입력 값의 일부, 무결성 보호 알고리즘을 위한 COUNT-I의 입력 값이 포함되어 있으며 UE security capability는 Unprotected message, 암호화 및 무결성 capabilities의 정보를 포함하고 있다.

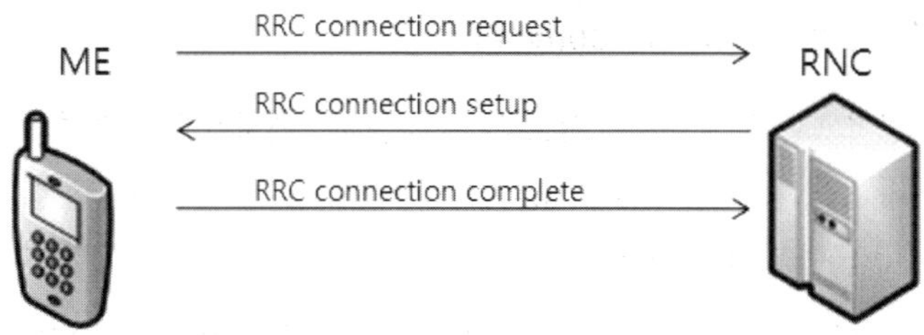

그림 7.17 RRC security mode 협상

7.4.4 인증 및 키 일치(AKA) 메커니즘

AKA 프로토콜 수행 과정에서 ME와 RNC는 USIM과 VLR사이에서 인증에 필요한 데이터를 전달한다.

7.4.5 Security mode 협상

AKA 절차를 거쳐 인증 과정이 완료 되거나, KSI 일치로 AKA 절차를 생략한 후에 Security mode 협상을 한다.

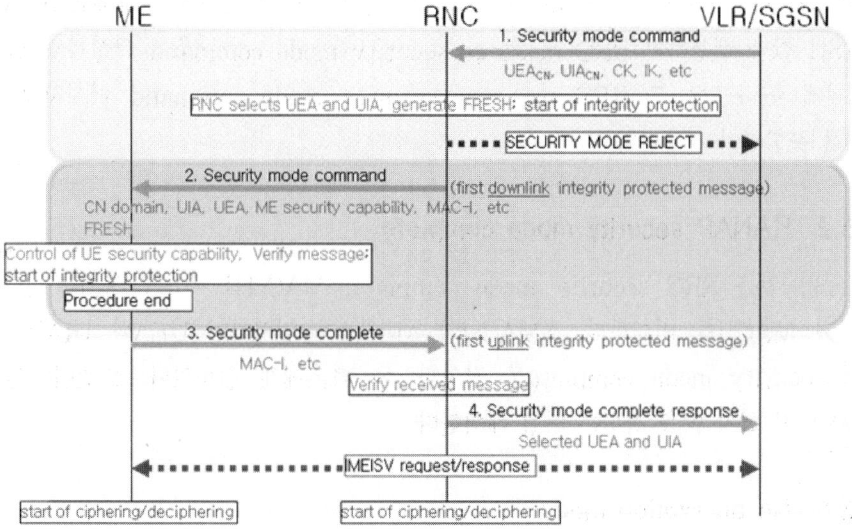

그림 7.18 Ciphering and Integrity Mode Negotiation

7.4.5.1 RRC security mode command

AKA 절차가 성공적으로 끝난 후 VLR로부터 RANAP 메시지를 받으면 UIA와 UEA를 결정, RRC message Security mode command를 작성하여 ME에게 전달한다. 한편 암호화와 무결성 모드 협약은 다음과 같이 진행된다.

① MS와 네트워크가 공통 UIA 알고리즘 버전이 없다면 연결이 해제된다.

② MS와 네트워크가 적어도 하나의 공통 UIA 알고리즘 버전을 가지고 있으면 네트워크는 하나를 선택한다.

③ MS와 네트워크가 공통 UEA 알고리즘 버전이 없고 네트워크가 비암호화 연결의 사용을 준비하지 않으면 연결이 해제된다.

④ MS와 네트워크가 공통 UEA 알고리즘 버전이 없고 사용자와 네트워크가 비암호화 연결을 사용한다면 비암호화 연결로 사용된다.

⑤ MS와 네트워크가 적어도 하나의 공통 UEA 알고리즘 버전을 가지고 있으면 네트워크는 하나를 선택한다.

RANAP 메시지에서 받은 요구 사항들이 충족될 수 없다면 Security mode reject 메시지를 VLR/SGSN으로 보낸다. VLR/SGSN은 인증과 보안 키 생성(Security key generation)이 UTRAN 동안에 수행된 것일 때만 새로운 key set으로서 다룬다. 즉, VLR로부터 RANAP security mode command message를 받아서 UIA, UEA 선택하고 IK, CK 저장 및 FRESH 값을 생성하여 RRC message security mode command 작성하고 MAC-I 값을 생성하게 된다. 그 후 RRC message security mode command 메시지에 MAC-I, FRESH를 포함하여 전송한다.

7.4.5.2 RANAP security mode complete

ME로부터 받은 RRC security mode complete, MAC-I를 기초로 XMAC-I 계산하여 XMAC-I와 MAC-I를 비교한다. XMAC-I와 MAC-I가 일치하면 UEA와 UIA를 선택하여 RANAP security mode complete를 작성한 후 VLR에게 전송한다. 반면에 XMAC-I와 MAC-I가 일치 하지 않을 경우는 연결 해제한다.

7.4.5.3 No encryption mode

초기 UE의 잠재적인 faulty UEA1 implementation에 대해서도 허용하기 위해 VLR은

Security mode setup 절차가 시작하기 전에 UE로부터 IMEISV를 검색하는 과정을 수반한다. 만약 암호화를 수행할 수 없는 UE라면 UE의 IMEISV에 기초하여 Security mode command를 설정한다. 그리고 Security mode setup 절차를 수행한다. VLR은 UE에 두 번째 IMEISV 요청 메시지를 전송하며 이 메시지는 무결성이 보호되어 있으며 IMEISV 요청 메시지가 실패했거나 IMEISV가 첫 번째 요청했던 IMEISV와 다르면 연결을 해제한다.

7.4.6 | 암호화 (기밀성)

Security mode 협상이 성공적으로 이루어지면, ME와 f8 함수를 사용하여 데이터 암호화 및 복호화가 이루어진다.

7.4.7 | 주기적 로컬 인증을 위한 시그널 과정

다음 과정은 로컬 인증을 주기적으로 실행하기 위해서 RNC에 의해 사용되며 RRC 연결 동안 보내진 데이터 양이 RNC와 ME에 의해 주기적으로 동시에 체크된다.

RNC는 각 무선 bearer와 결합한 COUNT-C를 기록한다. 이 과정은 이 값이 정해진 checking 값에 도달할 때마다 일어난다. checking 값의 범위와 그 값은 방문한 network에 의해 정의된다. 과정 안의 모든 메시지는 무결성이 보호된다.

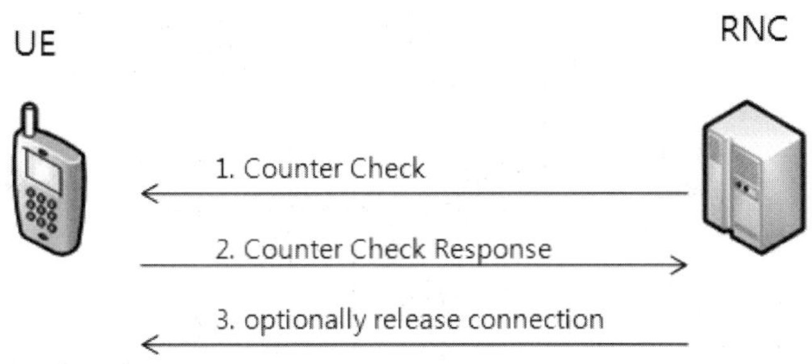

> 그림 7.19 RNC와 ME의 주기적인 로컬 인증 과정

① Check 값에 도달할 때 Count Check 메시지가 RNC에 의해 보내진다. Count Check 메시지는 각 무선 bearer로부터 COUNT-C 값의 최상위 부분을 포함한다.

② ME는 Counter Check 메시지 안에서 받은 COUNT-C와 자신의 무선 bearer 값을 비교한다. 다른 ME COUNT-C 값은 Counter Check Response 메시지 안에 포함된다.

③ RNC가 COUNT-C 값을 포함하지 않은 Counter Check Response 메시지를 받으면 진행은 끝난다. 만일 RNC가 하나 또는 여러 개의 COUNT-C 값을 포함하는 Counter Check Response를 받으면 RNC는 연결을 해제한다.

7.5 VLR/SGSN

7.5.1 VLR/SGSN의 흐름도

사용자 인증과 키 일치에 대한 UMTS 메커니즘과 사용자 신원 기밀성을 위한 UMTS 전통적인 메커니즘을 지원한다.

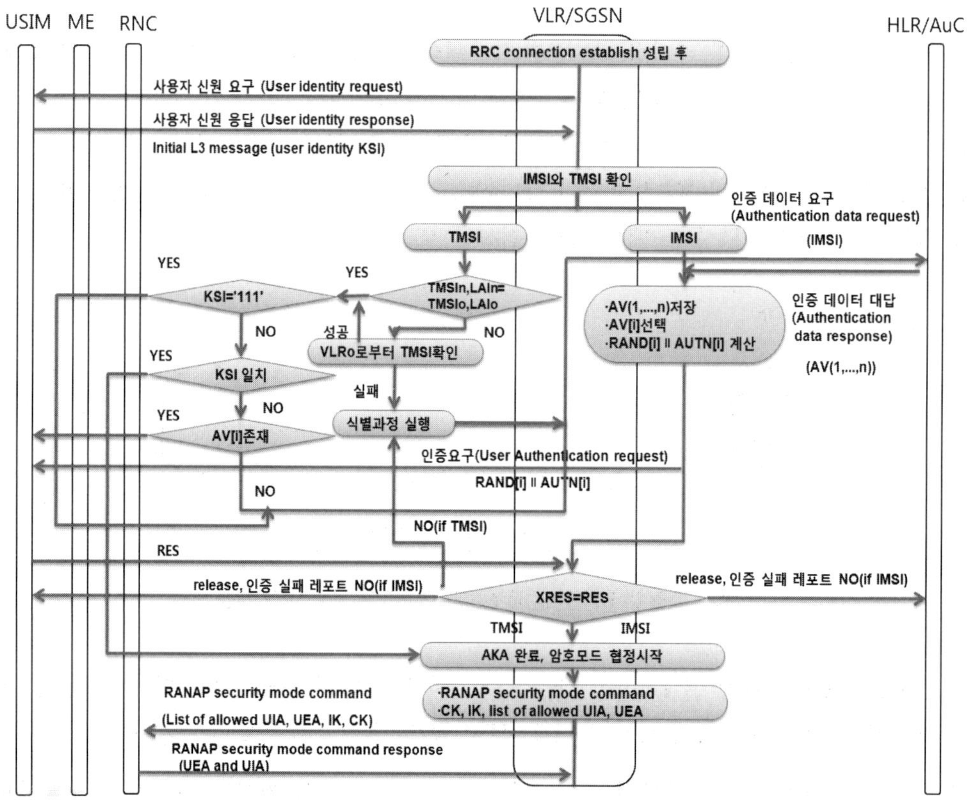

그림 7.20 VLR/SGSN의 흐름도

7.5.2 | VLR/SGSN에 저장된 데이터 및 암호학적 함수

7.5.2.1 사용자 인증과 키 일치를 위해 저장된 데이터 및 암호학적 함수

VLR/SGSN에서 사용자 인증과 키 일치를 위해서 저장되어 있는 데이터는 UMTS 인증벡터인 AV, 키 셋 식별자인 KSI, CK, IK이다.

기 호	설 명	다 양 성	길이(bit)	수 명	필수/선택
UMTS AV	UMTS 인증 벡터	SN에 의존하여, 각 사용자 마다 여러 개	528~640	많은 것에 의존	필수
KSI	키 셋 식별자	각 사용자마다 1	3	AKA 프로토콜이 실행되어질 때 업데이트	필수
CK	암호화 키	각 사용자마다 1	128	AKA 프로토콜이 실행되어질 때 업데이트	필수
IK	무결성 키	각 사용자마다 1	128	AKA 프로토콜이 실행되어질 때 업데이트	필수

> 표 7.7 사용자 인증과 키 일치를 위해 저장된 데이터 및 암호학적 함수

7.5.2.2 UMTS AV

기 호	설 명	길이(bit)	다 양 성
RAND	네트워크 요구(challenge)	128	1
XRES	기대되어진 응답	32~128	1
CK	암호화 키	128	1
IK	무결성 키	128	1
AUTN	인증 토큰	128	구성되어진 1
SQN 또는 SQN⊕AK	수열 넘버 또는 숨겨진 수열 넘버	48	각 AUTN마다 1
AMF	인증 관리 필드	16	각 AUTN마다 1
MAC-A	네트워크 인증을 위한 메시지 인증 코드	64	각 AUTN마다 1

> 표 7.8 UMTS AV

7.5.3 | 사용자 신원 기밀성을 위한 데이터 및 암호학적 함수

7.5.3.1 VLR

VLR에서 사용자 신원의 기밀성을 위해 사용되는 데이터는 TMUI-CS, LAI이며 SGSN에서는 TMUI-PS, RAI이다. 여기서 TMUI-CS와 TMUI-PS는 각각 CS망과 PS망에서 코어 네트워크에 의해 할당되는 임시 사용자 신원으로서 코어 네트워크에 의해 TMUI의 할당 프로토콜이 실행될 때 마다 업데이트 된다. 한편 LAI와 RAI는 각각 CS망과 PS망에서 위치 영역 식별자이다.

기 호	설 명	다 양 성	수 명	필수/선택
TMUI-CS	CS 코어 네트워크에 의해 할당된 임시 사용자 신원	각 사용자 마다 2	CS 코어 네트워크에 의해 TMUI 할당 프로토콜이 실행되어질 때마다 업데이트	필수
LAI	위치 영역 식별자	각 사용자 마다 2	CS 코어 네트워크에 의해 TMUI 할당 프로토콜이 실행되어질 때마다 업데이트	필수

표 7.9 VLR 사용자 신원 기밀성을 위한 데이터 및 암호학적 함수

7.5.3.2 SGSN

기 호	설 명	다 양 성	수 명	필수/선택
TMUI-PS	PS 코어 네트워크에 의해 할당된 임시 사용자 신원	각 사용자 마다 1	PS 코어 네트워크에 의해 TMUI 할당 프로토콜이 실행되어질 때마다 업데이트	필수
RAI	라우팅 영역 식별자	각 사용자 마다 1	PS 코어 네트워크에 의해 TMUI 할당 프로토콜이 실행되어질 때마다 업데이트	필수

표 7.10 SGSN 사용자 신원 기밀성을 위한 데이터 및 암호학적 함수

7.5.4 | RRC connection establish

AKA 과정이 성공적으로 이루어지면 Security mode 협상에서 UIA와 UEA를 선택하여 저장된 IK, CK함께 RNC에게 전달한다.

7.5.5 | 인증 및 키 일치(AKA) 메커니즘

7.5.5.1 사용자 신원 요구 (User Identity Request)

사용자 신원 요구 메시지를 통해 USIM에게 사용자 신원 요구한다.

7.5.5.2 사용자 인증 및 키 일치 절차

USIM으로부터 Initial L3 메시지, IMSI를 받을 경우, IMSI로부터 HLR를 찾아서 HE에게 IMSI와 노드 유형 즉, PS 또는 CS 요청을 포함하고 있는 인증 데이터 요구(Authentication data request)를 전달한다.

그 후 HE로부터 인증벡터 AV(1,...,n)를 받고 저장한 후 하나의 인증벡터 AV[i], 1≤i≤n을 선택하여 인증벡터 AV[i] 성분 중에서 RAND[i]AUTN[i]를 계산한 후 USIM에게 전달하고 오류가 없는 경우에는 USIM으로부터 RES[i]를 받아서 XRES[i]와 RES[i] 비교한다.

이 때 XRES[i]=RES[i]이면 AKA 절차를 완료하고 새로운 KSI 할당, Security mode 협정 시작한다. 반면 XRES[i]≠RES[i]이면 인증 실패 메시지를 작성 후 HE와 USIM에 전달하고 연결 해제하는 절차를 수행한다.

USIM으로부터 Initial L3메시지, TMSI, LAI, KSI를 받을 경우, TMSIn, LAIn=TMSIo, LAIo (n:new, o:old)인 경우와 TMSIn, LAIn≠TMSIo, LAIo (n:new, o:old)인 두 가지 경우로 나누어진다.

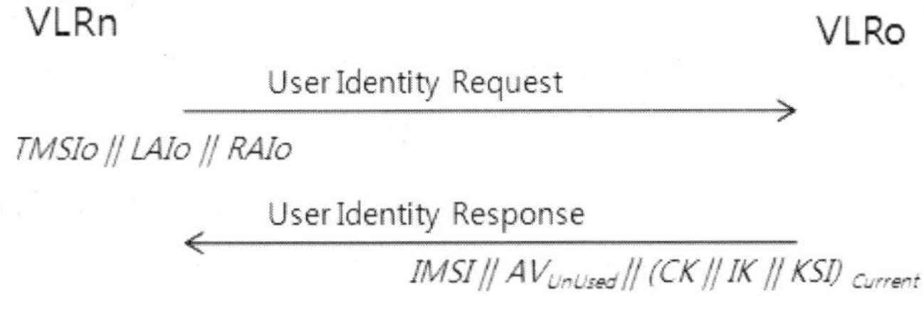

▶ 그림 7.21 Distribution of IMSI and temporary authentication data

사용자 식별 과정은 사용자에게 Identity Request 메시지를 작성하여 전송한 후 사용자로부터 Identity Response 메시지를 받으면 IMSI를 저장한다.

7.5.6 | 오류 처리

7.5.6.1 인증 실패 (Authentication reject)

USIM으로부터 사용자 인증 거부(User Authentication reject) 메시지를 받아서 인증 실패 리포트(Authentication failure report) 작성 및 사용자에 대한 새로운 식별과 인증과 정의 초기화를 결정하는 과정은 다음과 같다.

MS로부터 받은 IMSI에서 유도된 AV인 경우는 인증 실패 리포트를 작성한 후에 HE에게 전송하고 MS로부터 받은 IMSI에서 유도되지 않은 AV인 경우는 사용자 식별 과정을 통해 모든 절차를 수행한 후 연결을 해제한다.

인증 실패 리포트는 사용자 신원인 IMSI, 실패 원인 코드, 접근 타입, 인증 재시도, VLR/SGSN 주소, RAND를 포함한다. 실패 원인 코드는 네트워크 서명이 잘못되었거나 사용자 대답이 틀린 경우이며 접근 타입은 인증 절차를 초기화하는 접근 타입을 지시하는 것이며 인증 재시도는 실패가 정상적인 인증 시도 안에서 일어났는지 인증 재시도인지를 확인하는 것이다. RAND는 인증을 실패한 AV를 확인할 때 이용한다.

인증 재시도는 인증 실패 리포트에서 기인한 것이다.

SN은 인증 재시도를 "true"로 설정하는 경우가 다음과 같다.

MS에서 (P-)TMSI를 가진 인증 실패 후(거절은 'MAC failure'를 일으킨다) 새 인증 절차(재시도)를 수행한다. 이어지는 신원 요청에 의해 획득된 IMSI는 (P-)TMSI와 링크된 원래의 IMSI와 일치하지 않기 때문이다.

MS에서 인증 실패 후(거절은 'GSM authentication unacceptable'을 일으킨다) 새 인증 절차(재시도)는 HLR로부터 MSC가 UMTS 인증벡터를 얻은 후에 수행되며, MSC가 재동기화에 대한 HLR로부터 새 인증벡터를 얻은 후에 수행한다.

SRES이 VLR/SGSN에서 (P-)TMSI와 불일치하면 새 인증 절차(재시도)를 수행한다. 이어지는 신원 요청에 의해 획득된 IMSI는 (P-)TMSI와 링크된 원래의 IMSI와 일치하지 않기 때문이다.

그렇지 않으면, 인증 재시도는 "False"로 설정된다.

7.5.6.2 동기 실패 (Synchronization failure)

동기 실패는 MS로부터 동기 실패 지시 사항과 AUTS, RAND를 전송 받아 동기 실패 지시를 포함한 인증 데이터 요구를 HE로 전송하는 과정으로 사용되지 않은 AV를 삭제 한 후

RAND || AUTS를 계산하여 IMSI와 인증 데이터 요구(동기 실패 지시 메시지)를 HE에게 전송한다.

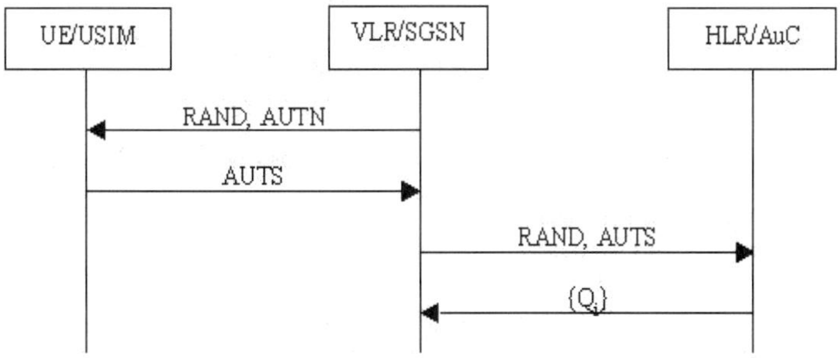

그림 7.22 동기 실패

7.5.7 Security mode 협상

AKA 절차가 완료되면 RRC connection 성립 후 저장된 데이터를 사용하여 Security mode 협상을 다음과 같은 단계로 시작한다.

① RANAP security mode command를 작성한다.
② RANAP security mode command를 RNC에 전달한다.
③ RNC로부터 RANAP security mode complete 메시지를 받는다.

위와 같은 단계로 Security mode 협상이 이루어지면, MS와 RNC는 암호화와 무결성화를 시작한다.

7.5.8 TMSI 할당 및 재할당

VLR/SGSN은 무선 접속 링크에서 식별된 이후, 사용자에게 새로운 TMSI/LAI를 할당하고, 이 TMSI는 신원의 무결성을 위하여 보호된 모드에서 전송되어야 한다.

7.5.8.1 TMSI 할당 절차

무선구간이 암호화 모드일 때 수행되며 VLR에 의해 시작되며 암호화의 초기화 후에 실행된다.

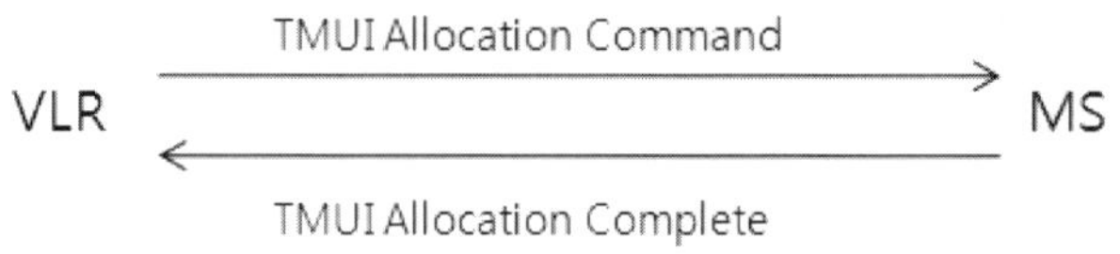

그림 7.23 TMSI 할당 절차

TMSI의 할당은 VLR에 의해 초기화되고 예측할 수 없어야 한다. VLR은 새로운 TMSI를 생성하고, TMSI와 IMSI를 결합하여 자신의 DB에 저장한 후 새로운 TMSI와 LAI를 사용자에게 보낸다.

그 후 사용자는 수신된 새로운 TMSI를 저장하고, 이전에 할당 받은 TMSI와의 결합을 삭제한 후 VLR에게 받았다는 메시지를 보낸다.

VLR은 TMSI 할당이 성공적이라는 메시지를 받으면 DB에 있던 기존의 TMSI와 IMSI의 결합을 삭제한다. 만약 메시지를 못 받으면, 새로운 TMSI와 IMSI의 결합과 기존의 TMSI와 IMSI 결합 둘 다 보관하게 된다.

7.5.8.2 동일한 SN 도메인 안에서 IMSI와 TMSI의 분배 과정 (재할당)

같은 SN 영역 안에서 이전에 방문한 VLR/SGSN로부터 임시 인증 데이터를 새로 방문한 VLR/SGSN에게 제공한다. 이 과정은 VLRo/SGSNo와 VRLn/SGSNn이 같은 SN 영역 이라는 조건하에 사용자가 TMSIo와 LAIo에 의해 식별되는 시점에서 사용자로부터 location update request(routing area update request)를 받은 후에 새로이 방문한 VLRn/SGSNn에 의해 생겨난다.

동일한 SN 도메인 안에서 IMSI와 TMSI의 분배 과정은 [그림 7.24]와 같이 VLRn/SGSNn은 VLRo/SGSNo에게 TMSIo와 LAIo를 포함한 User identity request를 보내면 VLRo/SGSNo은 데이터베이스에서 사용자의 데이터를 찾은 후 IMSI, 사용하지 않은 인증벡터, 현재 security context data CK, IK, KSI를 포함한 user identity response을 보낸다. 이 때 VLRo/SGSNo는 현재 security context 안의 데이터와 보낸 인증벡터를 지운다. 만일 사용자가 VLRo/SGSNo에서 식별이 안 되면 사용자를 찾을 수 없다는 사용자 신원 응답(user identity response)을 보낸다.

VLRn/SGSNn은 IMSI를 가진 사용자 신원 응답을 받으면 인증벡터와 현재 security context를 저장한다. 만일 VLRn/SGSNn가 사용자를 찾을 수 없다는 사용자 신원 응답을 받으면 사용자 식별 과정을 초기화한다.

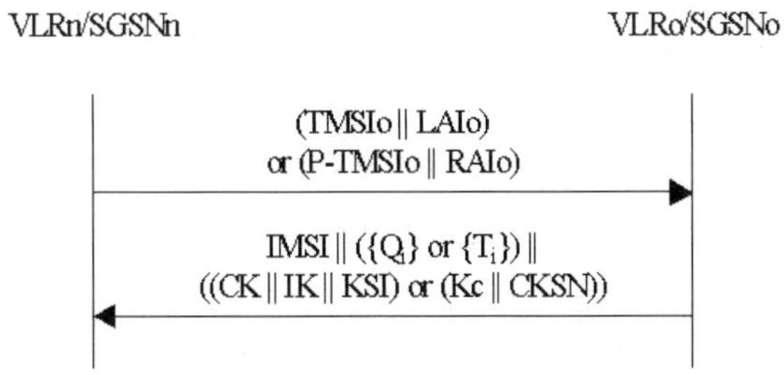

그림 7.24 동일한 SN 도메인 안에서 IMSI와 TMSI의 분배 과정

7.6 HE/HLR/AuC

7.6.1 HE/HLR/AuC 흐름도

HE/HLR/AuC는 사용자 등록 메커니즘과 인증 및 키 일치(AKA)메커니즘을 지원한다.

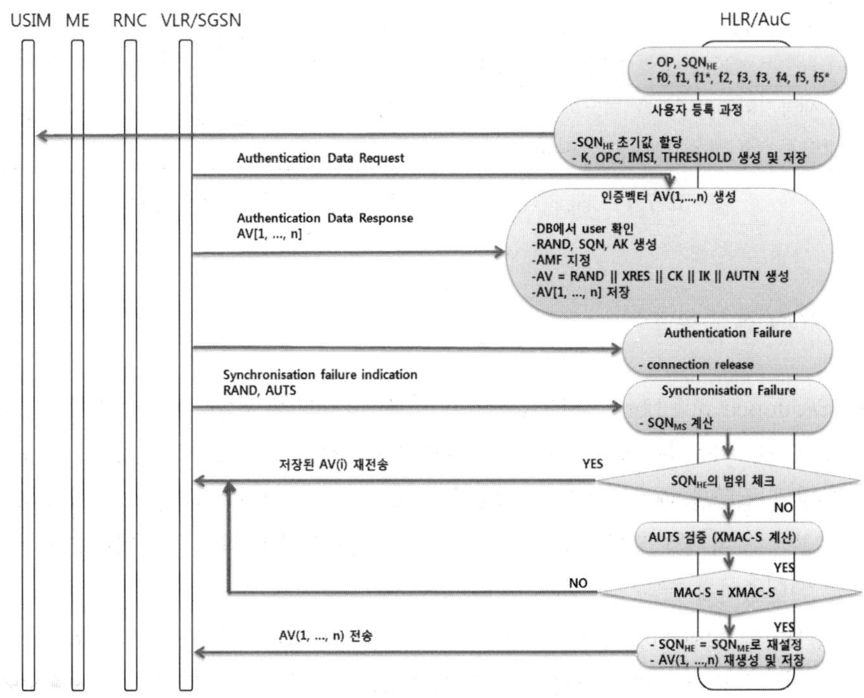

그림 7.25 HE/HLR/AuC 흐름도

7.6.2 | HLR/AuC에 초기 저장된 데이터 및 암호학적 함수

HLR/AuC에 초기에 저장되어 있는 데이터는 OP, SQN_{HE}와 f0, f1, f1*, f2, f3, f4, f5, f5* 함수가 저장되어 있다. 저장된 데이터와 각각의 함수에 대한 설명은 〔표 7.11〕과 같다.

기 호	설 명	다양성	수 명	길이(bit)	필수/선택
OP	Serving operator가 임의로 생성한 값	1	영구적	128	필수
SQN_{HE}	SQN을 생성하기 위한 메커니즘	1	영구적		필수
f0	난수 요구 생성 함수	1	영구적		필수
f1	네트워크 인증을 위한 메시지 인증 함수	1	영구적		필수
f1*	재-동기화를 지원하기 위한 메시지 인증 함수	1	영구적		필수
f2	사용자 인증을 위한 메시지 인증 함수	1	영구적		필수
f3	암호화 키를 유도하기 위한 키 생성 함수	1	영구적		필수
f4	무결성 키를 유도하기 위한 키 생성 함수	1	영구적		필수
f5	보통 시행에서 AK를 유도하기 위한 키 생성 함수로, SQN 생성 방법에 따라 선택	1	영구적		필수/선택
f5*	재동기화에서 AK를 유도하기 위한 키 생성 함수로, SQN 생성 방법에 따라 선택	1	영구적		필수/선택

표 7.11 HLR/AuC에 초기 저장된 데이터 및 암호학적 함수

7.6.3 | SQN 생성 방법

SQN은 Sequence number로 HE/AuC에서 새로운 SQN을 생성하며 가입자가 망 즉, VLR을 인증하기 위하여 사용되는 값으로 USIM과 HLR은 각각 Sequence number를 공유한다.

가입자가 망에 접근할 때 VLR은 HLR로부터 사용자에 해당하는 Sequence number를 받아온 후 그 값을 보여 줌으로써 HLR과 VLR이 정당한 관계에 있음을 증명하고 이를 통하여 가입자가 망을 인증하게 된다.

SQN을 생성하는 방법에는 다음과 같이 두 가지 방법이 있다. 이 두 가지 방법 중에 하나를 Operator가 선택하고, 이 생성 방법에 따라 AK(AK*)를 생성하는 f5(f5*) 함수가 선택 또는 필수가 된다.

7.6.3.1 SQN의 구조

SQN_{HE}는 각 사용자마다 홈망이 갖고 있는 Sequence number이며 SQN_{MS}는 각 사용자가 갖고 있는 Sequence number이다. SQN의 구조는 〔그림 7.26〕과 같이 SQN = SEQ ‖ IND, SEQ = SEQ1 ‖ SEQ2 구성된다.

SEQ1은 SEQ의 최상위 비트들이고, SEQ2는 SEQ의 최하위 비트들로 표현되며 IND는 배열 scheme안에 사용된 index로 SQN의 최하위 비트들로 표현된다.

SEQ		IND
SEQ1	SEQ2	IND

> 그림 7.26 SQN의 구조

7.6.3.2 SQN_{HE}

SQN을 생성하는 방법 중 하나를 Operator가 선택하고 이 생성 방법에 따라 AK(AK*)를 생성하는 f5(f5*) 함수가 선택 또는 필수가 된다. SQN 생성 방법은 Not time-based 방식과 Time-based 방식으로 분류 된다.

1. Not time-based SQN 생성
   Not time-based 방식에서는 AK(AK*)를 생성하는 f5(f5*) 함수가 반드시 필요하며 HE가 각 사용자에 대해 counter를 유지하고 $SQN_{HE}=SEQ_{HE} \| IND_{HE}$을 생성하며 HE/AuC는 각 사용자에 대해 counter를 유지하여 Fresh Sequence number의 생성을 위해 SEQ_{HE}는 1씩 증가한다. 새로운 counter 값은 다음 인증벡터를 생성하는데 사용된다. Not Time-based 방식에서 결정되어야 하는 parameters는 각 사용자마다 저장되는 차이 값인 DIF와 생성되는 SEQ 값과 GLC(Global Counter) 값의 차이이다. 즉 D, SEQ_{HE}=SEQ를 입력 받아 SQN을 계산하는 것이다. 그 과정은 SEQ+1을 계산한 후 IND는 0, … , 배열 크기-1 내에서 cyclic하게 할당한다. SEQ_{HE} 값이 예측 가능하므로 AK(f5, f5*)를 써서 감추는 작업을 하게 된다.

2. Time-based SQN 생성
   Time-based 방식에서 결정되어야 하는 parameters는 GLC와 DIF이다. GLC은 어떤 Clock으로부터 획득하며 계산하는 방법은 다음과 같다.

   p = 2^n로 나눈 나머지로 계산 (n : GLC와 SEQ2의 길이)

증가하는 연속된 두 Clock 시간 간격 사이에 선택, 어떤 D Clock 단위 동안 AuC에 의해 D개의 묶음(batch)이 선택한다.

Clock 비율은 사용자를 위해 생성되는 묶음의 평균 비율보다 현저히 높음/ D《 2^n인 0보다 큰 수이다.

Time-based 방식은 AK(AK*)를 생성하는 f5(f5*) 함수가 필요 없으며 P, D, SEQ_{HE} = SEQ2를 이용하여 SQN을 생성한다. 여기서 D는 AV의 생성 비율로써 GLC가 clock으로부터 취해지는 경우에 사용되며 D clock units 동안 D개의 batchs들이 생성되며 P는 $P=2^n$이며 여기서 n은 GLC의 길이이다.

7.6.3.3 HE의 SEQ 생성

HE의 SEQ 생성 과정은 다음과 같다.

① Database로 부터 SEQ_{HE} = $SEQ1_{HE}$ ∥ $SEQ2_{HE}$ 값을 검색

② $SEQ2_{HE}$ 〈 GLC 〈 $SEQ2_{HE}$ +P-D+1 ⇒ SEQ = $SEQ1_{HE}$ ∥ GLC

③ GLC ≤ $SEQ2_{HE}$ ≤ GLC+D-1 or $SEQ2_{HE}$+P-D+1≤ GLC ⇒ SEQ = $SEQ1_{HE}$+1

④ GLC+D-1 〈 $SEQ2_{HE}$ ⇒ SEQ = ($SEQ1_{HE}$ +1) ∥ GLC

⑤ 인증벡터 생성이 모두 끝난 후 SEQ를 SEQ_{HE}로 지정

7.6.3.4 HE의 IND선택

HE에서 IND를 선택하는 과정은 다음과 같다.

① 배열 scheme의 지원

ⓐ 인증벡터 생성 시 AuC는 저장되어 있는 IND_{HE}를 선택한다.

ⓑ 적당한 규칙에 의해 인증벡터에 새로운 IND를 할당한 후, SQN의 최하위 비트에 할당한다.

ⓒ a가 array의 크기일 때, IND∈〔0,a-1〕 이다.

ⓓ IND에 대한 정확한 규칙은 구체화되어 있지 않다.

② IND 할당 방법

ⓐ General rule : IND는 0,... , a-1내에서 cyclic하게 할당한다.

ⓑ 즉, 이전 AV를 가지고 사용된 IND는 SQN_{HE}에 저장되고, 다음 AV는 index 값으로 IND+1 mod a를 사용한다.

7.6.3.3 SQN 관리 : Array Mechanism

Time-based/Not time-based 모든 경우에 대하여 32개의 배열을 이용한다. 초기화는 모든 배열의 SQN 값은 0으로 설정하며 기존에 수신된 SQN 값을 SEQ[0], …, SEQ[31]에 저장한다. 또한 현재 수신한 SQN 값의 index(5bit)를 이용하여 SEQ를 배열에 저장한다.

7.6.4 사용자 등록 메커니즘

사용자 등록 메커니즘은 사용자의 등록 정보에 기인하여 SQN_{HE}, K, OPc, IMSI, THRESHOLD을 USIM에 할당하고 암호학적 함수 f1, f1*, f2, f3, f4, f5, f5*를 USIM에 장착한다. 그 과정은 SQN_{HE} 초기 값을 설정한 후 사용자의 등록 정보를 가지고, 비밀키 K, OPc(=OP⊕E[OP]$_K$)를 생성하고 가입자 신원 확인을 위한 IMSI를 생성한다. 그 후에 CK, IK의 lifetime을 조절하기 위한 THRESHOLD를 생성하게 된다.

7.6.5 인증 및 키 일치(AKA) 메커니즘

AKA 메커니즘 과정 중에 [그림 7.27]과 같이 HLR/AuC는 인증벡터 AV를 생성하고 분배하며 VLR에게 전송하게 된다.

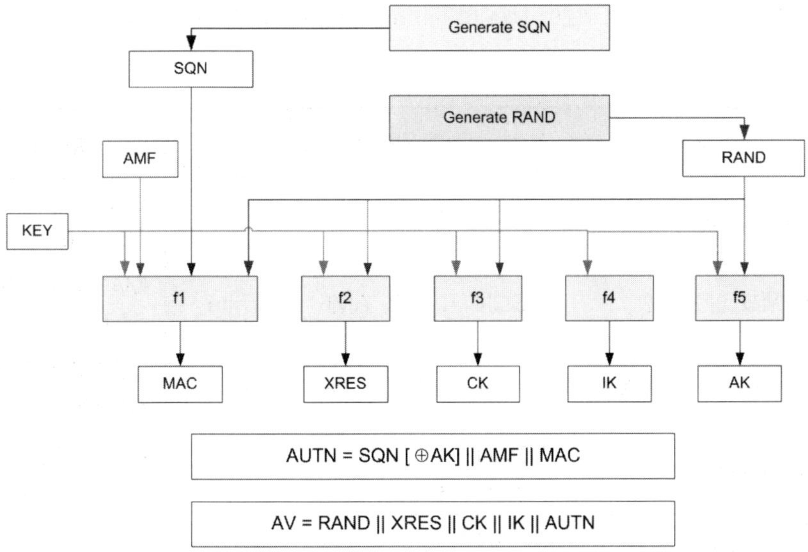

그림 7.27 Generation of authentication vectors

7.6.5.1 인증벡터 AV 생성

HLR/AuC는 VLR로부터 인증 데이터 요구와 IMSI를 전달 받은 후 IMSI를 가지고 데이터베이스에서 사용자의 등록을 확인 후 인증벡터 AV(1,…,n)을 생성한다.

이 때 AV는 예측 불가능한 128bit RAND와 SQN을 생성하고 AMF를 지정한다. 그 후에 AUTN=SQN[⊕AK] ‖ AMF ‖ MAC-A을 생성하고 암호학적 함수 f1, f2, f3, f4, f5를 이용하여 $AK=f5_K(RAND)$, $MAC\text{-}A=f1_K(SQN \| RAND \| AMF)$와 $XRES=f2_K(RAND)$, $CK=f3_K(RAND)$, $IK=f4_K(RAND)$를 계산한 후 AV를 생성하게 된다.

여기서 AK는 SQN의 은닉을 위한 계산으로 필수적인 사항은 아니다. 이처럼 AV를 생성하여 Sequence number의 순서를 기반으로 한 인증벡터 AV(1,…,n)를 VLR에게 전송한다.

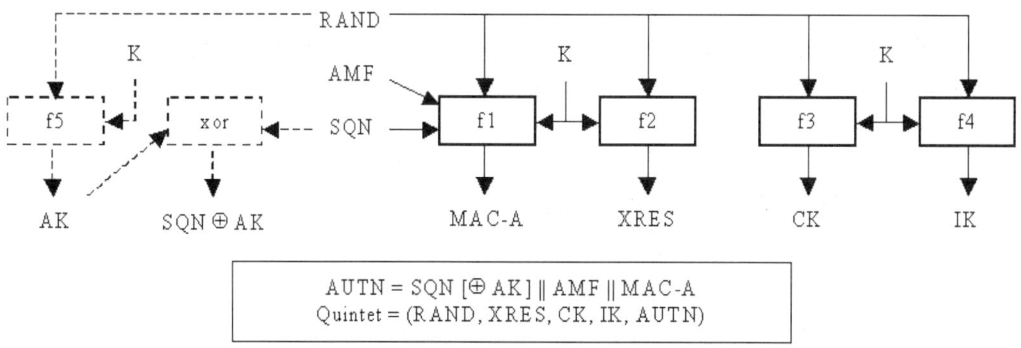

그림 7.28 Use of the algorithms on the AuC side

함수	설명	입력 & 길이	출력 & 길이
f0	난수 생성 함수	내부 상태	RAND 128 bits
f1	네트워크 인증 함수	SQN, RAND, AMF, 192 bits	MAC-A (XMAC-A) 64 bits
f1*	재동기화 메시지 인증 함수	SQN, RAND, AMF, 192 bits	MAC-S (XMAC-S) 64 bits
f2	사용자 인증 함수	RAND 128 bits	RES (XRES) 32~128 bits
f3	암호화 키 유도 함수	RAND 128 bits	CK 128 bits

f4	무결성 키 유도 함수	RAND 128 bits	IK 128 bits
f5	익명키 유도 함수	RAND 128 bits	AK 128 bits

> 표 7.12 함수 f1~f5의 입/출력 파라미터

7.6.5.2 인증벡터 AV 분배

HLR/AuC는 새로운 수열 값 SQN을 생성한다. 이를 위해 SQN_{HE}를 저장하고 SQN_{HE}로부터 SQN을 생성한다. Not time-based 방식에 의해 SQN을 생성한 경우는 SQN에 의한 추적을 방지하기 위하여 f5 함수를 이용하여 이 값을 감춘다.

그 후에 RAND를 생성한 후 암호학적 함수 f1, f2, f3, f4, f5에 입력하여 결과 값 MAC, XRES, CK, IK, AK들로부터 인증 토큰 AUTN과 AV를 구성한다. VLR이 사용자를 인증할 인증벡터가 필요한 경우, 사용자의 IMSI로부터 사용자의 HLR을 알아내서 HLR/AuC로 인증 벡터 생성 요구 메시지를 전공한다. HLR/AuC는 해당 사용자의 비밀키 K를 이용하여 인증벡터 쌍들을 생성하여 VLR로 전송한다.

7.6.6 | 오류 처리

7.6.6.1 인증 실패 (Authentication reject)

VLR로부터 인증 실패 메시지를 받으면 사용자 위치 무효 결정하고 부정한 상황을 발견하기 위해 받은 데이터 저장한 후 연결을 해제한다.

7.6.6.2 동기 실패 (Synchronization failure)

VLR로부터 인증 데이터 요구(동기 실패 지시사항)와 AUTS, RAND에 기인하여 SQN_{MS}가 AK를 가지고 숨겨질 경우는 $AK=f5^*_K(RAND)$를 계산한 후 $SQN_{MS}=(SQN_{MS} \oplus AK) \oplus AK$를 구한다. 그 후에 SQN_{HE}의 범위 확인한다. SQN_{HE}가 올바른 범위에 있다면 새로운 인증벡터를 VLR/SGSN에 보낸다.

SQN_{HE}가 범위에 속하지 않으면 $XMAC\text{-}S=f1^*_K(SQN_{MS} \| RAND \| AMF^*)$계산하여 MAC-S와 XMAC-S를 비교한다. MAC-S와 XMAC-S가 같지 않다면 저장된 AV로부터 다른 AV를

가져오고 MAC-S와 XMAC-S가 같다면 SQN_{HE}를 SQN_{MS}로 리셋한 후에 새로운 인증벡터 AV〔i〕를 생성한다.

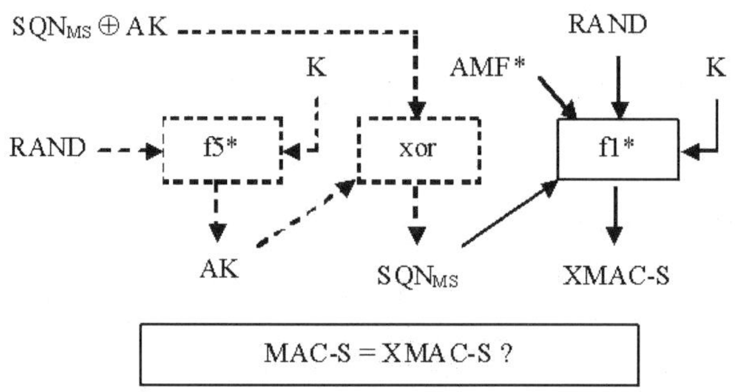

> **그림 7.29** HLR/AuC에서 재동기화를 위한 f1*, f5*

8 End-to-end Security

8.1 USIM과 UICC

8.1.1 | 개요

ETSI의 SMG9는 UMTS를 위하여 UMTS SIM에 대한 규격 작업을 추진하였으나 1998년 3GPP가 구성됨에 따라 SMG9의 UMTS SIM은 3GPP TSG-T3의 USIM으로 변화하여 이관된다. 그러나 ETSI 내에 구성되어 있던 TC Integrated Circuit Cards가 해체되고 기술 방식과 독립적인 스마트카드 플랫폼의 필요성이 대두됨에 따라 ETSI SMG9는 ETSI newSMG9로 조직을 바꾸어 공통되는 스마트카드 플랫폼에 대한 규격 작업을 시작하게 된다. 이어 1999년에 전술한 3G 이동통신의 표준화 그룹들이 플랫폼 규격 작업을 공유하기로 결정함에 따라 ETSI newSMG9는 ETSI Project Smart Card Platform으로 바뀌게 된다. 이로 인하여 3G 이동통신을 위한 스마트카드의 규격은 기술 방식과 관계없는 UICC와 UICC의 어플리케이션 모듈로 수용될 각 기술 방식의 표준규격으로 나누어져서 작업이 이루어지고 있다. 즉, GSM에서의 SIM 카드는 물리적인 카드와 GSM용 어플리케이션(GSM 11.11)으로 이루어졌다면 3G의 UICC는 물리적인 카드와 기본적인 논리적 기능과 USIM으로 구성된다.

GSM에서의 SIM 카드는 물리적인 카드와 GSM용 응용으로 이루어진 반면 UICC는 물리적인 카드와 기본적인 논리적 기능과 USIM으로 구성된다.

UICC는 통신뿐만 아니라 금융 등의 다른 산업 분야의 스마트카드 응용도 수용할 수 있도록 설계되었는데 가장 큰 변화는 SIM 카드와 USIM 카드의 파일들의 메모리 번지가 고정되어 있는 반면에 UICC에서는 디렉터리 정보를 담고 있는 별도의 파일(EFdir)을 둠으로써 새로운 응용들의 수용을 용이하게 한다.

기존 SIM 카드와의 호환성을 유지하기 위하여 SIM 카드 모듈은 고정된 주소에 배정하고 그 주소 정보를 EFdir가 가지고 있는 방식을 취한다. 또한 UICC는 상위 응용들이 그 종류에 관계없이 이용할 수 있는 CAT(Card Application Tool Kit)를 제공한다.

USIM 모듈은 단순히 SIM 카드의 3G판이 아니라 UICC와 더불어 다음과 같은 기능들이 향상되었다.

- 복수의 비공개 키와 알고리즘, 상호 인증을 통한 보안 인증 기능을 강화
- 복수의 임시 신원과 암호화된 IMSI도입을 통해 사용자의 신뢰도 향상
- 네트워크 시그널 명령의 무결성 확인
- 멀티 응용 지원의 강화
- 개선된 전화번호부
- 개선된 프로토콜의 적용(T=1, ISO/IEC 7816, 고속 데이터 등)

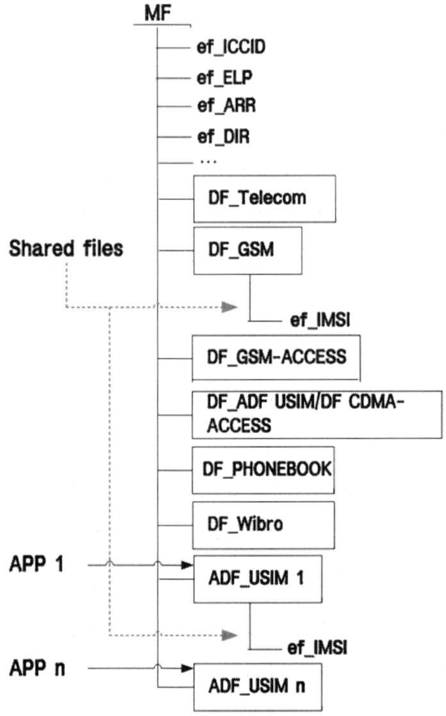

그림 8.1 USIM file 구조

UICC의 공개된 플랫폼은 다른 산업 분야의 어플리케이션들이 통신 서비스와 결합되기에 유리한 환경을 제공한다.

UICC와 USIM 모듈에 대한 규격은 〔표 8.1〕과 같으며 EP SCP와 3GPP TSG-T3에서는 Secure Messaging, API, 테스트를 위한 규격들이 계속 작성되고 있다.

규격 번호	규격	규격 내용
TS 102 221	UICC-Terminal interface	멀티 어플리케이션 플랫폼으로서의 물리적, 논리적, 전기적 규격을 정의
TS 102 223	Card Application Tool Kit	기술 방식에 독립적인 범용의 CAT
TS 102 222	Administrative commands	개인화 과정을 위한 규격
TS 31.102	Characteristics of the USIM application(3G)	TS 102.221의 물리/논리적 규격을 USIM에 적용
TS 51.011	SIM-ME terminal interface (GSM)	GSM 단말기의 USIM지원 방법

> 표 8.1 UICC/USIM 규격

8.1.2 USIM과 UICC의 기능

8.1.2.1 USIM의 기능

USIM 카드는 통신사업자, 사용자 비밀번호, 로밍 정보, 사용자 관련 전화번호(개인전화번호, Phone Book, 단축키, 제한키), 통신사업자 및 콘텐츠 사업자의 부가적인 이동통신 서비스 등을 저장하게 된다. 이를 장착함으로써 휴대폰으로 국제 로밍을 비롯한 음성 및 데이터 통화가 가능하고 텍스트나 브라우저 중심의 무선 전자 상거래도 안전하게 이용할 수 있다.

USIM 카드의 기본 기능에는 가입자 인증, 국제 로밍서비스, 이동통신용 기본 기능, 단축키, 고정 사용 번호, 단문 서비스, 최근 통화 번호, 사용 제한 번호, 개인 고유 번호(MSISDN: 가입시 고객의 특정 번호 목록), 요금 관련 정보 등이다.

모든 USIM은 오직 하나의 HE와 결합되고 유일한 신원을 가지고 있다. 따라서 HE가 USIM에 의해 사용자를 유일하게 식별하는 것이 가능하다. 또한 USIM은 보안 특징을 제공하기 위해 사용된다. 예를 들면, 사용자 인증, 네트워크와의 상호 인증 등을 제공하고 이 상호 인증과 관련된 데이터를 저장한다.

서비스를 제공하기 위해 PS 또는 CS 도메인에 유효한 USIM이 요구된다. 또한 USIM은 SIM 응용 툴킷을 지원할 수 있어야 하며 USIM은 UICC안에 포함되고 다중 응용을 가진다.

응용 선택을 위해 안전하고 간편한 메커니즘이 존재하고 각 응용에 대해 권한을 가진 접근이 필수적이다. 하지만 적절한 때에는 응용들 사이에 공통의 디렉터리를 가지는 것도 가능하다. 또한 GSM SIM 카드의 물리적인 형식과 다른 형식들도 지원된다. USIM의 가입자 신원, 가입자와 관련된 가입 정보 등의 권한을 부여 받지 않은 접근과 변질을 대해 보호된다. 따라서 안전한 방법으로 무선 인터페이스를 경유하는 USIM의 특별한 정보를 업데이트 하는 것이 가능하다.

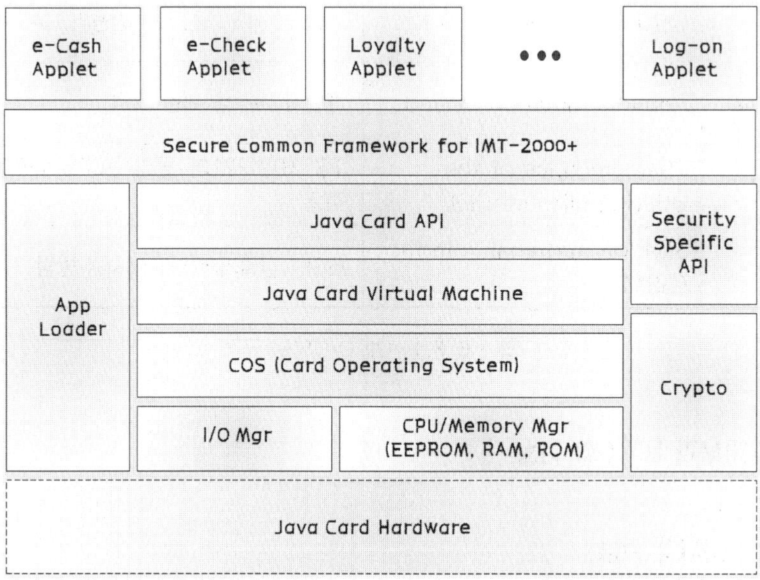

그림 8.2 3G USIM Platform 구조

8.1.2.2 UICC의 기능

UICC는 물리적이고 논리적인 개체로서 USIM을 포함하고 SIM와 USIM 응용의 지원이 가능하다. 또한 UICC는 다른 HE와 결합된 하나 이상의 USIM을 포함하며 UICC안에 있는 USIM이나 SIM중에 하나만 주어진 시간에서 활성화된다.

UE가 idle 모드인 동안에는 사용자가 이것들 중에서 필요한 하나의 USIM 응용을 선택 또는 재 선택할 수 있다. 스위치를 켤 때, 마지막으로 활성화된 USIM이 자동적으로 선택된다. 그리고 마지막으로 활성화된 USIM은 UICC에 저장된다. 디폴트 값에 의해서 UICC안에 정의된 마지막으로 활성화된 USIM이 없다면 사용자는 UICC안에 있는 이것 중에서 하나를 선택할 수 있다.

그리고 서비스 제공자 또는 가입자는 추가로 UICC안에 데이터나 프로세서를 정할 수 있다. UICC안에 각 응용은 논리적 또는 물리적 위치에 놓이고 개별적으로 관리된다. 어떤 위치에 있는 응용의 보안과 작용은 다른 위치에서 수행하고 있는 응용에 영향을 받지 않는다.

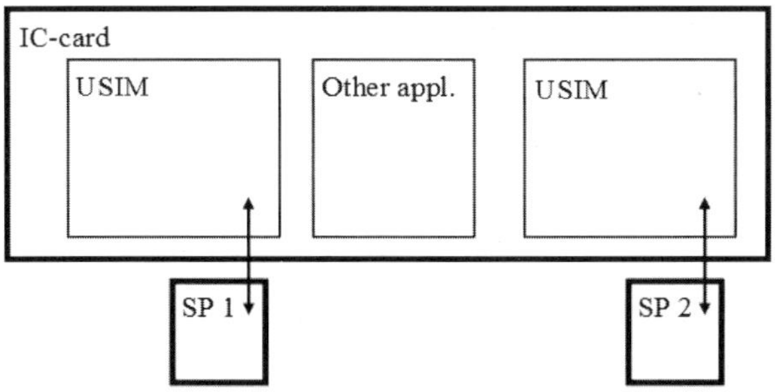

그림 8.3 UICC의 다중 기능의 예

응용은 3GPP에서 기술된 것과 다른 자기 자신의 보안 메커니즘을 사용할 수 있다. 다른 UICC 응용의 예로는 USIM, UPT와 같은 오프라인 사용자 응용, 전자 은행, 신용 서비스 등이 있다. 응용들은 공통 address book과 같은 정보를 공유할 수 있다. 따라서 UICC에 있는 응용이 무선 인터페이스를 경유하여 address 하는 것이 가능하다.

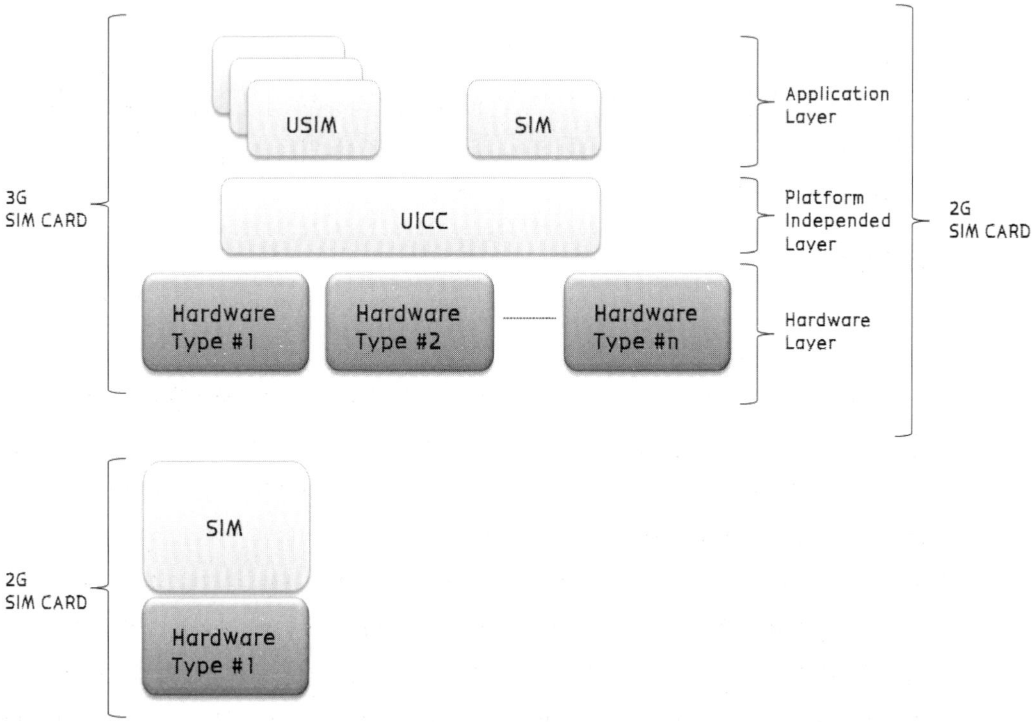

그림 8.4 SIM and USIM on UICC

8.1.3 | USIM과 UICC의 요구 사항

8.1.3.1 일반적인 요구 사항

USIM과 UICC의 일반적인 요구 사항은 SIM은 UICC를 포함하는 제거할 수 있는 모듈이 있어야 하며 명백하게 가입자를 식별하는 신원을 포함해야 한다. 또한 긴급 호출에 관한 것과 다른 3G 서비스에 접근하기 위해서 유효한 USIM을 포함한 UICC는 항상 존재해야 하며 가입자와 이와 관련된 정보를 위한 저장 장소를 제공해야 한다.

8.1.3.2 보안 요구 사항

USIM은 보안 특징을 제공하기 위해 사용된다. 만일 UICC가 3G 단말에서 제거된다면 서비스는 바로 중단된다. 보안 요구 사항으로는 USIM은 분명하게 식별되어야 하며 잃어버린 IC 카드의 부정사용을 막기 위한 방법이 제공되어야 한다. 또한 USIM 내부에 사용되는 데이터에 접근하는 것이 불가능해야 한다.

1. 파일 접근 조건

   UICC 데이터 안에 있는 READ, UPDATE와 같은 작용은 접근 조건에 의해 제어되어야 한다. UICC가 응용을 포함할 수 있기 때문에 융통성 있는 파일 접근 방법이 제공되어야 한다.

2. 사용자 인증

   USIM은 사용자를 인증하기 위한 방법을 지원해야 한다. USIM에서 인증은 4~8자릿수(십진수)로 된 PIN의 검증에 의해 실행된다.

   응용 공급자에 의해 저지되는 사용자 인증을 할 수 없는 기능이 존재한다. 이런 경우에 사용자는 항상 PIN을 사용해야 한다. 그렇지 않으면 사용자는 사용자 인증 기능을 사용할지 여부를 결정해야 한다. 만일 사용할 수 없다면, 사용자 인증 기능은 사용자가 특별하게 그것을 재사용할 때까지 이용할 수 없다.

   옳은 PIN에 따라 ME는 USIM 데이터 안에 작용들과 기능들을 수행할 수 있고, 관련된 접근 조건에 의해 보호될 수 있다. 만일 잘못된 PIN이 들어오면, 지시사항이 사용자에게 주어지게 된다. 3번 연속 잘못됐다는 지시사항 후에는 관련된 PIN은 차단된다. 즉, UICC를 제거하거나 USIM을 분리하거나 ME가 스위치를 끄더라도 접근 조건에 의해 보호된 데이터 안에 기능과 작용은 불가능하게 된다. 1번 PIN이 차단되면 PIN 검증은 거부된다.

USIM은 차단된 PIN을 차단이 안 되게 하기 위한 메커니즘을 지원할 수 있다. 차단이 안 된 PIN은 8자리로 구성되고 사용자에 의해 변화될 수 없다. 만일 틀린 차단이 안 된 PIN이 존재한다면 지시사항이 사용자에게 주어진다. UICC를 제거하거나 USIM을 분리하거나 ME가 스위치를 끄더라도 10번 연속 잘못됐다는 상황을 기록한 후에는 차단이 안 된 PIN은 차단된다. 차단된 PIN를 차단되지 않게 하는 것은 불가능하다. PIN이나 차단되지 않은 PIN을 읽는 것은 불가능해야 한다.

3. ME에 저장된 사용자 데이터

네트워크 작용 동안 ME로 전송된 사용자와 관련된 데이터들은 UICC의 제거, USIM의 해제, ME의 비활성화, UICC의 전자적인 리셋 후에 삭제된다. 이것은 USIM Application Toolkit commands. FFS에 의해 ME에 전송되는 모든 데이터를 포함한다. PIN과 차단이 안 된 PIN과 같이 사용자와 관련된 보안 코드는 이 코드를 포함하는 진행 동안 ME에 의해서만 저장되고 진행이 끝난 후 즉시 ME에 의해 삭제된다.

선택적으로, ME는 UICC 제거나 USIM 해제, ME의 스위치-오프에서 보안적으로 덜 민감한 데이터를 저장할 수 있다. 이런 데이터는 SMS, ADN/SSC, FDN/SSC, LND이다. 이런 데이터가 ME에 저장될 때는 같은 USIM이 재활성화 될 때만 재사용 또는 제한된다. 만일 IMSI가 이런 목적을 위해 ME에 저장된다면 이것은 안전하게 저장되어야 하고 회수할 수 없어야 한다.

4. 인증

K는 오직 USIM과 사용자의 HE 안에서만 유효하고 서로 공유하고 있는 비밀키의 지식을 보여주는 것에 의한 USIM과 네트워크 상호간의 인증을 의미하며 이 방법은 네트워크 인증을 위한 Sequence number를 기반으로 하는 일 방향 프로토콜을 결합한 키 성립 프로토콜과 Challenge-Response로 구성된다.

5. 시그널 성분의 데이터 무결성

시그널 정보는 반드시 무결성으로 보호되어야 한다. 무결성 기능은 ME와 네트워크 사이에 전달되는 일정한 시그널 정보에 적용된다. 3GPP 무결성 알고리즘(UIA)은 IK를 이용하여 주어진 메시지에 대해 메시지 인증 코드를 계산한다. IK의 세팅은 인증 과정에 의해 시작되며 USIM안에 저장되어야 한다.

6. 사용자 식별 기밀성

하나의 메커니즘이 일시적인 신원을 가지고 사용자 신원 기밀성을 제공하기 위해 기술되어야 한다.

7. 보안 매개변수들의 길이

보안 레벨의 강화를 위해서는 모든 보안에 관련된 매개변수들은 길이 지시자를 수반해야 하고 다양한 길이의 보안 매개변수를 지원해야 한다. 만일 USIM이 3G 보안을 덧붙여 GSM 보안 메커니즘을 지원한다면, GSM 11.11에 따른 고정된 길이의 보안 매개변수를 덧붙여 지원해야 하는 요구 사항들이 적용된다.

8. 논리적인 이슈

가. 응용 선택

다중 응용 환경에서는 융통성 있는 응용 선택 방법이 요구된다. ISO-IEC 7816-5와 3G TS 31.110에서 정의된 응용 식별자는 응용 선택을 위해 사용된다. ISO/IEC 7816-4의 EFdir 개념과 부분적인 DF 이름에 의한 선택을 포함한 직접 응용 선택을 따라야 한다. 특히 ME가 idle 모드에 있을 때 ME와 UICC에 대한 메커니즘은 ME에 의해 지원되고 사용자가 필요 있는 것들 중에 하나를 선택하고 활성화하는 것을 허가하기 위해 서술된다.

스위치를 켤 때 마지막으로 활동 중인 USIM이 자동적으로 선택된다. 마지막으로 활동 중인 USIM은 UICC에 저장된다. 디폴트 값에 의하여 UICC에 정의된 마지막으로 활동 중인 USIM이 존재하지 않으면, 사용자는 UICC안에 유효한 것들 중에서 활동 중인 USIM을 선택할 수 있다.

나. 동시 접속

메커니즘이 여러 개의 파일 또는 응용에 동시에 접근하기 위하여 기술된다.

8.1.3.3 서비스 요구 사항

1. 사용자 프로필

각 USIM은 적어도 하나의 사용자 프로필을 포함해야 한다.

2. 데이터 전송

UICC과 USIM에 결합된 데이터와 응용 또는 이와 관련된 데이터와 응용의 최대 보안 전송을 허락하는 메커니즘이 요구된다. 그리고 새로운 USIM 또는 다른 응용이 다운로드

될 때인 경우에는 보안 요구 사항이 더 많은 연구를 요구한다.

3. 응용 실행 환경
   응용 실행 환경은 3G TS 31.111에서 기능적으로 정의된 것을 포함한 UICC와 USIM에 존재한다.

4. 프로필 교환
   교환 서비스 능력에 대해 ME와 USIM, 네트워크를 위한 메커니즘이 필요하며 서비스 능력의 변화는 ME 서비스 능력은 USIM/UICC에게 제공될 수 있으며 USIM과 UICC 서비스 능력은 ME에게 제공될 수 있다. 또한 네트워크 서비스 능력은 ME를 포함한 USIM/UICC에게 제공된다.

5. 버전 확인
   USIM 버전의 확인을 위한 방법이 제공되어야 한다.

8.1.3.4 물리적인 특징들

1. 범위
   ME안으로 카드의 잘못된 삽입을 방지하기 위한 것이 기술되어 있어야 한다.

2. 접속
   UICC는 VPP 접속을 위해 연결을 제공하지 않았다. 접속은 UICC에 제공되어야 한다. ME는 판독기 안에서 VPP 접속을 지원할 수 있으며, 영역이나 UICC에 제공된 전압이 없으면 이 접속 연결을 가질 수 없다.

8.1.3.5 전자적인 특성과 전송 프로토콜

3G 터미널은 ME-UICC 인터페이스 안에 5V를 지원하지 않으며 ME와 UICC 둘 다 ISO/IEC 7816-3에서 정의된 것처럼 관리적인 클래스 지시서를 따른다. ME와 UICC 둘 다 적어도 두 가지 전압 클래스를 지원한다. UICC와 ME는 GSM 11.11에서 정의된 값을 가지고 ISO/IEC 7816-3에서 정의된 PPS를 지원한다. ME는 ISO/IEC 7816-3에서 정의된 warm reset을 초기화하는 능력을 가진다. 여기서 warm reset은 데이터의 내부적 변경이 사용자 작용 또는 네트워크 다운로드에 의해 발생하기 때문에 USIM의 재시도의 필요성이 존재할 때 세션 동안 사용된다.

UICC는 특별한 모드에 warm reset보다 먼저 사용된 매개변수를 사용하면서 자동적으로 들어갈 때 warm reset을 위해 ATR에 지시한다. cold reset인 경우 UICC는 타협할 수 있는 모드로 들어가야 한다. 덧붙여 T=0 프로토콜은 UICC와 ME에는 필수다. T=1 프로토콜은 ME에 필수이며, UICC에 선택적이다. GSM 11.11안에 기술된 속도 강화는 ME와 UICC에 지원된다. GSM 11.11에서 기술된 것보다 더 높은 인터페이스 비트율이 고려되어야 한다.

8.1.3.6 파워 소비 지시사항

파워 소비 형태는 좀 더 안전한 인증 알고리즘의 필요성을 기반으로 수정된다. USIM의 상태 정보는 파워 소비 정보를 포함하고 이 정보는 ATR안에 지시된 작용 클래스, 인증 알고리즘이 실행되는 동안 지시되는 frequency 연산과 관계가 있다.

파워 소비 형태는 UICC안에 있는 다른 응용들 사이에 차이일 수 있다. 따라서 특별한 ME는 파워 소비 값에 의존하면서 하나의 카드 안에 여러 응용을 지원할 수 있고, 다른 것을 거부한다.

만일 파워 소비 형태가 상태 정보에 지시된 전류를 공급할 수 없고, 지금 현재 USIM을 실행하기 위해 UICC에 의해 사용되는 최대 값을 넘으면 ME는 USIM을 거부한다.

8.1.3.7 기본 파일 내용

1. USIM 정보 저장 요구 사항

   USIM은 3G 네트워크 운영을 위해 정보들을 포함해야 하며 가입자와 관련된 정보들과 3G 서비스, HE 또는 정보와 관련된 서비스 제공자를 포함할 수 있다. UICC는 다음에 대하여 저장 능력을 제공해야 한다.

   - UICC에 관련된 정보
   - C카드 신원: UICC와 카드 발행인을 유일하게 식별하는 수
   - 선택된 언어
   - 관리적인 정보: USIM의 연산 모드 지시사항 예, 표준, 승인된 타입
   - USIM 서비스 테이블: USIM에 의해 제공되는 선택적인 서비스를 지시
   - IMSI
   - 언어 지시
   - 위치 정보
   - 암호키와 암호키 수열 번호

- 접근 제어 클래스
- 금지된 PLMS들
- 단계 식별
- GPRS을 위한 암호키
- GPRS 위치 정보
- Cell Broadcast와 관련된 정보
- 응급 신호 코드
- 전화번호(ADN, FDN, SDN)
- 짧은 메시지와 관련된 매개변수
- 능력과 구성 매개변수
- HPLMN search 주기〔FFS〕
- BCCH 정보: 셀 선택을 위해 사용되는 carrier frequencies의 목록
- USIM과 다른 응용에 접근할 수 있는 정보
- ADN

이와 더불어 USIM은 보안 요구 사항에 따라 다음과 같은 PIN, PIN enabled/ disabled indicator, PIN error counter, Unblock PIN, Unblock PIN error counter, Data integrity keys, Subscriber authentication keys의 정보에 대한 저장 장소를 제공하고 관리한다.

8.1.3.8 전화번호부

전화번호부 특징은 GSM 11.11에 정의된 ADN 기능을 기반으로 한다. 전화번호부는 ADN 파일 안에 레코드와 선택적으로 다른 EF에 있는 레코드로 구성된다. 이 특징들은 USIM에 의해서는 이들의 지원이 선택적인 반면 ME에 의해서는 지원되어야 한다.

- 하나의 성분마다 2개의 이름 필드의 지원
  하나의 성분마다 2개의 이름 필드의 지원은 2개의 다른 표현을 허가한다.
- 하나의 성분마다 다중 전화번호의 지원
  하나의 성분마다 다중 전화번호의 지원은 예를 들어, 사무실, 집, 팩스, 이동전화 등을 기술한다. 이것에 덧붙여 이들 속성을 식별하기 위한 정보가 필요로 한다.

• 메일 주소의 지원
전화번호부에 링크되는 메일 주소의 지원이 기술된다. 이와 더불어 이들 주소를 식별하기 위한 정보가 필요하다.

• 사용자가 정의할 수 있는 그룹의 지원
사용자에 의해 정의된 그룹 안에 전화번호부를 그룹화 하는 것을 지원한다.

• 비밀 성분의 지원
"비밀"로서 전화번호부를 표시하는 방법을 지원한다.

• 성분의 수
적어도 500개 성분의 저장 장소를 지원한다.

8.1.3.9 통화 항목의 저장 장소

통화 항목 정보를 위한 저장 장소를 지원한다. 통화 항목 정보의 속성은 통화가 끝난 이동전화, 통화가 시작된 이동전화, 축적된 통화 시간, 앞서 축적된 충전 정보로 구성되어 있다.

• 통화가 끝난 이동전화
통화한 전화번호, 날짜와 시간, 통화한 사람의 이름과 통화 상태, 통화 시간, 충전

• 통화가 시작된 이동전화
통화된 사람의 번호, 날짜와 시간, 통화된 사람의 이름, 통화 시간, 충전

• 통화가 시작된 이동전화와 통화가 끝난 이동전화에 대해 개별적으로 바로 앞에 축적된 통화 시간

• 축적된 충전 정보
이때 통화한 그리고 통화할 사람의 이름은 전화번호부에서 이용할 수 있으며 여러 사람 전화 정보의 저장 장소는 FFS이다.

8.1.3.10 Contact Information Manager

Contact Information Manager는 제한 없이 충분한 내용을 포함하는 연락처의 관리를 위한 인터페이스를 제공한다. Contact Information Manager 기능상의 요구 조건에 대해 살펴보겠다. Contact Information Manager를 지원하는 ME와 3GPP 응용은 이 모든 요구 조건들을 준수한다.

1. 보안 요구 사항(Security requirements)

Contact Information Manager는 개인의 정보를 포함하는 것이 가능하며 인증된 사용자, 객체들이 이 정보에 접근하는 것을 제한하는 것이 가능해야 한다.

2. 3G Phone Book과 상호 작용(Interworking)

ME와 3GPP 응용에서 3G의 Phone Book과 Contact Information Manager를 지원하는 경우는 Contact Information Manager가 사용되어야 하며 이를 지원하는 3GPP 응용 메커니즘이 있어야 한다.

3. 내용 설명

가. 접촉 수

Contact Information Manager 명세서에서는 접촉들의 수는 제한이 없다.

나. 접촉 구조

Contact Information Manager는 전화 번호, 이름, 사진 등으로 구성되어 있다. 접촉당 구성 요소들의 수는 제한되지 않으며 적절한 접촉일 때, Contact Information Manager는 하나의 접촉, 구성 요소에 몇몇의 객체를 가지는 것이 가능하다. 확장 가능한 코딩 Scheme은 모든 구성 요소들을 포함하는 접촉을 기술하기 위해 정의되어야 하며 기존의 scheme이 적당할 경우, 기존의 것이 이용된다.

그리고 이름, 전화 번호 등과 같은 3GPP 응용과 ME가 인지하는 구성 요소들의 최소한의 집합은 정의되어야 한다. Contact Information Manager는 멀티미디어의 정보와 접촉을 저장하고 결합하는 것이 가능하고 각 접촉 구성 요소의 라벨 또는 아이콘과 결합하는 것은 가능하며 접촉 항의 표시 순서를 지정하는 것이 가능하다.

다. 그룹 관리

Contact Information Manager는 새로운 그룹을 정의하는 것이 가능하고 미리 그룹을 정의하는 것도 가능할 뿐 아니라 멀티미디어의 정보와 그룹을 결합시키고 저장하는 것이 가능하고 하나 또는 몇 개의 그룹들을 묶는 것이 가능하다.

라. 사용자 행동 관리

접촉이 선택될 때, Contact Information Manager는 사용자에게 제안될 수 있는 가능한 행동들의 목록을 형성하는 것은 가능하다.

마. 인터페이스 수용 능력 설명

Contact Information Manager와 UICC 외부의 entity 사이의 외부의 인터페이

스는 물리적인 인터페이스에 독립적인 전송 프로토콜 계층에 의존한다. 이것은 기존의 ISO 인터페이스 또는 새로운 고속의 인터페이스를 사용할 수 있는 하나의 대안으로서 정의가 가능하다. 외부의 인터페이스 정의는 PC 응용들과 Contact Information Manager를 연결하는 것을 용이하게 한다.

그리고 내부의 인터페이스는 다른 UICC 상주의 응용들이 Contact Information Manager에 접근하는 것을 허락한다. 이것은 Contact Information Manager 데이터와 속성을 이용하고 있는 추가의 서비스의 창조를 가능하도록 한다.

외부와 내부의 인터페이스는 접촉과 그룹에 대해 생성하고, 갱신하고, 수정하고, 삭제하고, 조사하는 등의 수단을 제공한다.

바. 효율적인 조사와 열람

Contact Information Manager 인터페이스는 효율적으로 접촉을 조사하고 열람하는 것을 제공한다.

사. 연관된 서비스

메모리 관리는 저장된 접촉들의 수와 이용 가능하고 사용된 Contact Information Manager의 메모리의 수를 결정한다.

8.2 UICC와 단말(Terminal)간의 키 성립

스마트카드는 인증서들을 저장하고, 민감한 암호의 계산하고, 인증서의 이동성을 제공한다. 스마트카드는 독립적인 장치가 아닌, 보통 단말과 상호 작용을 한다.

기밀을 요구하는 응용은 스마트카드와 단말로 분할하여 기밀과 관련되는 자료들을 둘 사이에서 교환하도록 요구한다. 따라서 UICC와 단말 사이에서 키 성립을 통한 UICC와 단말 사이의 안전한 채널 확립을 통한 상호 작용은 중요하다.

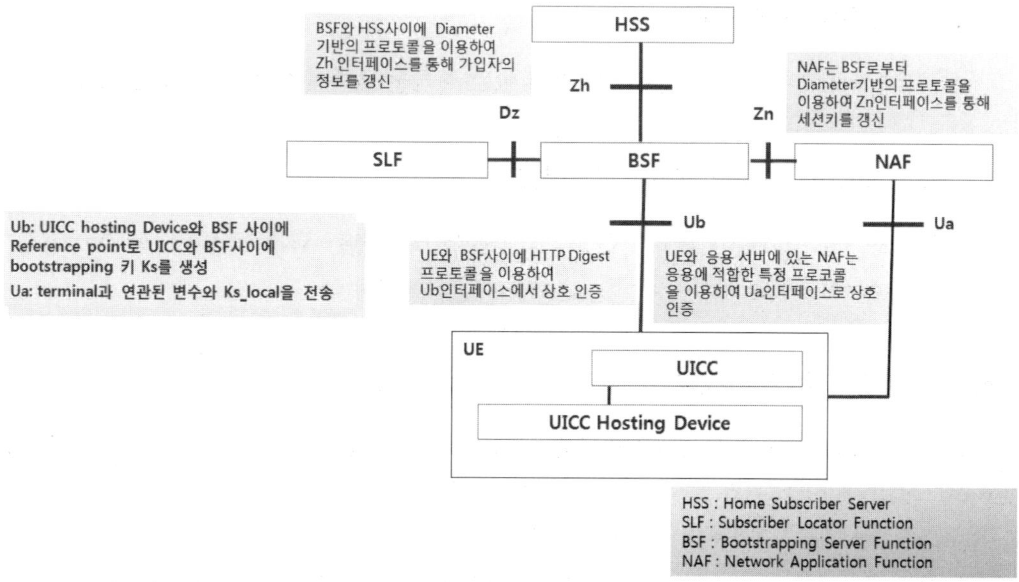

Local interface : The interface between the Remote Device and the UICC Hosting Device is named the local interface. Ex)Bluetooth, USB
HSS : Home Subscriber Server
SLF : Subscriber Locator Function
BSF : Bootstrapping Server Function
NAF : Network Application Function
Ub: UICC Hosting 장치가 BSF사이의 참조점.
Ua: 단말과 연관된 변수와 Ks_local을 전달하는데 사용되는 참조점

> **그림 8.5** 참조 모델(the terminal is part of the UICC Hosting Device)

8.2.1 | 요구 사항

8.2.1.1 일반적인 요구 사항

일반적인 요구 사항은 단말과 UICC는 공유하는 키를 설립할 수 있어야 한다. 이때 단말은 신뢰할 수 있어야 한다. UICC와 단말 사이에 설립된 공유키는 UICC와 단말 사이에 암호화되지 않은 형태로 교환되지 않으며 단말과 UICC는 상호 인증한다. 또한 키 설립 함수를 수행하는 서버는 인증 변수와 공유키를 다루는 Home Operator에 의해 신뢰성이 보장되며 Home Network는 단말이 UICC와 공유된 키 설립의 인증 허가 여부를 조정한다.

마지막으로 UICC와 단말 사이의 키 설립 과정은 독립적으로 접근되며 확장 가능성을 위해서, 존재하는 프로토콜과 기반 시설은 재사용한다.

8.2.1.2 단말의 요구 사항

단말은 인증서 기반의 상호 인증을 지원해야 하고 유효한 고객의 인증서를 가지고 있다.

8.2.1.3 UICC Hosting 장치의 요구 사항

UICC Hosting 장치는 GBA_U(Generic Bootstrapping Architecture with UICC-based Enhancement)를 지원한다.

8.2.1.4 UICC의 요구 사항

UICC Hosting Device는 ME이며 UICC Hosting Device와 Remote Device 사이에 key establishment를 위한 UICC와 물리적으로 연결되어 있는 엔티티이며 반면 Device_ID는 Remote Device를 구별하는 Identity이다.

UICC의 요구 사항은 GBA_U를 지원해야 하며 Ks_int_NAF로부터 UICC와 단말 사이의 공유키인 Ks_local을 생성할 수 있어야 한다. NAF Key Center의 NAF_ID는 UICC가 저장하며 Local policy에 의해 키 설립을 제한할 수 있다. 이 제한은 targeted UICC와 단말 응용, Terminal_ID 또는 이 두 가지 모두 고려해 이루어진다.

8.2.1.5 NAF Key Center의 요구 사항

NAF Key Center는 UICC Hosting Device와 Remote Device 사이에서 key establishment 수행을 담당하는 전용 NAF이다. 이때 NAF Key Center의 요구 사항은 인증서 기반의 상호 인증을 지원이 가능해야 하며 NAF Key Center가 단말이 신뢰할 수 있는지 여부를 결정해야 한다. 또한 NAF Key Center는 GBA_U를 지원해야 하며 키 설립 메커니즘 전용의 NAF Key Center는 이용하는 사람의 Operator Network에 위치해야 한다.

NAF Key Center는 키 설립을 제한할 수 있다. 이 제한은 targeted UICC와 단말 응용(i.e. Terminal_appli_ID/UICC_appli_ID pair value), ICCID, Terminal_ID 또는 Terminal ID/ICCID를 고려하여 이루어진다.

8.2.1.6 Ks_local Key와 매개 변수 조절의 요구 사항

Ks_local은 UICC와 하나로 통제된 단말 또는 UICC의 특정 응용에 대응하는 단말의 특정 응용 사이에 공유된 키이다. Ks_local "per platform"은 UICC와 하나로 통제된 단말 사이의 공유된 것을 지칭하고, Ks_local "per application"은 UICC와 단말의 특정 응용 사이의 공유된 것을 지칭한다.

Ks_local Counter는 각 키 Key_local 수립과 연관되어 있다. UICC에서 Ks_local을 생성한 후 UICC는 카운터 "Ks_local counter"를 초기화한다. Ks_local 기반의 응용을 이용하는 각각의 순간에 Ks_local을 사용하는 알고리즘은 이용되고, UICC는 연관된 Ks_local을 하나씩 감소한다.

Ks_local 값이 0이 되는 것은 Ks_local이 유효하지 않는 것을 지시한다. Home operator는 Ks_local Counter를 OTA 명령을 이용해 갱신한다.

단말은 Ks_local과 대응되는 변수가 아래의 조건 중에 하나라도 만족하면 삭제한다.

① Ks_local의 유효 기간이 만기

② 단말에 다른 UICC가 삽입된 것을 탐지

Ks_local은 단말의 전원이 나갔을 때도 삭제된다. 그렇지 않을 경우, 관련된 변수(Key lifetime, B_TID(Bootstrapping Transaction Identifier))와 함께 Ks_local은 신뢰할 수 있는 비휘발성 메모리에 저장된다.

8.2.2 UICC와 단말(Terminal)간의 키 설립 과정

8.2.2.1 UICC와 단말 간의 키 설립 초기

Ks_local-based 응용이 시작되기 전, UICC와 단말은 이전에 선택되었던 응용에 결합된 동일한 키 Ks_local을 공유해야 하며 단말은 targeted 응용에 결합된 키 Ks_local의 저장 여부, Ks_local의 UICC에서 이용 가능 여부를 확인한다.

단말은 UICC와 통신을 하고 있는 응용에 이용될 유효한 키 Ks_local이 존재 여부를 확인한다. 단말에 유효한 키 Ks_local이 없을 경우, 단말은 키 설립과 정을 초기화하고, 그 이외의 경우에는 단계 2를 적용한다.

단말은 필요한 키 Ks_local의 UICC에서 이용 여부 확인을 위해 UICC에 요청 메시지를 보낸다. Ks_local이 UICC에서 이용 가능할 경우, UICC는 단말에 응답을 보내고, Ks_local이 UICC에서 이용 가능하지 않을 경우, 단말은 키 설립 과정을 초기화하고, 그 이외의 경우에는 유효한 Ks_local이 UICC와 Terminal 사이에서 공유된다.

8.2.2.2 키 설립 과정

키 설립 과정이 필요하면, 다음과 같은 과정을 실행해야 한다.

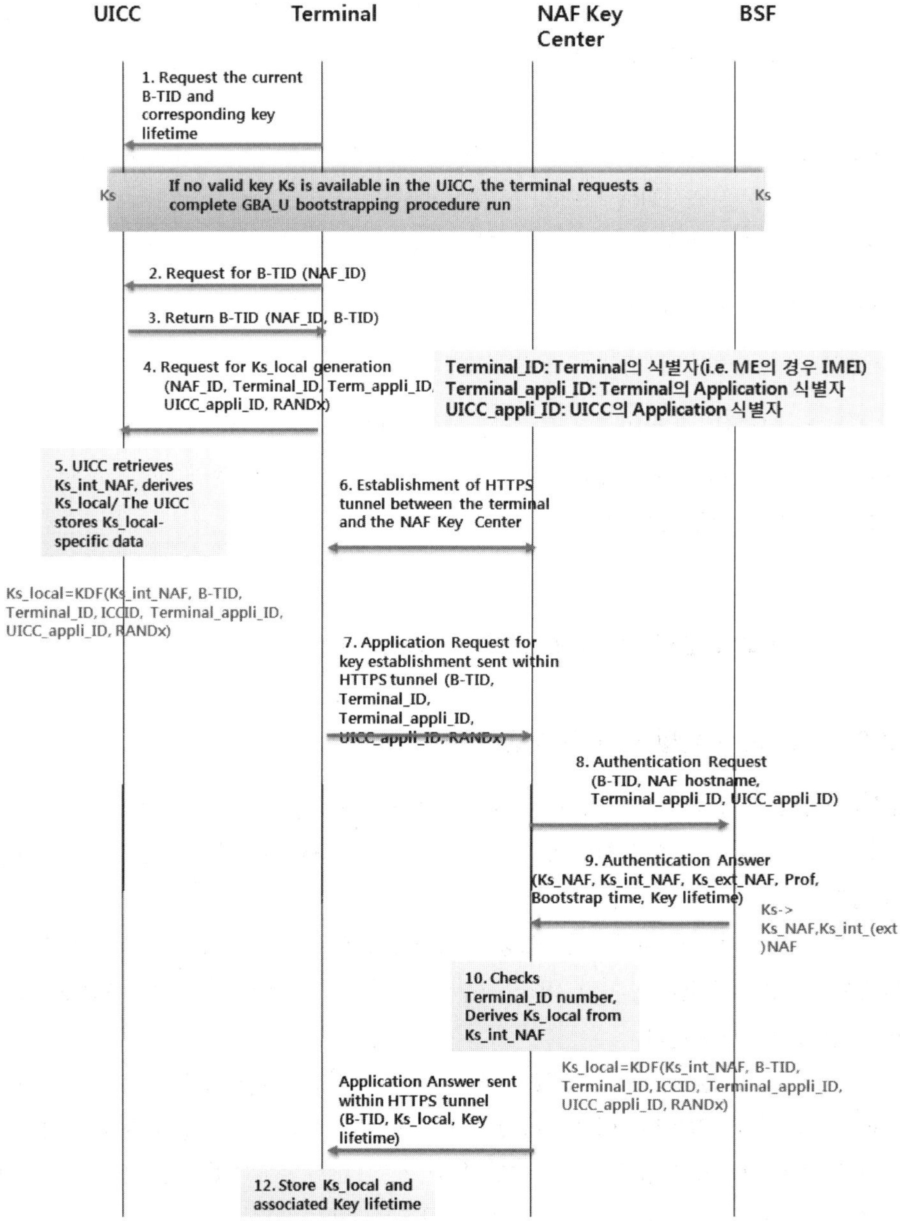

그림 8.6 UICC-단말 키 설립 과정

① 단말은 UICC에서 현재의 B_TID와 유효 기간(lifetime)을 가져온다. 단말은 유효한 키 Ks가 UICC에 존재하는지 조사한다. 유효한 키 Ks가 UICC에서 이용될 수 없으면, 단말은 UICC와 BSF가 새로운 키 Ks를 유도하도록 GBA(Generic Bootstrapping Architecture)에 bootstrapping 과정을 요청한다.

② 유효한 Ks_int_NAF의 존재를 확인하기 위해 단말은 NAF Key Center의 NAF_ID에 결합된 B_TID 값 갱신을 UICC에 요청한다. 단말이 NAF Key Center의 NAF_ID를 알지 못하는 경우, 단말은 UICC에 NAF Key Center의 NAF_ID를 갱신을 위한 요청을 한다.

③ UICC는 NAF_ID와 결합된 B_TID 값을 단말에 보낸다. 이용할 수 있는 Ks_int_NAF가 UICC에 없을 경우, NAF Key Center와 연관된 GBA_U NAF 생성 과정이 실행되고, UICC는 NAF_ID와 결합된 B_TID를 보낸다.

④ 단말은 UICC에 Ks_local 생성에 대한 명령을 한다. 단말은 NAF_ID에 NAF Key Center, Terminal_ID, Terminal_appli_ID, 변화 값인 RANDx를 대응해 보낸다. Terminal_appli_ID와 UICC_appli_ID는 Ks_local의 공유를 대상으로 하는 응용에 식별자를 대응한다.

⑤ UICC는 받은 NAF_ID와 결합된 Ks_int_NAF와 B_TID를 갱신하고 Ks_local을 생성한다. UICC는 Ks_local, 매개 변수 Terminal_ID, Terminal_appli_ID, UICC_appli_ID, Ks_local Counter를 저장한다. Ks_local이 새로운 키로 대치되면 Ks_local Counter는 COUNT_MAX로 초기화된다. Ks_local은 Ks_local=KDF(Ks_int_NAF, B_TID, Terminal_ID, ICCID, Terminal_appli_ID, UICC_appli_ID, RANDx)로서 UICC에서 계산된다. (KDF는 3GPP TS 33.220에서 정의)
UICC는 권한이 부여된 Terminal_appli_ID와 UICC_appli_ID사이의 결합을 결정하기 위한 국지적인 정책(local Policy)을 저장한다. 단말이 UICC 정책에 의해 권한을 부여 받지 않는 Terminal_appli_ID/UICC_appli_ID 결합을 요청하면 UICC는 키 설립 과정을 멈추고, "not authorized"라는 에러 메시지를 보낸다.

⑥ 단말과 NAF Key Center는 단말과 응용 서버 간에 증명서를 이용한 상호 인증 기반의 HTTPS 터널을 설립한다. (HTTPS는 3GPP TS 33.222에서 정의)

⑦ NAF Key Center로부터 Ks_local을 갱신하기 위하여, 단말은 Mobile Operator Network의 NAF Key Center 노드에 "Service Request" 메시지를 HTTP 터널 안으

로 보낸다. 요청은 '신원(B_TID), 단말 식별자 (Terminal_ID), 스마트카드 식별자(ICCID), UICC 응용 식별자(UICC_appli_ID), 키 Ks_local, RANDx.의 성립에 필요한 단말 응용 식별자(Terminal_appli_ID)'를 포함한다.

⑧ NAF Key Center는 BSF와 접촉을 하고, 인증 요청을 한다. 인증 요청은 '신원 B_TID, 자신의 NAF_ID, targeted 응용의 식별자(Terminal_appli_ID, UICC_appli_ID)'를 포함한다.

⑨ BSF는 Ks_int_NAF, Ks_ext_NAF를 발생하고, NAF Key Center에 요청된 키 Ks_int/ext_NAF, 키 Ks_int/ext_NAF 유효 시간과 bootstrapping 시간을 보낸다. BSF는 BSF의 정책에 의해 NAF Key Center에 요청된 USS(User Security Setting)를 보낸다.

⑩ NAF Key Center는 다음과 같이 실행한다.

ⓐ NAF Key Center는 USS를 요청하고, 키 설립 과정은 Terminal_ID/ICCID 응용, targeted 응용을 위해 허락되지 않는 NAF Key Center를 USS는 지시한다. NAF Key Center는 부적절한 에러 코드로 대응하고, 단말과 TLS(Transport Layer Security) 접속을 종료한다.

ⓑ Terminal_ID가 막혔는지 여부, 키 설립 과정이 진행되지 않고 적절한 에러 코드 대응 여부, 단말과 TLS 종료 여부를 확인한다.

ⓒ NAF Key Center는 Ks_int_NAF로부터 Ks_local을 만든다. NAF Key Center는 발생된 키 Ks_local과 키 유효 기간과 결합한다. Ks_local은 Ks_local=KDF(Ks_int_NAF, B_TID, Terminal_ID, ICCID, Terminal_appli_ID, UICC_appli_ID, RANDx)로 계산된다.

⑪ NAF Key Center는 HTTPS 터널을 통해 단말에 B_TID, Ks_local, 키 Lifetime을 포함한 응답 메시지를 보낸다.

⑫ 단말은 Ks_local을 저장하고, 키 Lifetime, ICCID, Terminal_appli_ID, UICC_appli_ID를 결합한다.

8.3 UICC와 원격 장치(Remote Device)간의 키 설립

원격 장치는 UICC Hosting Device와 Local interface로 접속하고 있다. Local interface 위의 통신은 Bluetooth 또는 시어리얼 케이블을 통해 일어난다.

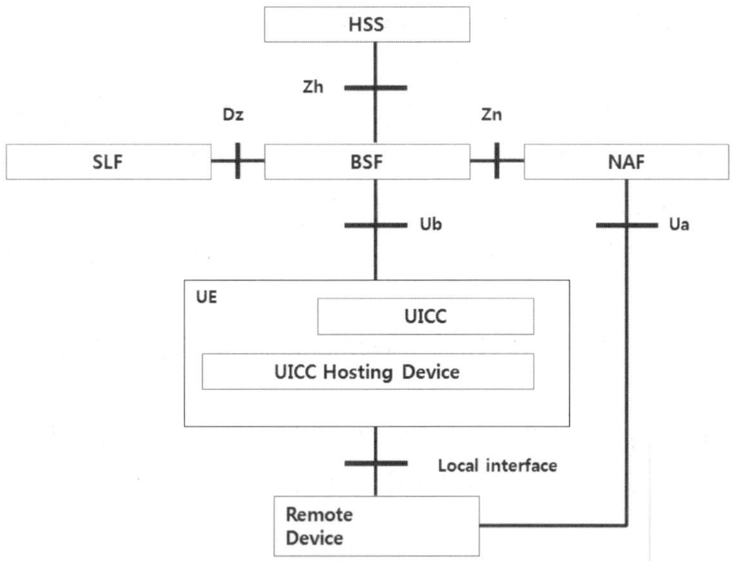

Local interface : The interface between the Remote Device and the UICC Hosting Device is named the local interface. Ex) Bluetooth, USB
HSS: Home Subscriber Server
SLF: Subscriber Locator Function
BSF: Bootstrapping Server Function
NAF: Network Application Function

> 그림 8.7 High level 참조 모델 (the Remote Terminal is connected to the UICC Hosting Device)

GBA_ME(ME-based GBA) 또는 GBA_U는 UICC Hosting Device와 원격 장치 사이에 공유되는 키인 Ks_local_device를 제공하기 위해 이용된다. Ks_local_device는 Ks_ext_NAF와 Ks_NAF로부터 UICC Hosting Device와 NAF Key Center에서 생성된다. NAF Key Center는 NAF Key Center와 원격 장치의 사이 TLS 터널을 통하여 Ks_local_device을 원격 장치로 전달한다.

Ks_local_device는 UICC Hosting Device와 원격 장치 사이에서 Local Interface를 안전하게 하기 위해 사용한다. [그림 8.7]은 Bootstrapped secret을 이용하는 개체의 네트워크 모델과 개체 사이에서 사용되는 참조점을 나타낸다.

8.3.1 | 요구 사항

8.3.1.1 일반적인 요구 사항

- 원격 장치와 UICC Hosting 장치는 공유하는 키를 설립할 수 있어야 한다.
- UICC Hosting 장치는 신뢰할 수 있어야 한다.
- 원격 장치는 신뢰할 수 있어야 한다.
- UICC Hosting 장치와 원격 장치 사이에 설립된 공유키(i.e. Ks_local_device)는 UICC
- Hosting 장치와 원격 장치 사이에 암호화되지 않은 형태로 교환되지 않는다.
- UICC Hosting 장치와 원격 장치는 상호 인증한다.
- 키 설립 함수를 수행하는 서버는 인증 변수와 공유키를 다루는 Home Operator에 의해 신뢰된다.
- Home Network는 원격 장치는 UICC Hosting 장치와 공유된 키 설립을 인증 허가 여부를 조절한다.
- UICC Hosting 장치와 원격 장치 사이의 키 설립 과정은 독립적으로 접근된다.
- 확장 가능성을 위해, 존재하는 프로토콜과 기반 시설은 재사용한다.

8.3.1.2 단말의 요구 사항

단말은 인증서 기반의 상호 인증을 지원하고 유효한 고객의 인증서를 가지고 있어야 한다.

8.3.1.3 UICC Hosting 장치의 요구 사항

UICC Hosting 장치는 GBA_ME와 GBA_U를 지원하며 UICC Hosting 장치는 Ks_(ext)_NAF 키로부터 Ks_local_device를 생성한다.

8.3.1.4 UICC의 요구 사항

UICC는 GBA_U를 지원하며 Ks_int_NAF로부터 Ks_local, NAF Key Center의 NAF_ID를 생성할 수 있다.

8.3.1.5 NAF Key Center의 요구 사항

NAF Key Center는 인증서 기반의 상호 인증을 지원, GBA_ME와 GBA_U, Home

Network에 위치하여 키 설립 메커니즘을 지원하고 원격 장치의 신뢰 여부의 결정, 원격 장치가 공유한 키를 허가할지를 결정한다. 또한 Ks_(ext)_NAF 키로부터 Ks_local_device를 생성한다.

8.3.1.6 원격 장치의 Ks_local_device Key와 매개 변수 조절의 요구 사항

Ks_local_device는 UICC Hosting 장치와 원격 장치 사이에 설립된다. 이것은 하나의 특정 UICC Hosting 장치와 원격 장치 사이에서만 공유된다. 원격 장치는 NAF Key Center로부터 Ks_local_device와 키 Ks_local_device의 유효기간을 전달 받는다.

원격 장치는 키 Ks_local_device와 대응되는 변수가 Ks_local_device 키의 유효 기간이 만기되는 경우와 원격 장치가 같은 Ks_local_device 키를 공유하지 않은 UICC Hosting 장치를 탐지하는 경우 두 가지 조건 중에 하나라도 만족 시 삭제한다.

8.3.1.7 UICC Hosting 장치의 Ks_local_device Key와 매개 변수 조절의 요구 사항

하나의 키(i.e. Ks_local_device)는 UICC Hosting 장치와 원격 장치 사이에 설립된다. 이것은 하나의 특정 UICC Hosting 장치와 원격 장치 사이에서만 공유된다. UICC Hosting 장치의 키 Ks_local_device의 유효 기간은 키 Ks_(ext)_NAF의 유효 기간을 초과할 수 없다. UICC Hosting 장치는 Ks_local_device의 유효기간이 만료될 경우, Ks_local_device 키와 대응되는 변수를 삭제한다. UICC Hosting 장치는 키 Ks, NAF의 특정키(i.e. Ks_NAF, Ks_ext_NAF, Ks_local_device)를 다룬다.

8.3.2 | UICC와 원격 장치 간의 키 설립 과정

8.3.2.1 UICC와 원격 장치 사이의 키 설립 초기

원격 장치는 특정 UICC Hosting 장치에 저장된 키 Ks_local_device를 가지고 있을 경우, UICC Host 장치 내에서 그것을 사용한다. 만약 UICC가 같은 Ks_local_device 키를 공유하고 있지 않을 경우, 원격 장치는 새로운 키 설립 과정을 UICC Hosting 장치에 요청한다.

UICC Hosting 장치는 원격 장치가 Ks_local_device를 삭제할 지의 여부를 모른다. UICC Hosting 장치는 원격 장치와 같은 키를 공유하고 있지 않을 경우, 에러 메시지를 받는다. 그 후, UICC Hosting 장치는 원격 장치에 새로운 키를 생성하기 위한 요청을 보내도록 원격 장치에 신호를 보낸다.

8.3.2.2 키 성립 과정

키 설립 과정이 필요하면, 다음과 같은 과정을 실행해야 한다.

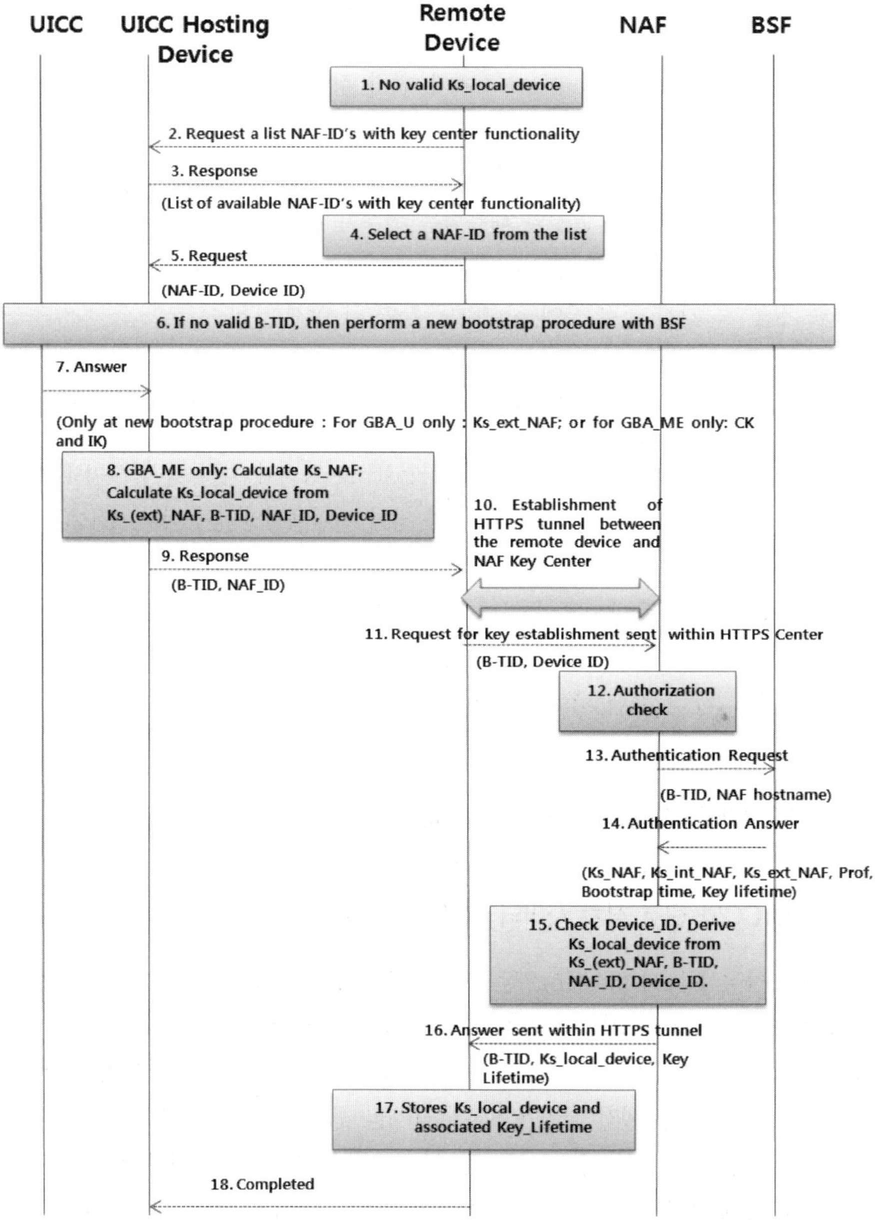

그림 8.8 UICC_원격 장치 키 설립 과정

① 원격 장치는 유효하지 않은 Ks_local_device 키를 저장하고 있다.

② 원격 장치는 Key Center functionality 목록의 NAF_ID를 가지고 있지 않을 경우, UICC Hosting 장치에 저장된 Key Center functionality 목록의 NAF_ID를 전송하도록 하는 요청을 한다. 원격 장치가 NAF_ID가 있는 목록을 가지고 있으면 단계 5를 시행한다.

③ UICC Hosting 장치는 원격 장치에 유효한 Key Center functionality 목록의 NAF_ID를 보낸다.

④ 원격 장치는 UICC Hosting 장치로부터 받은 Key Center functionality 목록의 NAF_ID를 선택하고, 메모리에 그 값을 저장한다.

⑤ 원격 장치는 B_TID를 위해 UICC Hosting 장치에 요청을 보낸다. 원격 장치는 새로운 Ks_(ext)_NAF와 Ks_local_device 키를 계산할 수 있는 변수인 NAF_ID와 Device_ID를 가지고 있다.

⑥ UICC Hosting 장치가 유효한 B_TID를 가지고 있지 않을 경우, UICC Hosting 장치는 새로운 Bootstrapping 과정을 수행한다. UICC Hosting 장치는 완전한 GBA 작동(GBA Bootstrapping 과정, GBA_ME, GBA_U NAF 생성 과정)을 요청한다.

⑦ GBA 작동은 GBA_U가 사용되면 UICC가 키 Ks_ext_NAF를 UICC Hosting 장치에 제공하고, GBA_ME가 사용되면 UICC는 CK와 IK를 UICC Hosting 장치에 제공해야 끝난다. GBA_ME가 사용될 경우, UICC Hosting 장치는 Ks와 Ks_NAF를 생성한다.

⑧ UICC Hosting 장치는 Ks_ext_NAF, B_TID, NAF_ID, Device_ID를 이용하여 Ks_local_device를 계산하고 그 값을 저장한다.

⑨ UICC Hosting 장치는 B_TID와 NAF_ID를 포함한 응답 메시지를 원격 장치에 보낸다.

⑩ 원격 장치와 NAF Key Center는 인증서를 기반으로 하는 상호 인증을 위한 HTTPS 터널을 설립한다.

⑪ 원격 장치는 Mobile Operator network의 NAF Key Center에 "Service Request" 메시지를 보낸다.

⑫ NAF Key Center는 Device_ID가 차단 여부, 키 설립 과정이 진행 여부, 적절한 에러 코드가 대응 여부, 단말과 TLS 종료 여부를 확인한다.

⑬ NAF Key Center는 BSF와 접촉하고 인증 요청 메시지에 신원 B_TID를 보낸다.

⑭ BSF는 NAF Key Center와 공유한 비밀키 Ks_(ext)_NAF를 보낸다.

⑮ NAF Key Center는 다음과 같이 실행한다.

ⓐ NAF Key Center는 USS를 요청하고, USS는 targeted 사용자에게 허락되지 않는 키 설립 과정을 NAF Key Center에 지시한다. NAF Key Center는 부 적절한 에러 코드로 대응되고, 원격 장치와의 TLS 접속을 종료한다.

ⓑ NAF Key Center는 Ks_(ext)_NAF, B_TID, NAF_ID, Device_ID로부터 Ks_local_device를 생성한다. NAF Key Center는 생성된 키 Ks_local_device의 유효 기간과 결합된다.

⑯ NAF Key Center는 HTTPS 터널을 통해 단말에 B_TID, Ks_local_device, 키 Lifetime을 포함한 응답 메시지를 원격 장치에 보낸다.

⑰ 원격 장치는 Ks_local_device, 관련된 키 유효기간을 저장한다.

⑱ 원격 장치는 키 설립 과정을 끝냈다는 것을 지시하는 메시지를 UICC Hosting 장치에 응답을 보낸다.

PART III

CRYPTOGRAPHIC ALGORITHMS

9 MILENAGE ALGORITHMS

인증 및 키 일치 절차를 위해 USIM과 AuC의 요구 사항을 충족시킬 수 있는 함수 f1, f1*, f2, f3, f4, f5, f5*가 구현되어야 한다. 인증과 키 생성에 대한 알고리즘은 표준화시키지 않고 운영자가 선택하여 사용한다. 따라서 ETSI SAGE와 3G 사업자들(GEMPLUS, MITSUBISHI, NOKIA)은 솔루션이 없는 운영자에게 권고 제안할 예제 알고리즘 집합을 개발하기로 합의하였다.

9.1 알고리즘의 일반적인 요구 사항

인증 및 키 일치를 위한 절차에는 다음의 암호학적 함수들이 요구된다.

- f0 : 난수 생성 함수
- f1 : 네트워크 인증 함수
- f1* : 재동기화 메시지 인증 함수
- f2 : 사용자 인증 함수
- f3 : 암호화 키 생성 함수
- f4 : 무결성 키 생성 함수
- f5 : 익명키 생성 함수(옵션)
- f5* : 재동기화를 위한 익명키 생성 함수(옵션)

여기서 난수 생성 함수 f0은 예제 알고리즘 집합에서 제외되며 각 f1, f1*, f2, f3, f4, f5, f5* 알고리즘 각각에 대한 요구 사항은 다음과 같다.

- 입출력 값으로부터 키 K를 유도하는 것이 계산양적으로 불가능해야 한다.
- 위의 함수들은 적어도 20년 동안 계속 사용될 수 있는 안전성을 제공해야 하고, 유효 키 공간에서의 키 전수 조사보다 작업량이 적은 공격이 불가해야 한다.
- 알고리즘의 사용이나 암호학적 함수를 포함하는 장비의 수출에 법적 제한이 있다면 어떤 나라에서는 그 장비를 사용하지 못하게 된다. 따라서 3G 단말의 자유로운 통용을 위해서

암호학적 알고리즘으로 구현된 UE, USIM 또는 RNC와 AuC를 포함하는 네트워크 장비는 수출 규제나 사용의 제한을 받지 않아야 한다.

- 모든 함수들은 8kbyte ROM과 300byte RAM으로 3.25MHz의 속도를 갖는 8bit 마이크로프로세서를 갖는 IC 카드에서 수행되고 AK, XMAC-A, RES, CK, IK를 500ms 안에 계산할 수 있도록 설계되어야 한다.

9.2 설계 범주

비밀키에 대한 지식 없이, 함수 f1, f1*, f2, f3, f4, f5, f5*는 RAND, SQN, AMF와 RAND를 입력으로 가지는 독립적인 랜덤 함수(Independent random function)의 구별이 불가능해야 하며 알고리즘 입력의 조작과 출력의 조사에 의해 비밀키 K 또는 OP의 일부를 결정할 수 없어야 한다.

위의 두 가지를 위배하는 경우들이 2~128보다 작은 확률로 발생하거나 2^{128}정도의 연산이 필요하다면 무시할 수 있는 것으로 간주한다.

그리고 2^{-64}보다 작은 확률로 발생하거나 2^{64}정도의 연산이 필요하다는 것이 조사되어야 하며, 비밀키를 찾아낼 수 있거나 앞으로의 수 많은 입력에 대해 알고리즘을 평가할 수 있는 능력이 있음을 포함 하고 설계는 잘 알려진 구조에 기반을 두어야 하고 불필요한 복잡도를 피해야 한다.

9.3 설계

MILENAGE 알고리즘은 강한 일 방향 성질을 가진 암호학적 커널 함수를 사용하여 설계된다. 암호학적 일 방향 함수로 블록 암호와 해쉬 함수를 사용할 수 있다. 그러나 다음과 같은 이유로 128bit 블록 암호를 사용한다. MILENAGE 알고리즘의 안전성은 블록 암호의 안전성에 의존하며, 커널 함수는 AES(Advanced Encryption Standard)로 선정된 Rijndael가 추천되었다.

1. 스마트카드 구현의 효율성

커널 함수는 8bit 프로세서를 가진 스마트카드에서 효율적으로 구현되어야 한다. 일반적으로 알려지고 사용되는 해쉬 함수는 32bit 프로세서에 최적화되어 있다.

2. 스마트카드 구현의 안전성
   DPA와 다른 사이드 채널 공격(side channel attack)은 해쉬 함수보다 블록 암호에 대해 더 잘 분석되어 있다. 보호 방법 역시 블록 암호 구조에 대해 더 잘 개발되어 있다.

3. 고정된 입력 길이
   커널 함수의 입력은 128bit 이하의 고정된 길이의 파라미터이다. 128bit 블록 크기를 가진 블록 암호가 그런 입력을 처리하는데 적합하다.

4. 비밀키 입력
   블록 암호는 비밀키를 입력하도록 설계되었다. 해쉬 함수는 그런 기능을 추가해야 하며, 추가적인 복잡도가 필요하다.

5. 블록 암호의 가용성
   많은 블록 암호들이 오랜 시간 동안 개발되었으며 설계와 구현에 대해 널리 알려지고 이해하기 쉽게 되어 있다. AES는 커널에 대한 좋은 후보들을 제공하는 반면에 현재까지 안전한 것으로 알려진 해쉬 함수는 매우 적다.

MILENAGE 알고리즘은 AES로 선정된 Rijndael 블록 암호를 커널 함수로 사용한다. Rijndael는 강한 암호 알고리즘이면서 5개의 AES 마지막 후보 중의 하나이다. 여러 플랫폼에서 효율적이고 빠르며, 사이드 채널 공격에 대해 보호될 수 있다.

9.4 MILENAGE 알고리즘

MILENAGE 알고리즘은 〔그림 9.1〕과 같이 128bit 값인 OP는 Operator Variant Algorithm Configuration Field로서 알고리즘이 다른 운영자들에 의해 사용될 때 알고리즘의 기능 사이의 구별을 제공하기 위한 것이다. OP에 대한 값을 선택하는 것은 각 운영자의 몫이다. 운영자는 OP를 가입자 또는 가입자의 그룹마다 다르게 선택할 수 있다.

OP는 비밀로 유지되어야 하지만, OP가 알려지더라도 알고리즘 집합은 안전하다. OP와 비밀키 K로부터 가입자 의존 값 OPc를 유도하며 USIM 외부에서 OPc를 계산한다. 이것은 카드에서 알고리즘의 간단화 및 OP의 저장을 피할 수 있고, USIM이 손상되더라도 OP는 비밀로

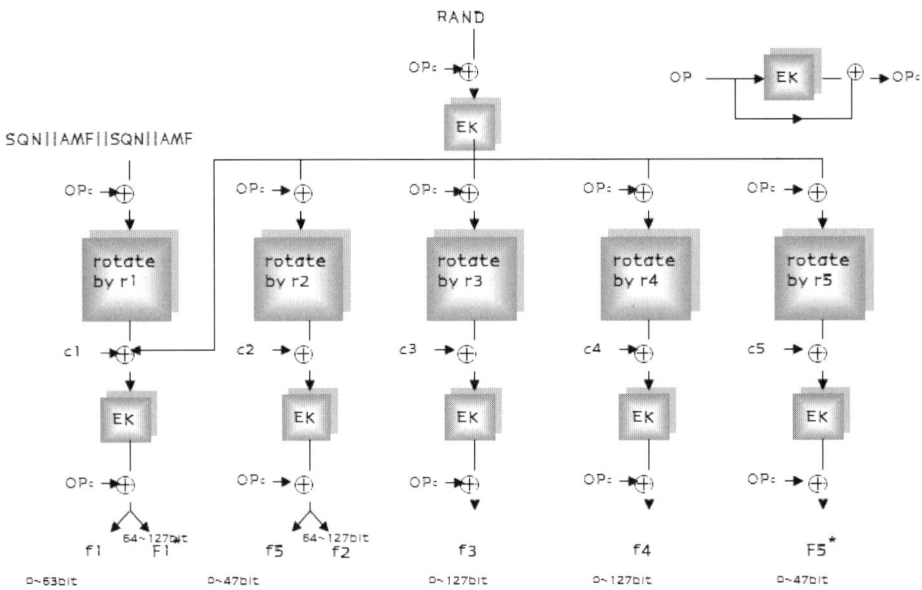

© *f1*, *f1** : CBC MAC, *f2*~*f5** : counter mode

> **그림 9.1** MILENAGE 알고리즘 Definition of f1, f1*, f2, f3, f4, f5, f5*

유지된다. 또한 만약에 OPc가 USIM에 저장된다면 역공학으로 OP를 찾아낼 수 있기 때문에 OPc가 USIM 외부에서 계산되도록 할 것을 강력하게 권고한다. 〔그림 9.1〕의 MILENAGE 알고리즘의 과정을 살펴보면 다음과 같다.

OPc 값은 가입자 키 K와 운영자 의존 값 OP로부터 다음과 같이 유도된다.

- $OPc = E_K(OP) \oplus OP$

OPc는 커널 함수의 입력과 출력에 XOR되어 공격에 대해 추가적인 보호를 제공하며 USIM 카드 외부에서 계산하여 개별적인 값으로 각 카드에 저장할 것이 권고된다. OP가 모든 카드마다 저장되는 것보다 나은 보호를 제공한다.

128bit 중간 값 TEMP는 다음과 같이 계산된다.

- $TEMP = E[RAND \oplus OPc]_K$

128bit 값 IN1는 다음과 같이 구성된다.

- IN1〔0〕…∈ IN1〔47〕 = SQN〔0〕…SQN〔47〕

- IN1[48]…∈ IN1[63] = AMF[0]… AMF[15]
- IN1[64]…∈ IN1[111] = SQN[0]…SQN[47]
- IN1[112]…∈ IN1[127] = AMF[0]… AMF[15]

r1,…,r5는 고정된 순환 상수이고 c1,…,c5는 고정된 덧셈 상수이다. 두 종류의 상수들은 관계된 모든 암호학적 함수들 간에 분리를 보장하기 위해 선택된다. 선택된 값은 마지막 E_K 계산의 입력에서 충돌을 방지한다. 또한 5개의 128bit 상수 c1, c2, c3, c4, c5는 다음과 같이 정의된다.

- c1[i] = 0 for 0≤i≤127
- c2[i] = 0 for 0≤i≤127 except that c2[127] = 1
- c3[i] = 0 for 0≤i≤127 except that c3[126] = 1
- c4[i] = 0 for 0≤i≤127 except that c4[125] = 1
- c5[i] = 0 for 0≤i≤127 except that c5[124] = 1

5개의 정수 r1, r2, r3, r4, r5는 다음과 같이 정의된다.

- r1 = 64; r2 = 0; r3 = 32; r4 = 64; r5 = 96

5개의 128bit 블록 OUT1, OUT2, OUT3, OUT4, OUT5는 다음과 같이 계산된다.

- OUT1 = E[TEMP⊕rot(IN1⊕OPc,r1)⊕c1]k⊕OPc
- OUT2 = E[rot(TEMP⊕OPc,r2)⊕c2]k⊕OPc
- OUT3 = E[rot(TEMP⊕OPc,r3)⊕c3]k⊕OPc
- OUT4 = E[rot(TEMP⊕OPc,r4)⊕c4]k⊕OPc
- OUT5 = E[rot(TEMP⊕OPc,r5)⊕c5]k⊕OPc

각 함수의 결과 값은 다음과 같다

- Output of f1 = MAC-A, where MAC-A[0]…MAC-A[63] = OUT1[0]…OUT1[63]
- Output of f1* = MAC-S, where MAC-S[0]…MAC-S[63] = OUT1[64]…OUT1[127]
- Output of f2 = RES-A, where RES[0]…RES[63] = OUT2[64]…OUT2[127]
- Output of f3 = CK, where CK[0]… CK[127] = OUT3[0]…OUT3[127]
- Output of f4 = IK, where IK[0]… IK[127] = OUT4[0]…OUT4[127]
- Output of f5 = AK, where AK [0]… AK [47] = OUT2[0]…OUT2[47]

• Output of f5* = AK, where AK [0]… AK [47] = OUT5[0]…OUT5[47]

여기서 f5 또는 f5*의 출력의 이름은 AK이고, 동시에 계산되지 않으며 함수 f1 또는 f1*는 동시에 계산되지 않는다.

9.5 MILENAGE 알고리즘의 평가

9.5.1 사이드 채널 공격에 대한 보호

사이드 채널 공격에 대한 보호는 커널 함수의 선택을 통해 달성된다.

9.5.2 커널 함수 연산의 횟수

모든 7개의 함수에 대해 입력 RAND는 출력으로 나오기 전에 2번의 완전한 라운드의 커널 함수를 거친다. OP의 암호화는 추가적인 안전성을 제공한다. 2^{64} 연산을 요구하는 위조 공격(forgery attack)이 존재하지만 3GPP 환경에서는 수행 불가능한 것으로 본다.

9.5.3 알고리즘 집합의 분석

MILENAGE 알고리즘 집합의 함수 구조 취약성에 대해 분석하였다. 그러나 Rijndael 암호에 대한 분석은 포함하지 않는다. SAGE에 의해 설정된 설계 범주는 인증 함수의 요구 사항에 대해 만족한다. 본 절에서는 MILENAGE 알고리즘 집합이 이런 범주를 어느 정도 만족하는지에 대한 분석 내용을 살펴본다. 중요한 취약성과 사소한 취약성을 발견하였으며, 확인된 취약성들은 AKA에 관해 실제적인 공격을 유도하지는 않는다.

1. 중요한 취약성
   주어진 사용자에 대한 RAND, OUT1, OUT2의 값을 얻는 것을 요구하는 공격을 살펴본다. 공격자는 RAND*의 값에 대한 OUT2*값을 얻는다. 생일 역설(Birthday paradox)에 의해, 어떤 쌍(RAND, RAND*)에 대해 OUT1=OUT2*를 기대하면 OUT1*=OUT2이다. 공격은 2^{65}의 복잡도를 가지고 정확하게 OUT1*의 값을 얻을 수 있다. 이것은 실제적으로 가능하지는 않지만 SAGE에 의해 설정된 설계 범주의 한 가지를 위반함을 나타낸다.

2. 사소한 취약성

커널 함수가 차분 공격(Differential cryptanalysis)에 취약하다는 것이 발견되면 MILENAGE 알고리즘 집합은 그런 취약성을 이용한 공격을 당할 수 있다. 하지만 Rijndael은 차분 공격에 대해 연구되었고 안전하다고 생각되기 때문에 실제적으로 문제라고 생각되지는 않는다. 이들 두 가지 취약성은 다음 사항으로 발생한다.

① 마지막 암호화에서 입력이 항상 다르도록 보장하는 고정된 순환과 상수 XOR 연산의 사용

② 순환 상수 r1,…,r5와 XOR 상수 c1,…,c5의 선택. 이 상수들은 효율적인 구현을 가능하게 하지만 취약성을 초래하는 것으로 보인다.

3. 권고 사항

MILENAGE 알고리즘은 취약성을 가지지만, 이 취약성을 제거하기 위해 작은 변경만이 요구된다. 알고리즘의 "middle" stage 부분만 변경될 필요가 있다. 상수 순환과 상수 XOR 연산이 middle stage에서 어떤 자기-변환, 교환 또는 분배 법칙을 제거하는 결합 연산을 권고한다. SAGE는 ME가 아닌 USIM이 제공될 때 OPc가 계산되도록 OPc의 값이 USIM의 외부에서 결정되는 것을 권고한다. 알고리즘 집합에 대한 커널 함수로 블록 암호 Rijndael이 강력하게 권고된다.

10 암호화 및 무결성 메커니즘

암호화와 무결성 키 설정은 네트워크 운영자가 원하는 만큼의 주기로 초기화 되는데 이는 USIM에 저장된 THRESHOLD에 의해 구체적으로 실현된다.

CK, IK를 생성하는 AKA는 호 설정마다 이루어지지 않기 때문에 악의적인 키의 재사용 가능성이 존재하고 이를 방지하기 위해 USIM은 접근 링크키에 의해 보호되는 데이터 양을 제한할 수 있는 메커니즘을 포함한다.

RRC 연결이 해제 될 때마다 연결 동안 보호 되었던 bearer의 STARTcs와 STARTps가 USIM에 저장된다. 다음 RRC 연결이 설정될 때 이 값들은 USIM으로부터 읽혀지고 START가 THRESHOLD에 이르면 다음 RRC 연결 요구가 보내질 때 ME가 새로운 암호화 키 및 무결성 키를 생성한다. THRESHOLD에가 되면 USIM에 저장된 CK와 IK는 삭제된다.

10.1 암호화/무결성 키 설정

키 설정은 네트워크 운영자가 원하는 만큼의 주기로 초기화되며 THRESHOLD에 의해 실행되고 이 값은 네트워크 운영자에 의해 결정되어 USIM에 저장된다.

10.2 암호화/무결성 키 주기

CK, IK를 생성하는 AKA는 호 설정마다 이루어지지는 않기 때문에 무제한적이고 악의적인 키의 재사용 가능성이 존재한다. 이를 방지하기 위해 USIM은 access link key set에 의해 보호되는 데이터 양을 제한할 수 있는 메커니즘을 포함하고 있어야 한다.

RRC 연결이 해제 될 때마다 연결 동안 보호되었던 bearer의 STARTcs와 STARTps가 USIM에 저장된다. 다음 RRC 연결이 설정될 때 이 값들은 USIM으로부터 읽혀진다. START가 THRESHOLD에 이르면 다음 RRC 연결 요구가 보내질 때 ME가 새로운 암호화 및 무결성 키를 생성한다. THRESHOLD가 되면 USIM에 저장된 CK와 IK는 삭제된다.

10.3 보안 모드의 구성

10.3.1 | 데이터 무결성 (UIA)

MS에서 네트워크로 보내어지는 대부분의 제어 시그널 정보는 무결성이 보장되어야 함으로 메시지 인증 함수로써 무결성 알고리즘 f9 함수가 ME와 RNC 사이에서 전송되는 시그널 정보에 대해 적용된다.

RRC 연결 설정과 보안 모드 구성 절차 후에 Paging Type 1, RRC 연결 요구, RRC 연결 구성, RRC 연결 구성 완료, RRC 연결 거절, 시스템 정보, UTRAN에 핸드오버 완료 메시지를 제외한 모든 전용 MS 네트워크 제어 시그널 메시지들의 무결성은 보장 되어야 하며 무결성 알고리즘은 ME와 RNC 사이에서 수행된다.

IK, 입력에 의존하는 시간 COUNT-I, 네트워크 쪽에서 생성된 임의의 값인 FRESH, 방향 비트 DIRECTION와 시그널 데이터 메시지를 입력 매개변수로 하여 데이터 무결성을 위한 메시지 인증 코드 MAC-I를 계산하고 수신자는 메시지를 보낼 때 송신자가 계산한 MAC-I와 동일한 방법으로 수신된 메시지에서 XMAC-I를 계산한다. 이때 MAC 함수 f9는 ME와 RNC 사이에서 전달된 시그널 데이터의 데이터 무결성과 데이터 출처를 인증하기 위하여 사용된다.

각 UMTS 무결성 알고리즘(UIA)은 4bit 식별자로 할당되는데 현재는 "00012"는 UIA1, Kasumi, "00102"는 UIA2, SNOW 3G로 정의된다. 여기서 UEs와 RNCs는 UIA1과 UIA2를 구현한다.

다음을 제외한 모든 시그널 메시지는 무결성이 보호되어야 한다.

- HANDOVER TO UTRAN COMPLETE
- PAGING TYPE 1
- PUSCH CAPACITY REQUEST
- PHYSICAL SHARED CHANNEL ALLOCATION
- RRC CONNECTION REQUEST
- RRC CONNECTION SETUP
- RRC CONNECTION SETUP COMPLETE
- RRC CONNECTION REJECT
- RRC CONNECTION RELEASE(오직 CCCH)
- SYSTEM INFORMATION(BROADCAST INFORMATION)

- SYSTEM INFORMATION CHANGE INDICATION
- TRANSPORT FORMAT COMBINATION CONTROL(TM DCCH)

10.3.2 | 데이터 기밀성(UEA)

사용자의 데이터와 어떤 시그널 정보는 민감하게 고려되어야 하고 무결성이 보호되어야 한다. 사용자의 데이터와 시그널 데이터의 데이터 무결성에 대한 메커니즘은 UMTS 암호 알고리즘 f8 함수가 필요하다. 평문은 같은 입력 매개변수를 사용하여 생성된 같은 키스트림에 암호문과 XOR 연산을 사용하여 복구할 있으며 CK, 타임에 의존하는 입력 값 COUNT-C, bearer식별자 BEARER, 전송되는 방향 DIRECTION 그리고 요구되는 키스트림의 길이 LENGTH를 입력 매개변수를 기반으로 한 알고리즘은 입력된 평문을 암호문으로 만들기 위해 사용되는 키스트림 블록을 출력한다. 여기서 입력 매개변수 LENGTH는 오직 KEYSTREAM BLOCK의 길이에 영향을 받고 그 자체는 실질적인 bit들을 갖지 않는다. 한편 함수 f8은 ME와 RNC에 할당되어 무선 접속 연결에서 ME와 RNC사이에 보내진 사용자 데이터와 시그널 데이터의 기밀성을 보호하기 위해서만 사용된다.

암호화는 MAC 계층과 데이터 접속 계층의 무선 연결 관리(RLC) 부계층에서 수행되며 무선 bearer가 불투명 RLC모드를 사용한다면, 암호화는 RLC 부계층에서 실행되며 무선 bearer가 투명 RLC모드를 사용한다면, 암호화는 MAC 부계층에서 실행된다. 각 UEA는 4bit 식별자로 할당되며 "00002" : UEA0, no encryption, "00012"는 UEA1, Kasumi, "00102"는 UEA2, SNOW 3G 값으로 정의되며 UEs는 UEA0, UEA1과 UEA2를 구현한다.

암호화와 무결성 보호에 관한 메커니즘은 UE 구현 결함을 초기에 극복하는 네트워크를 허용하며 초기의 UE 구현 결함은 UEA1 구현의 결함이 될 수 있다. 결함이 있는 UEA1 구현을 가진 UE들을 초기에 다루는 네트워크를 허용하는 것은, VLR/SGSN가 UEA1을 제공하도록 요구하는 어떤 UE들이 암호화 없이 보안 설립을 하도록 하기 위해 UE의 IMEISV 기반의 Security mode command를 구성할 것이다.

반면에 UEA1을 제공하도록 요구하는 다른 UE들은 암호화를 사용하여 보안 설립을 한다. 보안 모드 설정 절차가 시작되기 전에 UE로부터 IMEISV를 회수한 VLR/SGSN을 포함한다. 만약 결함이 있는 UEA1 구현을 가진 UE들을 다루는 절차가 구현되고 보안 모드 설정 절차가 암호화 없이 설정된 보안이면 VLR/SGSN은 보안 모드 설정 절차가 완료된 후에 즉시 UE로부터 IMEISV를 요청한다. 이 두 번째 IMEISV 요청은 무결성이 보호된다. 만약 IMEISV 요청이 성공 하지 못하거나, 만약 두 번째 받은 IMEISV가 보안 모드 설정 절차가 시작되기 전에 받은 IMEISV와 다르다면 연결은 해제된다.

암호화와 무결성 보호는 AKA가 수행 후 보안 모드 구성 절차를 통해 이루어지며 MS와 VLR사이에 새로운 연결 설정 시에 사용하는 시그널 메시지에 대한 무결성 보호는 등록 정보의 변화가 없을 때 연결 해제 후 MS로부터 보내지는 해제를 알릴 때 연결 해제 후에 따르는 거절 시그널 메시지, 긴급 호를 제외하고는 필수적이다. 암호화/무결성 보호 설정 절차는 〔그림 10.1〕과 같다.

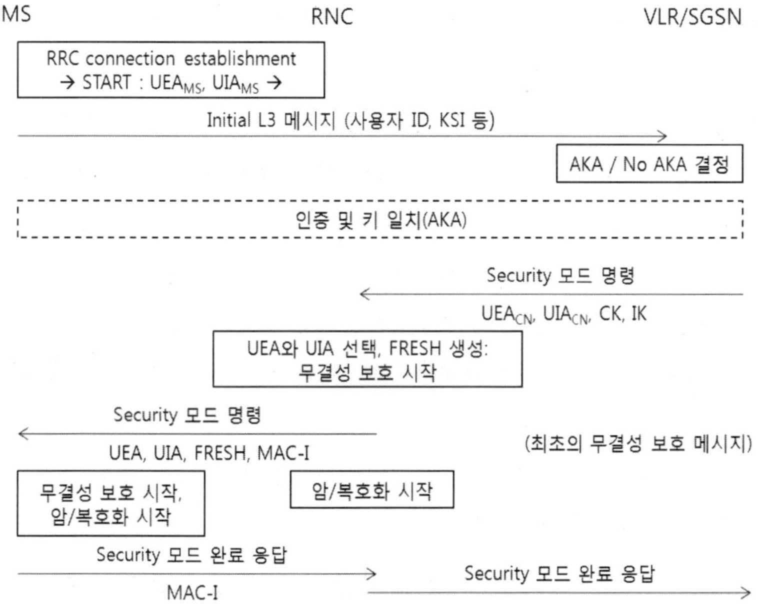

그림 10.1 보안 모드 구성 절차

① RRC 연결 설정에서 MS는 RNC에게 HFNs와 ME 보안 능력과 START 값을 전송한다. 여기서 ME 보안 능력은 지원하는 암호화 알고리즘과 무결성 알고리즘에 대한 정보이며 START 값과 ME 보안 능력 정보는 RNC에 저장된다.

② MS는 VLR에게 Initial L3 메시지를 전송하며 이 메시지는 사용자 ID, KSI를 포함한다. 여기서 KSI는 CN 도메인 마지막 인증에서 각 도메인에 의해 할당된다.

③ Initial L3 메시지에 포함된 LAI가 다른 VLR을 나타내는 경우 이전 방문자 망과의 데이터 확인 절차를 수행하여 TMSI에 의해 사용자 신분이 확인되고 VLR은 사용자의 데이

터를 갖게 된다. 만약 사용자가 전송한 KSI가 '111' 이거나 VLR이 보유하고 있는 KSI 값과 일치하지 않는 경우 사용자 인증과 새로운 CK, IK가 생성될 수 있으며 새로운 KSI가 할당되고 사용자 ID 요구가 수행된다.

④ VLR은 사용할 수 있는 무결성 알고리즘과 암호화 알고리즘을 결정한다.

⑤ VLR은 RNC에 RANAP 메시지 보안 모드 요구를 전송하여 암호화 및 무결성 보호를 초기화한다. 이 메시지는 사용할 UIAs와 IK를 포함하며 암호화를 시작할 경우 UEAs와 CK를 포함하고 새로운 AKA가 수행되었으면 새로운 키 사용 시 START를 0으로 세팅하여 AKA 수행을 알리고 그렇지 않으면 RNC에 있는 값이 사용된다.

⑥ RNC는 MS가 지원하는 알고리즘 목록으로부터 사용할 알고리즘을 결정한다. RNC는 난수인 FRESH를 생성하고 다운링크 무결성 보호를 시작한다. 보안 모드 명령에 받은 요구 조건들이 충족되지 않으면 VLR에게 Security mode reject message를 보낸다.

⑦ RNC는 RRC 메시지 보안 모드 명령을 생성한다. 이 메시지는 ME 보안 능력, UIA, 사용될 FRESH 암호화를 시작할 경우 UEA를 포함하며 암호화 시작의 부가 정보가 포함된다. MS는 2개의 키 집합을 갖고 있으므로 네트워크는 보안 모드 명령 메시지에 CN 식별 값을 포함시켜 사용할 키 집합을 알려야 한다. 또한 MAC-I를 생성하여 메시지에 첨가한다.

⑧ 보안 모드 명령을 받는 즉시 MS는 지시된 UIA, 저장된 COUNT-I, 받은 FRESH를 이용하여 메시지에 대한 무결성을 검증한다.

⑨ 무결성 검증에서 성공하면 MS는 RRC 보안 모드 완료 응답을 보내고 메시지에 대한 MAC-I를 생성한다. 실패하면 절차는 MS에서 종료한다.

⑩ 응답 메시지를 받은 RNC는 이 메시지에 대한 XMAC-I를 계산하여 무결성 검증을 실시한다.

⑪ RNC가 사용할 알고리즘을 포함한 RANAP 메시지 보안 모드 완료 응답을 VLR에 전송함으로써 절차가 마무리된다.

MS로 전송되는 Security mode command에서 다운링크 무결성 보호가 시작되며 MS에서 보내는 보안 모드 완료 메시지에서부터 업링크 무결성 보호가 시작된다.

10.4 f8

사용자 데이터와 시그널 정보는 암호화해서 전송된다. 특히 IMSI 또는 TMSI는 반드시 보호된 모드로 전송하여 비밀성을 보장받아야 한다. 무선구간에서 암호화 모드는 ME와 RNC 사이에서 이루어지며 암호화 알고리즘 f8 함수는 CK로 데이터 프레임을 암호화 및 복호화 하는 스트림 암호 알고리즘이다. f8 함수를 이용해 만든 키 스트림과 평문을 XOR 비트 연산을 하여 평문을 암호화 하고 암호문을 복호화 하여 평문을 만든다. 이때 데이터 블록의 크기는 1~20000bit이고 키 생성 알고리즘으로 블록 암호 KASUMI를 기반으로 한다.

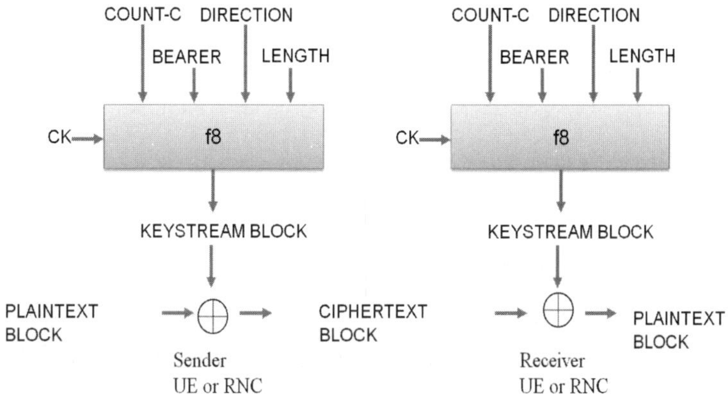

그림 10.2 암호화 알고리즘 f8 동작

10.4.1 요구 사항

f8 함수의 요구 사항은 다음과 같다.

- f8은 UE와 RNC 사이의 무선 접근 링크 상에서 보내어지는 사용자 데이터와 시그널링 데이터의 무결성을 보호하기 위해 사용되어야 한다.
- 알고리즘은 하드웨어와 소프트웨어 수행을 포함하는 수행 옵션의 범위를 수용하도록 설계되어야 한다.
- 하드웨어 수행을 위해 10,000 게이트 이하를 사용하여 알고리즘의 수행이 가능해야 한다.
- 상향 링크와 하향 링크에 대해 2Mbps 정도의 암호화 속도를 얻을 수 있도록 알고리즘이 수행되어야만 한다.

- f8 알고리즘은 대략 5000bit까지 변수 길이의 프레임들을 암호화하는데 사용 될 것이다.
- 함수 f8은 동기식 대칭형 스트림 암호여야 한다.
- 암호화 키 CK의 길이는 128bit이다. 부가적인 입력 변수들은 COUNT, BEARER, DIRECTION, LENGTH이다

10.4.2 | 입력 값

f8 함수 동작 시 입력되는 값은 다음과 같다.

1. COUNT-C

   32bit의 암호화 수열 번호이며 논리적인 RLC AM 채널, 논리적인 RLC UM 채널과 투명한 RLC 모드를 사용하는 모든 논리 채널마다 하나의 COUNT-C가 존재한다.

2. CK

   128bit의 암호화 키로 가입자를 위해 CK는 AKA 과정 동안 USIM과 HLR/AuC에서 이용하며 f3 함수로 설정된다. CK는 USIM과 RNC에 저장되어 ME가 요청하면 USIM에서 ME로 복사되어 ME에 저장된다. 유효한 키 길이 k가 128bit보다 작은 경우, CK의 최상위 비트들은 유효한 키 정보를 전달하고 유지하는 반면 최하위 비트들은 유효한 키 정보를 반복해야 한다.

3. BERARER

   5bit의 무선 bearer 식별자이다.

   bearer는 동일 사용자에 관련되고 단일 10ms 물리 계층 프레임에 다중화 되는 무선 bearer 당 하나의 BERARER가 존재한다. 무선 bearer 식별자는 다른 키스트림에 같은 입력 변수 값들이 사용되는 것을 방지하기 위해 사용되며 하나 이상의 bearer의 암호화에 같은 키스트림 사용을 피하기 위해, 알고리즘은 무선 bearer의 식별자를 기반으로 한 키스트림을 생성해야 한다.

4. DIRECTION

   1bit의 방향 식별자로써 순방향과 역방향 링크를 위한 키 스트림에 대해 똑 같은 입력 변수 값을 사용하는 것을 피하기 위해 알고리즘은 전송 방향을 기반으로 키스트림을 생성해야 한다. 이때 ME에서 RNC로 보내는 메시지를 위한 DIRECTION의 값은 0, RNC로부터 ME로 보내는 메시지를 위한 DIRECTION의 값은 1이다.

5. LENGTH
   16bit의 지시자로 요구되는 키 스트림 블록의 길이를 결정하는데 사용된다.

6. KEYSTREAM
   키스트림의 블록의 길이는 입력 매개변수 LENGTH의 값과 같다.

7. PLAINTEXT
   평문 키스트림 블록의 길이는 입력 매개변수 LENGTH의 값과 동일하다.

8. CIPHERTEXT
   암호문의 키스트림 블록의 길이는 입력 매개변수 LENGTH의 값과 동일하다.

기호	길이 (bits)	설명
COUNT	32	프레임 의존 입력
BEARER	5	무선 베어러 식별자. 다른 키 스트림에 같은 입력 변수 값들이 사용되는 것을 피하기 위한 입력 값
DIRECTION	1	방향 식별자. 순방향과 역방향 링크를 위한 키 스트림에 대해 똑같은 입력 변수 값을 사용하는 것을 피하기 위해 사용.
CK	128	기밀성 키
LENGTH	X18	
(In the sample C-code we treat LENGTH as a 32bit integer)	암/복호화를 수행할 비트 수 (1-20000)	
IBS	1-20000	입력 비트 스트림

> 표 10.1 f8 입력 값

10.4.2 출력 값

기호	길이 (bits)	설명
OBS	1-20000	출력 비트 스트림

> 표 10.2 f8 출력 값

10.4.4 | 암호화 알고리즘 f8의 분석

암호화 알고리즘 f8은 64bit 피드백을 가진 표준 Output Feedback Mode(OFB)의 변형으로 KASUMI로부터 구성된다.

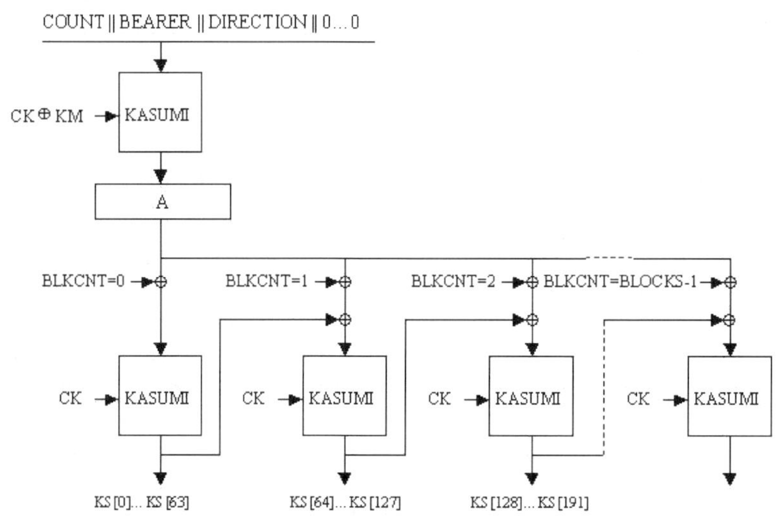

> 그림 10.3 KASUMI 암호화 알고리즘 f8 구성 f8 Keystream Generator

COUNT, BEARER, DIRECTION과 같은 시스템 변수들은 완전한 길이의 데이터 블록이 되기 위해 패딩된다. 이 과정의 출력은 64bit의 레지스터 값 A이고 이 값은 연속되는 KASUMI 계산의 입력 값의 일부분이 된다.

키스트림의 연속되는 64bit 블록들은 레지스터 값 A와 블록 카운터 BLKCTR을 가지고 OFB 모드로 KASUMI를 실행함으로써 생성된다. 암호문은 평문과 키스트림 비트들의 XOR로 구해진다.

10.4.5 | 안정성 분석

KASUMI로부터 f8 알고리즘을 유도하기 위해 사용된 구성의 안전성을 분석한다. f8에 대한 이상적인 요구 사항은 다음과 같다.

• 공격자가 완전 랜덤 함수 생성기로부터 f8 알고리즘을 구별할 수 있게 하는 효과적인 구별

알고리즘이 존재해서는 안 된다.

- f8 알고리즘은 다음의 pre-whitening 상수를 사용한다.
- $W = KASUMI_{CK \oplus KM}(Count \parallel Bearer \parallel Direction \parallel 0 \cdots\cdots 0)$

이러한 pre-whitening은 KASUMI에 평문 입력이 알려지지 않게 하므로 선택 평문 공격을 불가능하게 한다.

이론적으로 키스트림 블록의 관찰을 통해 pre-whitening이 없는 f8 구성과 관련된 유사 랜덤 함수를 완전 랜덤 함수와 구별하는 것이 가능하다. 실제 f8 구성의 경우 3GPP 환경에서 5114bit(80블록) 이하의 키스트림에서 충돌 쌍이 발생할 확률은 보다 작다. 그리고 기반이 되는 블록 암호 KASUMI가 유사 랜덤 치환이라면, 3GPP f8 암호화 모드는 능동적 선택 평문 공격 하에서 안전하다는 것을 의미한다.

10.5 f9

무결성 알고리즘 f9는 무결성 키 IK를 가지고 입력되는 메시지에 대해 32bit 메시지 인증 코드인 MAC을 계산한다. 동작 과정은 〔그림 10.4〕와 같다.

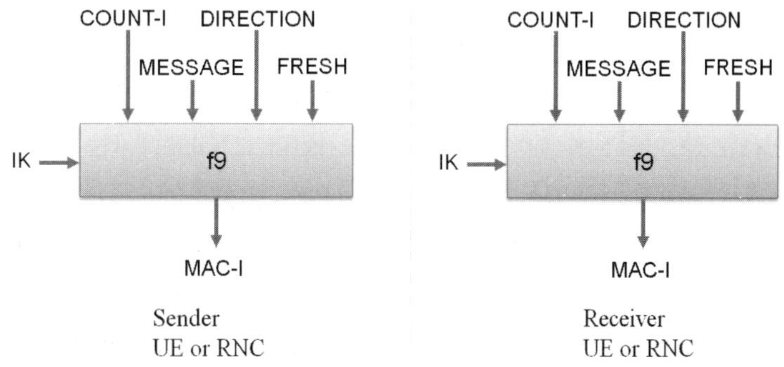

그림 10.4 Data Integrity Protection method of f9

10.5.1 요구 사항

f9 함수에서 요구되는 사항은 다음과 같다.

- f9는 UE와 RNC 사이에서 전달되는 시그널링 데이터의 무결성과 출처를 인증 하는데 사

용되어야 한다.

- 알고리즘은 하드웨어와 소프트웨어 수행을 포함하는 수행 옵션의 범위를 수용하도록 설계되어야 한다.
- f9는 MAC 함수여야 한다.
- 무결성 키의 길이는 128bit이다. 부가적인 입력 변수들은 COUNT, FRESH, LENGTH이다.
- 알고리즘은 32bit MAC을 출력해야 한다.

10.5.2 입력 값

f9 함수 동작 시 입력되는 값은 다음과 같다.

1. IK
   128bit의 무결성 키 UMTS 가입자를 위한 IK는 UMTS AKA 동안 USIM과 HLR/AuC에서 이용할 수 있는 무결성 키 유도 함수 f4의 결과 값으로 설정된다. IK는 USIM과 RNC에 저장되는데 ME의 요청에 따라 USIM에서 ME로 복사본이 보내져 ME에 저장된다.

2. COUNT-I
   COUNT-I는 입력에 의존하는 프레임으로 연결 동안의 재생을 막는다. 이 값은 각각의 무결성이 보호 된 메시지에 대하여 하나씩 증가된다. COUNT-I는 두 부분으로 구성된다. 상위 비트 부분은 HFN, 하위 비트 부 분은 RRC 수열 넘버이다. Hyperframe number의 초기 값은 연결 설정 시에 사용자에 의해서 네트워크로 보내진다. 사용자는 이전 연결로부터 사용된 Hyperframe number의 가장 큰 것을 저장하고 그것을 하나 증가시킨 다. 이러한 방법으로 사용자에게 어떤 COUNT-I 값도 동일한 무결성 키로 네트워크에 의해 재사용되지 않는다는 것이 보증된다. 32bit 길이의 무결성 sequence 번호로써 28bit의 RRC Hyperframe number RRC HFN과 4bit의 RRC 수열 번호 RRC SN으로 구성된다. RRC HFN은 RRC 연결 설정 동안에 ME에서 RNC로 전송되는 START 변수에 의해 초기화 된다.

3. FRESH
   RNC에 의해 생성되는 32bit 난수이며 동일한 무결성 키가 여러 번의 연속적인 연결에 사용될 수 있다. 이 FRESH 값은 네트워크 쪽에 사용자가 예전 MAC-I를 재사용하지 않음을 보증하기 위한 알고리즘에의 입력 값이다. 사용자마다 하나의 FRESH 변수 값이 있고 입력 변수 FRESH는 사용자에 의한 시그널 메시지의 재연에 대해 네트워크를 보호하며 RNC에서 Security mode command 메시지를 ME로 전송할 때 전송한다.

4. MESSAGE

무선 bearer 신원을 포함한 시그널 메시지이며 무선 bearer 신원은 메시지 앞에 첨부된다. 무선 bearer 신원은 메시지와 함께 전송되지 않지만 다른 메시지 인증 코드에 같은 입력 매개변수가 사용되는 것을 피하기 위해 필요하다.

5. DIRECTION

시그널 메시지의 전달 방향을 나타내는 1bit로써 동일한 무결성 키가 ME와 연속적으로 결합된 업링크와 다운링크 채널을 위하여 사용될 수 있다. DIRECTION의 값은 ME로부터 RNC로의 메시지에 대하여는 0이고 RNC로부터 ME로의 메시지는 1이다.

기호	길이 (bits)	설명
COUNT-I	32	프레임 의존 입력
FRESH	32	랜덤 값
DIRECTION	1	Direction of transmission
IK	128	무결성 키
LENGTH	X19 (In the sample C-code we treat LENGTH as a 32bit integer)	The number of bits to be 'MAC'd
MESSAGE	LENGTH	입력 비트 스트림

표 10.3 f9 입력 값

10.5.3 출력 값

f9 함수 동작 시 출력 값은 MAC-I (혹은 XMAC-I)이며 MAC-I는 데이터 무결성 인증을 위한 메시지 인증 코드이다.

기호	길이 (bits)	설명
MAC-I	32	메시지 인증 코드

> 표 10.4 f9 출력 값

10.5.4 무결성 알고리즘 f9의 안전성 분석

무결성 알고리즘 f9는 메시지의 길이는 1bit에서 5000bit 사이이다. f9의 구조는 아래 그림과 같다.

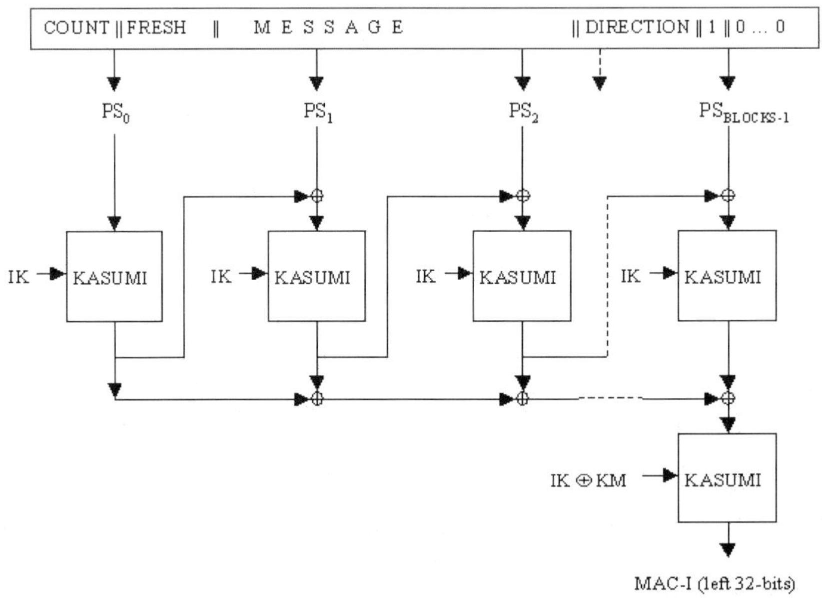

> 그림 10.5 KASUMI 암호화 알고리즘 f9 구성

f9는 ISO 9797에 정의된 표준 CBC MAC의 변형이다. 입력 메시지 블록을 만들기 위해 COUNT, FRESH, MESSAGE, DIRECTION 값을 연결한다. 다음으로 '1'bit를 연결하고, 마지막으로 입력 메시지가 64bit들의 배수가 되도록 0에서 63bit 사이의 '0'bit를 연결하여 입력 메시지 블록을 만든다. 이 구조에서 모든 블록 계산들의 출력 값들의 XOR은 마지막 KASUMI 계산 출력 변환의 입력 값이 된다. 입력 메시지에 대한 MAC 값은 이 마지막 계산으로부터 얻은 64bit의 왼쪽 32bit가 된다.

10.5.5 | 안정성 분석

f8 알고리즘과 유사하게 KASUMI로부터 f9 알고리즘을 유도하기 위해 사용된 구성의 안전성을 분석한다.

f9에 대한 이상적인 요구 사항은 능동적 공격자(Adaptive adversary)에 의한 Existential forgery에 대해 안전해야 한다. 즉, 공격자가 능동적으로 얻어진 N개의 메시지와 대응하는 MAC 값들의 집합으로부터 새로운 N+1번째 메시지의 MAC 값을 유추하는 것이 계산량적으로 수행 불가능해야 한다.

$\sqrt{2}\cdot 2^{\frac{n}{2}}$ $\left\lceil \frac{n}{m} \right\rceil + 2^{n-m}$ $nm2^{\left\lceil \frac{n-m}{2} \right\rceil + 1}$ $n = 64m = 32$ 2^{17} 2^{61} 일반적인 CBC-MAC의 경우 생일 공격법을 이용하면 $\sqrt{2}\cdot 2^{\frac{n}{2}}$개의 알려진 메시지/MAC 쌍과 $\left\lceil \frac{n}{m} \right\rceil \cdot 2^{n-m}$개의 선택 메시지/MAC 쌍이 있으면 위장 공격이 가능하다(n은 블록의 길이이고 m은 MAC 값의 길이이다). 가장 효율적인 Knudsen의 공격법을 적용하면 $2^{\left\lceil \frac{n-m}{2} \right\rceil + 1}$개의 선택 메시지/MAC 쌍과 2개의 기지 메시지/MAC 쌍이 필요하다. 즉, n=64, m=32인 경우 대략 2^{17}개의 선택 메시지/MAC 쌍을 가지면 일반적인 CBC-MAC에 대한 공격이 가능하다. 하지만 3GPP 무결성 알고리즘 f9에서는 최종 출력 변환의 입력 값으로 모든 연쇄 변수를 XOR하여 사용함으로써 필요한 공격 량을 2^{51}로 증가시킨다.

f9 구성의 기반이 되는 블록 암호인 KASUMI는 유사 랜덤 치환 패밀리이다. 따라서 좋은 확률로 무결성 알고리즘 f9를 위조하는 것이 불가능하다는 것이다.

10.6 KASUMI ALGORITHMS

ETSI SAGE는 3GPP의 지원으로 블록 암호 MISTY를 기반으로 하여 〔그림 10.6〕과 같이 한 64bit 블록 암호 KASUMI와 이를 핵심 함수로 사용한 암호화 알고리즘 f8, 무결성 알고리즘 f9를 개발하였고, 3GPP는 이 2개의 알고리즘을 표준화하였다.

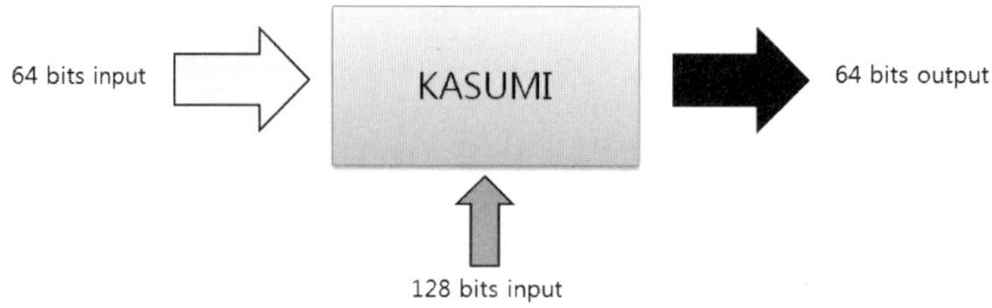

그림 10.6 KASUMI 동작

KASUMI는 64bit 블록 크기와 128bit 키를 가진 8라운드 블록 암호로써 암호화 알고리즘 f8 함수는 CK를 사용하여 데이터 블록을 암호화 및 복호화 하는 스트림 암호이다. 데이터 블록은 1에서 20000bit 사이의 길이를 가진다. 알고리즘은 키스트림 생성기로써 OFB 모드 형식의 KASUMI를 사용한다. 무결성 알고리즘 f9 함수는 IK를 사용하여 주어진 입력 메시지의 32bit MAC을 계산하며 CBC-MAC 모드 형식의 KASUMI를 사용한다.

10.6.1 | KASUMI의 구조

KASUMI는 8라운드 Feistel 암호이며 64bit 데이터 블록과 128bit 키를 사용한다.

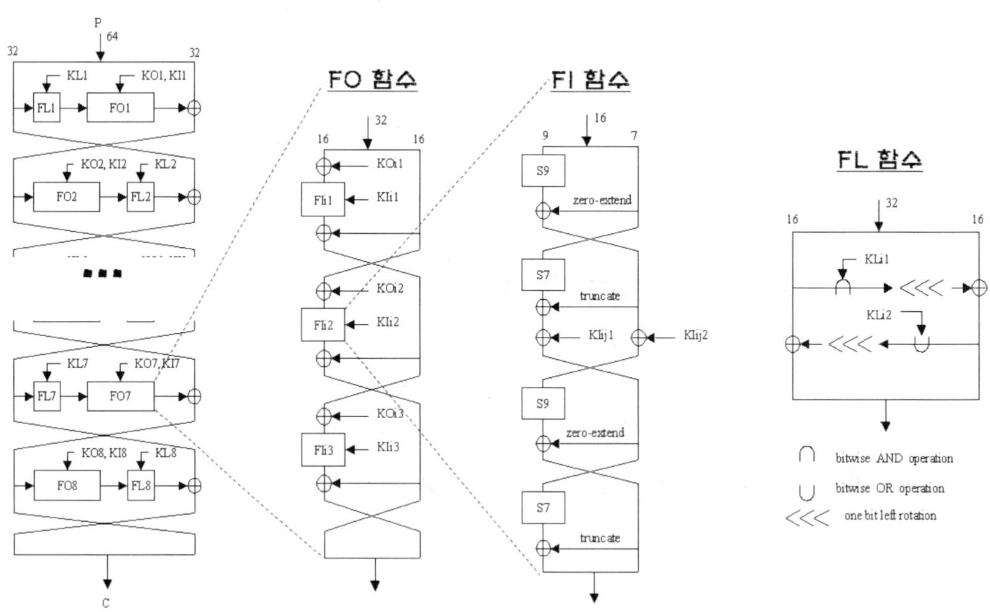

그림 10.7 KASUMI의 Function fi 구조

10.6.1.1 암호화

KASUMI는 64bit 입력 I에 128bit 키 K를 사용하여 64bit 출력 OUTPUT을 생성한다. 입력 I는 다음과 같이 2개의 32bit 스트링 L_0와 R_0로 나누어진다.

- $I = L_0 \parallel R_0$

정수 i ($1 \le i \le 8$)에 대해 다음과 같이 정의한다.

- $R_i = L_{i-1}$, $L_i = R_{i-1} \oplus f_i(L_{i-1}, RK_i)$

이것은 KASUMI의 ith 라운드 함수를 구성한다. fi는 입력으로 Li-1과 라운드 키 RKi를 가지는 라운드 함수이다. 결과 OUTPUT은 8라운드의 마지막에서 제공되는 64bit 스트링 (L8 ∥ R8)과 같다.

- $OUTPUT = KASUMI[I]_K$

함수 fi()는 32bit 입력 값 I를 가지고 (KL_i, KO_i, KI_i)부분 키들로 구성되는 라운드 키 RK_i,의 통제 하에 32bit 출력 값 O를 돌려준다. 이 함수는 2개의 부분 함수 FL과 FO로 구성되며, FL은 부분 키 KL_i를 가지며 FO는 부분키로 KO_i와 KI_i를 가진다.

1, 3, 5, 7 라운드에서는 $f_i(I, RK_i,) = FO(FL(I, KL_i), KO_i, KI_i)$로 정의되며, 2, 4, 6, 8 라운드에서는 $f_i(I, R\ K_i) = FL(FO(I, KO_i, KI_i), KL_i)$로 정의된다.

FO 함수는 다시 16bit 비선형 혼합 함수 FI의 3라운드로 구성되는 Feistel 구조이다. FI 함수는 다시 비선형 look-up 테이블 S7과 S9를 사용하여 4라운드 구조로 정의된다. 관련된 모든 함수들은 입력 데이터에 키 값이 혼합된다.

10.6.2 KASUMI의 안전성 분석

FL, FI, FO 함수, S-Box S7, S9의 구조적 취약점은 발견되지 않았으며, 키 스케줄링은 단순하지만 취약키가 없다.

10.6.2.1 FL 함수

FL 함수는 선형 함수이고 알고리즘의 안전성은 이 함수에 의존하지 않는다. FL 함수의 목적은 개별 비트들이 추적되는 것이 힘들도록 낮은 비용의 추가적인 스크램블링(scrambling)을 시키는 것이다.

FL 함수는 32bit 입력 I에 32bit 키 KLi를 사용하여 32bit 출력 OUTPUT을 생성한다. 여기서 서브 키는 다음과 같이 2개의 16bit 스트링 $KL_{i,1}$과 $KL_{i,2}$로 나누어진다.

- $KL_i = KL_{i,1} \parallel KL_{i,2}.$

입력 I는 다음과 같이 2개의 32bit 스트링 L_0와 R_0로 나누어진다.

- $I = L \parallel R$

따라서 $R' = R \oplus ROL(L \cap KL_{i,1})$, $L' = L \oplus ROL(R' \cup KL_{i,2})$으로 정의 되며 32bit의 $L' \parallel R'$가 생성된다. 여기서 ROL()는 1bit circular rotation이며 ∩는 AND operation, ∪는 OR operation이다.

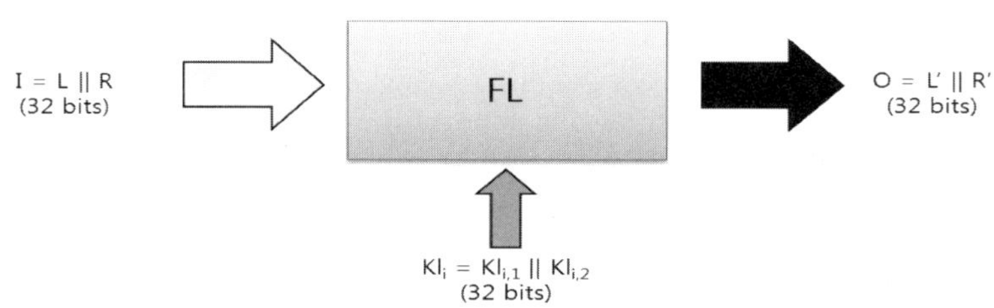

> 그림 10.8 FL 함수

10.6.2.2 FI 함수

FI 함수는 16bit 입력과 16bit 출력을 가진 기본적인 랜덤화 함수이다. FI 함수는 2개의 비선형 S-Box S7과 S9를 사용한 4라운드 구조이다. FI 함수의 평균 선형 확률과 차분 확률은 사용되는 서브키의 균등 부호를 가정하면 2^{-14}보다 작다. S7과 S9는 FI 함수에서 선형 구조를 없애기 위해 사용되었다. FI 구조에서 출력 비트들의 비선형 차수는 모든 입력 비트들 또는 입력 비트들의 일부분의 함수로 계산될 수 있고, 이 차수는 고차 차분 공격에 대한 안전성을 제공하기 위해 사용된다.

FI 함수는 16bit의 입력 I와 16bit의 서브 키 $KI_{i,j}$로 나누어진다.
입력 I는 9bits의 Li와 7bits의 R_i로 나누어진다. 따라서 $I = L_0 \parallel R_0$가 된다.
$KI_{i,j}$ 키도 다음과 같이 7bit의 $KI_{i,j,1}$과 9bit $KI_{i,j,2}$로 나누어진다.

- $KI_{i,j} = KI_{i,j,1} \parallel KI_{i,j,2}$

이 함수는 2개의 S-boxes인 S7, S9가 사용된다.
S7은 7bit 입력으로 7bit의 생성, S9는 9bit 입력으로 9bit를 생성한다.

또한 ZE(x)와 TR(x)을 정의한다.

- ZE(x) 7bit x를 9bit로 변환하기 위해 끝에 0bit 2개를 추가한다.
- TR(x) 9bit x를 7bit로 변환하기 위해서 끝에 두 bit를 삭제한다.

따라서 다음과 같이 정의 될 수 있다.

- $L_1 = R_0$
- $R_1 = S9[L_0] \oplus ZE(R_0)$
- $L_2 = R_1 \oplus KI_{i,j,2}$
- $R_2 = S7[L_1] \oplus TR(R_1) \oplus KI_{i,j,1}$
- $L_3 = R_2$
- $R_3 = S9[L_2] \oplus ZE(R_2)$
- $L_4 = S7[L_3] \oplus TR(R_3)$
- $R_4 = R_3$

결국 FI 함수는 16bit의 $L_4 \parallel R_4$를 생성한다.

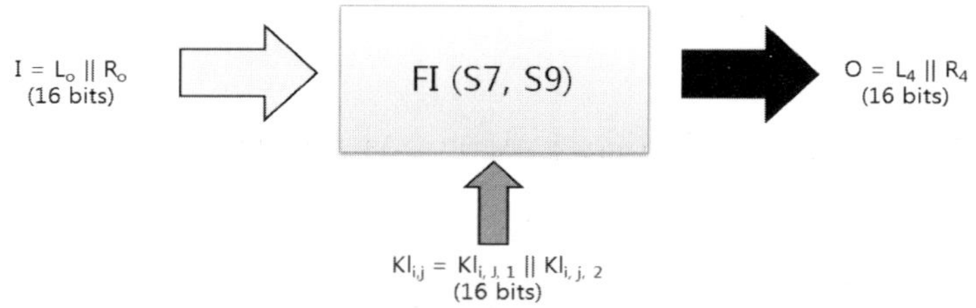

> 그림 10.9 FI 함수

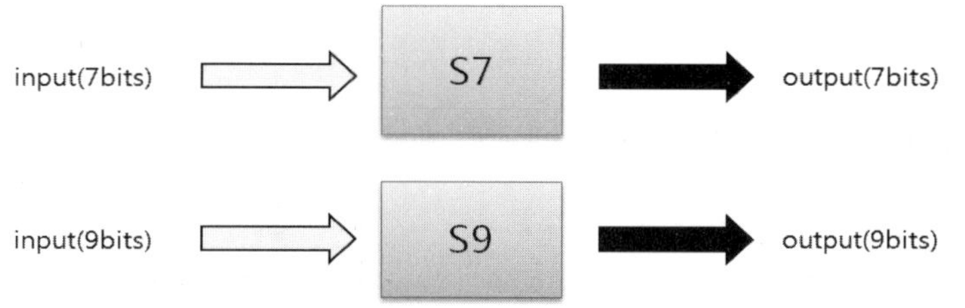

> 그림 10.10 S7 & S9

10.6.2.3 FO 함수

FO 함수는 KASUMI 라운드 함수의 비선형 부분이다. FO 함수의 평균 선형 확률과 차분 확률은 사용되는 서브키의 균등 분포를 가정하면 2^{-28}보다 작다. 고정된 키에 대해 FO 함수는 32bit 치환이지만 3라운드 구조로 인해 4개의 선택 평문을 사용하면 랜덤하게 선택된 치환과 구별될 수 있다. 4라운드 구조를 사용하면 이 취약성을 제거할 수 있지만 계산 복잡도를 증가시키고, 전체 8라운드 KASUMI를 공격하기 위해 3라운드 FO 함수의 이 성질이 사용될 수 있다는 예제도 없기 때문에 이것을 고려하지 않는다.

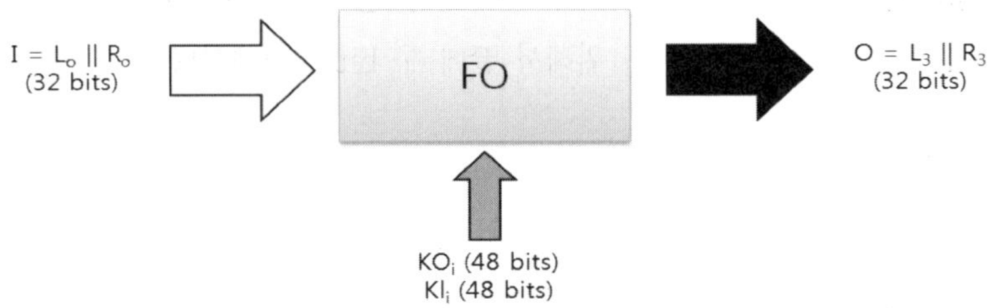

그림 10.11 FO 함수

FO 함수는 32bit 입력 I와 2개의 서브키로 구성된다. 서브 키는 48bit KOi와 48bit KIi로 나누어진다. 입력 I는 다음과 같이 2개의 32bit L_0와 R_0로 나누어진다.

- $I = L_0 \| R_0$

48bit의 서브 키는 다음과 같이 16bit의 서브키로 나누어진다.

- $KO_i = KO_{i,1} \| KO_{i,2} \| KO_{i,3}$ and $KI_i = KI_{i,1} \| KI_{i,2} \| KI_{i,3}$

정수 j (1 <= j <= 3) 에 대해 다음과 같이 정의한다.

- $R_j = FI(L_{j-1} \oplus KO_{i,j},\ KI_{i,j}) \oplus R_{j-1}$
- $L_j = R_{j-1}$

따라서 32bit의 $L_3 \| R_3$이 생성된다.

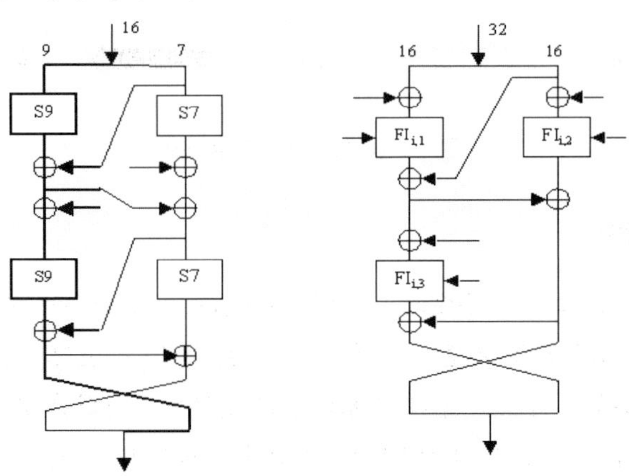

그림 10.12 FI 함수 & FO 함수

10.6.2.4 S-Box

S-Box S7은 MISTY1의 S7과 동일하다. H/W 구현이 용이하고 비선형 차수가 3이 되도록 설계되었다. S7은 최적의 비선형 성질(Optimal nonlinearity property)을 가지는 GF(27) 상의 monomial x81의 선형 변환이다. S-Box S9는 MISTY1의 S9와 다르지만 동일한 방법으로 구성된다. 이 역시 H/W 구현이 용이하고 비선형 차수가 2가 되도록 설계되었다. S9는 지수 함수 power function x -> x5와 GF(S9) 상에서 정의된 선형 출력 변환으로 구성된다. S9는 거의 완벽한 비선형성을 달성한다.

S-Box의 조회 테이블은 다음과 같다.

입력 x는 7 또는 9 bit와 그에 해당 번호의 bit y를 생성한다.

- x = x8 ∥ x7 ∥ x6 ∥ x5 ∥ x4 ∥ x3 ∥ x2 ∥ x1 ∥ x0
- y = y8 ∥ y7 ∥ y6 ∥ y5 ∥ y4 ∥ y3 ∥ y2 ∥ y1 ∥ y0

여기서 x8, y8, x7, y7은 s9에만 적용되며 x0, y0 비트는 반드시 있어야 하는 중요한 bit이다.

즉, x0x1x2는 x0 ∩ x1 ∩ x2와 같다.

1. S7

- Gate Logic :

y0 = x1x3⊕x4⊕x0x1x4⊕x5⊕x2x5⊕x3x4x5⊕x6⊕x0x6⊕x1x6⊕x3x6⊕x2x4x6⊕x1x5x6⊕x4x5x6
y1 = x0x1⊕x0x4⊕x2x4⊕x5⊕x1x2x5⊕x0x3x5⊕x6⊕x0x2x6⊕x3x6⊕x4x5x6⊕1
y2 = x0⊕x0x3⊕x2x3⊕x1x2x4⊕x0x3x4⊕x1x5⊕x0x2x5⊕x0x6⊕x0x1x6⊕x2x6⊕x4x6⊕1
y3 = x1⊕x0x1x2⊕x1x4⊕x3x4⊕x0x5⊕x0x1x5⊕x2x3x5⊕x1x4x5⊕x2x6⊕x1x3x6
y4 = x0x2⊕x3⊕x1x3⊕x1x4⊕x0x1x4⊕x2x3x4⊕x0x5⊕x1x3x5⊕x0x4x5⊕x1x6⊕x3x6⊕x0x3x6⊕x5x6⊕1
y5 = x2⊕x0x2⊕x0x3⊕x1x2x3⊕x0x2x4⊕x0x5⊕x2x5⊕x4x5⊕x1x6⊕x1x2x6⊕x0x3x6⊕x3x4x6⊕x2x5x6⊕1
y6 = x1x2⊕x0x1x3⊕x0x4⊕x1x5⊕x3x5⊕x6⊕x0x1x6⊕x2x3x6⊕x1x4x6⊕x0x5x6

- Decimal Table :

54, 50, 62, 56, 22, 34, 94, 96, 38, 6, 63, 93, 2, 18, 123, 33,
55, 113, 39,114, 21, 67, 65, 12, 47, 73, 46, 27, 25, 111, 124, 81,
53, 9, 121, 79, 52, 60, 58, 48, 101, 127, 40, 120, 104, 70, 71, 43,
20, 122, 72, 61, 23, 109, 13, 100, 77, 1, 16, 7, 82, 10, 105, 98,
117, 116, 76, 11, 89, 106, 0, 125, 118, 99, 86, 69, 30, 57, 126, 87,
112, 51, 17, 5, 95, 14, 90, 84, 91, 8, 35, 103, 32, 97, 28, 66,
102, 31, 26, 45, 75, 4, 85, 92, 37, 74, 80, 49, 68, 29, 115, 44,
64, 107, 108, 24, 110, 83, 36, 78, 42, 19, 15, 41, 88, 119, 59, 3

- Example:

입력 값이 38이라고 하면 Decimal table에서는 S7[38] = 58이다.

38을 2진수로 변환하면 01001102 이다. 즉 x6=0, x5=1, x4=0, x3=0, x2=1, x1=1, x0=0으로 표현된다.

$$y0 = 0\oplus0\oplus0\oplus1\oplus1\oplus0\oplus0\oplus0\oplus0\oplus0\oplus0\oplus0\oplus0 = 0$$
$$y1 = 0\oplus0\oplus0\oplus1\oplus1\oplus0\oplus0\oplus0\oplus0\oplus0\oplus1 = 1$$
$$y2 = 0\oplus0\oplus0\oplus0\oplus0\oplus1\oplus0\oplus0\oplus0\oplus0\oplus0\oplus1 = 0$$
$$y3 = 1\oplus0\oplus0\oplus0\oplus0\oplus0\oplus0\oplus0\oplus0\oplus0 = 1$$
$$y4 = 0\oplus0\oplus0\oplus0\oplus0\oplus0\oplus0\oplus0\oplus0\oplus0\oplus0\oplus0\oplus0\oplus1 = 1$$
$$y5 = 1\oplus0\oplus0\oplus0\oplus0\oplus0\oplus1\oplus0\oplus0\oplus0\oplus0\oplus0\oplus0\oplus1 = 1$$
$$y6 = 1\oplus0\oplus0\oplus1\oplus0\oplus0\oplus0\oplus0\oplus0\oplus0 = 0$$

그러므로 0111010_2 = 58이 된다.

2. S9

- Gate Logic :

$$y0 = x0x2\oplus x3\oplus x2x5\oplus x5x6\oplus x0x7\oplus x1x7\oplus x2x7\oplus x4x8\oplus x5x8\oplus x7x8\oplus1$$
$$y1 = x1\oplus x0x1\oplus x2x3\oplus x0x4\oplus x1x4\oplus x0x5\oplus x3x5\oplus x6\oplus x1x7\oplus x2x7\oplus x5x8\oplus1$$
$$y2 = x1\oplus x0x3\oplus x3x4\oplus x0x5\oplus x2x6\oplus x3x6\oplus x5x6\oplus x4x7\oplus x5x7\oplus x6x7\oplus x8\oplus x0x8\oplus1$$
$$y3 = x0\oplus x1x2\oplus x0x3\oplus x2x4\oplus x5\oplus x0x6\oplus x1x6\oplus x4x7\oplus x0x8\oplus x1x8\oplus x7x8$$
$$y4 = x0x1\oplus x1x3\oplus x4\oplus x0x5\oplus x3x6\oplus x0x7\oplus x6x7\oplus x1x8\oplus x2x8\oplus x3x8$$
$$y5 = x2\oplus x1x4\oplus x4x5\oplus x0x6\oplus x1x6\oplus x3x7\oplus x4x7\oplus x6x7\oplus x5x8\oplus x6x8\oplus x7x8\oplus1$$
$$y6 = x0\oplus x2x3\oplus x1x5\oplus x2x5\oplus x4x5\oplus x3x6\oplus x4x6\oplus x5x6\oplus x7\oplus x1x8\oplus x3x8\oplus x5x8\oplus x7x8$$
$$y7 = x0x1\oplus x0x2\oplus x1x2\oplus x3\oplus x0x3\oplus x2x3\oplus x4x5\oplus x2x6\oplus x3x6\oplus x2x7\oplus x5x7\oplus x8\oplus1$$
$$y8 = x0x1\oplus x2\oplus x1x2\oplus x3x4\oplus x1x5\oplus x2x5\oplus x1x6\oplus x4x6\oplus x7\oplus x2x8\oplus x3x8$$

- Decimal Table :

167, 239, 161, 379, 391, 334, 9, 338, 38, 226, 48, 358, 452, 385, 90, 397,
183, 253, 147, 331, 415, 340, 51, 362, 306, 500, 262, 82, 216, 159, 356, 177,
175, 241, 489, 37, 206, 17, 0, 333, 44, 254, 378, 58, 143, 220, 81, 400,
95, 3, 315, 245, 54, 235, 218, 405, 472, 264, 172, 494, 371, 290, 399, 76,
165, 197, 395, 121, 257, 480, 423, 212, 240, 28, 462, 176, 406, 507, 288, 223,
501, 407, 249, 265, 89, 186, 221, 428, 164, 74, 440, 196, 458, 421, 350, 163,
232, 158, 134, 354, 13, 250, 491, 142, 191, 69, 193, 425, 152, 227, 366, 135,
344, 300, 276, 242, 437, 320, 113, 278, 11, 243, 87, 317, 36, 93, 496, 27,
487, 446, 482, 41, 68, 156, 457, 131, 326, 403, 339, 20, 39, 115, 442, 124,
475, 384, 508, 53, 112, 170, 479, 151, 126, 169, 73, 268, 279, 321, 168, 364,
363, 292, 46, 499, 393, 327, 324, 24, 456, 267, 157, 460, 488, 426, 309, 229,
439, 506, 208, 271, 349, 401, 434, 236, 16, 209, 359, 52, 56, 120, 199, 277,
465, 416, 252, 287, 246, 6, 83, 305, 420, 345, 153, 502, 65, 61, 244, 282,
173, 222, 418, 67, 386, 368, 261, 101, 476, 291, 195, 430, 49, 79, 166, 330,
280, 383, 373, 128, 382, 408, 155, 495, 367, 388, 274, 107, 459, 417, 62, 454,
132, 225, 203, 316, 234, 14, 301, 91, 503, 286, 424, 211, 347, 307, 140, 374,

35, 103, 125, 427, 19, 214, 453, 146, 498, 314, 444, 230, 256, 329, 198, 285,
50,116, 78, 410, 10, 205, 510, 171, 231, 45, 139, 467, 29, 86, 505, 32,
72, 26, 342, 150, 313, 490, 431, 238, 411, 325, 149, 473, 40, 119, 174, 355,
185, 233, 389, 71, 448, 273, 372, 55, 110, 178, 322, 12, 469, 392, 369, 190,
1, 109, 375, 137, 181, 88, 75, 308, 260, 484, 98, 272, 370, 275, 412, 111,
336, 318, 4, 504, 492, 259, 304, 77, 337, 435, 21, 357, 303, 332, 483, 18,
47, 85, 25, 497, 474, 289, 100, 269, 296, 478, 270, 106, 31, 104, 433, 84,
414, 486, 394, 96, 99, 154, 511, 148, 413, 361, 409, 255, 162, 215, 302, 201,
266, 351, 343, 144, 441, 365, 108, 298, 251, 34, 182, 509, 138, 210, 335, 133,
311, 352, 328, 141, 396, 346, 123, 319, 450, 281, 429, 228, 443, 481, 92, 404,
485, 422, 248, 297, 23, 213, 130, 466, 22, 217, 283, 70, 294, 360, 419, 127,
312, 377, 7, 468, 194, 2, 117, 295, 463, 258, 224, 447, 247, 187, 80, 398,
284, 353, 105, 390, 299, 471, 470, 184, 57, 200, 348, 63, 204, 188, 33, 451,
97, 30, 310, 219, 94, 160, 129, 493, 64, 179, 263, 102, 189, 207, 114, 402,
438, 477, 387, 122, 192, 42, 381, 5, 145, 118, 180, 449, 293, 323, 136, 380,
43, 66, 60, 455, 341, 445, 202, 432, 8, 237, 15, 376, 436, 464, 59, 461

- Example:

입력 값이 138이라고 하면 Decimal table을 이용하면 S9[138] = 339가 된다.

138을 2진수로 표현하면 $010001010_2 \Rightarrow x8=0,\ x7=1,\ x6=0,\ x5=0,\ x4=0,\ x3=1,\ x2=0,\ x1=1,\ x0=0$과 같다.

$$
\begin{aligned}
y0 &= 0\oplus1\oplus0\oplus0\oplus0\oplus1\oplus0\oplus0\oplus0\oplus0\oplus1 = 1\\
y1 &= 1\oplus0\oplus0\oplus0\oplus0\oplus0\oplus0\oplus0\oplus1\oplus0\oplus0\oplus1 = 1\\
y2 &= 1\oplus0\oplus0\oplus0\oplus0\oplus0\oplus0\oplus0\oplus0\oplus0\oplus0\oplus0\oplus0\oplus1 = 0\\
y3 &= 0\oplus0\oplus0\oplus0\oplus0\oplus0\oplus0\oplus0\oplus0\oplus0\oplus0\oplus0 = 0\\
y4 &= 0\oplus1\oplus0\oplus0\oplus0\oplus0\oplus0\oplus0\oplus0 = 1\\
y5 &= 0\oplus0\oplus0\oplus0\oplus0\oplus1\oplus0\oplus0\oplus0\oplus0\oplus0\oplus1 = 0\\
y6 &= 0\oplus0\oplus0\oplus0\oplus0\oplus0\oplus0\oplus0\oplus1\oplus0\oplus0\oplus0\oplus0 = 1\\
y7 &= 0\oplus0\oplus0\oplus1\oplus0\oplus0\oplus0\oplus0\oplus0\oplus0\oplus0\oplus0\oplus0\oplus1 = 0\\
y8 &= 0\oplus0\oplus0\oplus0\oplus0\oplus0\oplus0\oplus1\oplus0\oplus0 = 1
\end{aligned}
$$

그러므로 $y = 101010011_2 = 339$ 이다.

10.6.2.5 키 스케줄링

키 스케줄은 매우 단순하지만 취약성은 발견되지 않았고 취약키도 없다. [표 11. 5]와 [표 11. 6]에서와 같이 키 스케줄에서 상수 c1에서 c8의 사용으로 인해 연속적인 라운드 키들 간의 고정된 순환 관계가 존재하지 않는다. 이 성질은 전수 조사보다 더 빠른 선택 평문 공격을 방지하기 위해 요구된다.

KASUMI는 128bit K를 가진다. KASUMI의 각 라운드는 K로부터 파생된 128bit 키를 사용한다.

- K(128 bits) = K1 ∥ K2 ∥ K3 ∥ K4 ∥ K5 ∥ K6 ∥ K7 ∥ K8 (each 16bits)
- Kj' = Kj⊕Cj (16 bits, j=1~8)

	1	2	3	4	5	6	7	8
$KL_{i,1}$	K1<<<1	K2<<<1	K3<<<1	K4<<<1	K5<<<1	K6<<<1	K7<<<1	K8<<<1
$KL_{i,2}$	K3'	K4'	K5'	K6'	K7'	K8'	K1'	K2'
$KO_{i,1}$	K2<<<5	K3<<<5	K4<<<5	K5<<<5	K6<<<5	K7<<<5	K8<<<5	K1<<<5
$KO_{i,2}$	K6<<<8	K7<<<8	K8<<<8	K1<<<8	K2<<<8	K3<<<8	K4<<<8	K5<<<8
$KO_{i,3}$	K7<<<13	K8<<<13	K1<<<13	K2<<<13	K3<<<13	K4<<<13	K5<<<13	K6<<<13
$KI_{i,1}$	K5'	K6'	K7'	K8'	K1'	K2'	K3'	K4'
$KI_{i,2}$	K4'	K5'	K6'	K7'	K8'	K1'	K2'	K3'
$KI_{i,3}$	K8'	K1'	K2'	K3'	K4'	K5'	K6'	K7'

표 11.5 Round subkeys

C1	0x0123
C2	0x4567
C3	0x89AB
C4	0xCDEF
C5	0xFEDC
C6	0xBA98
C7	0x7654
C8	0x3210

표 11.6 Constants

10.6.3 차분 공격과 선형 공격

서브 키들이 독립이라면 3라운드 KASUMI는 2^{-56}보다 더 큰 확률을 가진 차분(Differential) 또는 선형 특성(Linear characteristics)을 가지지 않는다. 다음 공격들은 선택 평문 공격으로 이루어진다.

1. 차분 공격

   차분 공격에서는 5라운드에서 2^{38}선택 평문과 2^{80}의 계산량이 필요하며 6라운드로 확장 가능하다. 하지만 8라운드는 불가능하다.

2. 불능 차분 공격

   FL 함수가 없는 2라운드와 3라운드 KASUMI 공격은 가능하지만 대부분의 불능 차분 공격을 불가능하게 한다.

   5라운드에서는 2^{32} 평문/암호문 쌍으로 완전 랜덤 함수와 구별 가능하고 6라운드는 $2^{53.3}$ 선택 평문/암호문 쌍과 2^{100}의 계산량이 필요하게 된다. 한편 8라운드에 대한 공격은 발견되지 않았다.

3. Truncated DC

   Truncated DC는 FL 함수가 없는 경우에 가능하고 3라운드에서는 2^{18}선택 평문이 필요하고 4라운드에서는 2^{48}선택 평문이 필요하지만 5라운드 이상은 안전하다.

4. 고차 차분 공격

   고차 차분 공격은 FL 함수가 없는 경우에 가능하며 4라운드에서는 2차 차분 공격이 가능하고 2^{52}의 계산량이 필요하다. 5라운드 이상에 대한 공격은 발견되지 않았다.

5. 선형 공격

   선형 공격은 5라운드는 2^{58}기지 평문과 키 공간의 2^{-3}, 2^{95}계산량이 필요하며 6라운드에서는 2^{49}기지 평문과 키 공간의 2^{-41}, 2^{93}계산량이 필요하게 된다.

6. 연관 키 공격

   연관 키 공격은 3GPP 환경에서 위협이 되지는 않는다. 하지만 4라운드에서는 2^{9}선택 평문 쌍과 2^{41}의 계산량이 필요하며 5라운드에서는 3 x 2^{17}선택 평문 쌍과 2^{36}의 계산량이 필요하다. 또한 5 라운드에서는 2^{19}선택 평문 쌍과 2^{33}의 계산량이 6 라운드에서는 2^{112}의 계산량이 필요하다.

10.6.4 | 증명 가능한 안전성

유사 램덤성 관점에서 KASUMI가 증명 가능한 안전성을 가짐을 증명한다.

FO 함수는 3라운드 MISTY형태의 변환으로 구성되고 3라운드 MISTY형태의 변환은 유사 랜덤 치환 앙상블이 아니다. 그러므로 FO 함수는 32bit 유사 랜덤 함수가 아니므로, 3라운드

KASUMI는 Luby-Rackoff 암호로 유사 랜덤 치환 앙상블이 아니다.

FI 함수는 4라운드 불균형 MISTY형태 변환으로 구성되고 4라운드 불균형 MISTY형태 변환은 유사 랜덤 치환 앙상블이다. 그러므로 FI 함수는 16bit 유사 랜덤 치환 앙상블이다.

PART IV

Network Domain Security

11 네트워크 영역 보안(Network Domain Security)

네트워크 영역 보안은 네트워크 개체들 사이의 통신에 대한 보안을 의미하며 MS는 네트워크 영역 보안에 의해 영향을 받지 않는다. 두 통신 개체는 한 운영자에 의해 관리되는 동일한 네트워크에 있을 수 있고 또는 2개의 다른 네트워크에 속할 수도 있다. 2개의 다른 네트워크에 속하는 경우는 네트워크 간 통신은 표준화된 기법을 요구하며 그렇지 않은 경우는 많은 운영자들이 여러 제조업체에 의해 생산된 네트워크 개체를 가지기 때문에 표준화는 이점을 제공한다.

2세대 이동통신 시스템에서는 네트워크 간 통신에 대해 암호학적 보안 메커니즘이 제공되지 않으며 GSM의 핵심망 부분은 공격자에 의해 사용될 수 있는 외부 인터페이스가 없는 "closed network"으로 여겨졌다. GSM은 시그널링 메시지를 위해 MAP(Mobile Application Part)를 가진 SS7 프로토콜 스택을 사용하였으나 SS7 네트워크가 IP 네트워크로 대체 되고 있다. IP 네트워크의 도입은 많은 이점을 제공하지만 동시에 많은 보안상의 문제점을 야기한다. 따라서 네트워크 간의 시그널링에 대한 보호 메커니즘의 부재는 점점 더 심각한 보안상의 위험을 초래 할 수 있다.

3GPP R99 표준 문서들의 주요 부분은 완전히 새로운 무선 액세스 기술의 도입에 관해 초점을 맞추었지만 핵심망 부분은 기존의 GSM 문서의 확장 이였다. 이는 R99에서 핵심망 시그널링에 대한 보호 메커니즘이 도입되지 않은 주요한 이유이다. 네트워크 영역에 대한 보호 메커니즘은 R4에서부터 시작되었다. SS7 시그널링의 mobile specific part는 MAP라고 한다. SS7 네트워크에서 모든 통신을 보호하기 위해 MAP 프로토콜만을 보호하는 것은 충분하지 않지만 이동통신 관점에서 MAP은 필수적으로 보호되어야 하는 부분이다.

3GPP에서는 IP 기반 네트워크를 위한 보안으로 IPsec를 이용하고 MAP 프로토콜이 어떻게 IP 위에서 동작하는지를 규정하며 이 경우 MAP를 보호하기 위해 MAPsec를 사용하는 것과 IPsec를 사용하는 것의 두 가지 방안이 존재한다. IPsec은 IP 계층에서 수행되기 때문에 MAPsec보다 더 하위 계층의 헤더들을 보호할 수 있다는 장점을 가진다.

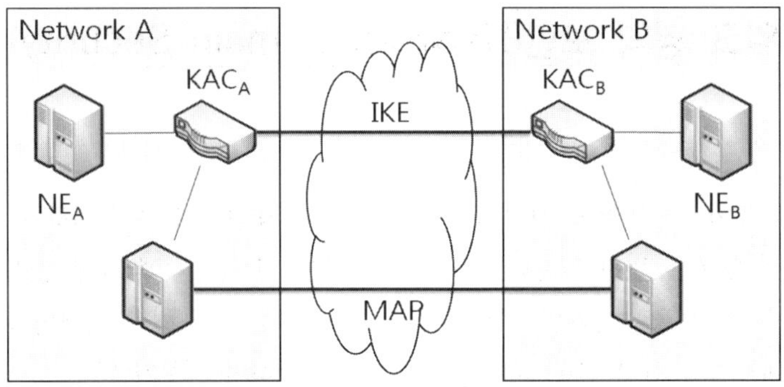

그림 11.1 MAPsec

11.1 네트워크 영역 간의 안전한 통신을 위해 사용되는 MAPsec

11.1.1 | 용어

MAPsec에서 사용되는 함수 및 용어는 다음과 같다.

- f6 MAP 암호화 알고리즘
- f7 MAP 무결성 알고리즘
- Zd 다른 PLMN에 속하는 KAC 사이의 MAPsec interface
- Ze 같은 PLMN에 있는 KAC와 MAP-NE 사이의 MAPsec interface
- Zf 보안 보호 시그널에 관여하는 MAP-NE 사이의 MAP 응용 계층 보안
- MAPsec 전송 보안 부분
- MAPsec 로컬 SA 분배 부분
- MAP 내부 도메인 보안 결합과 키 관리 절차 부분
- 목적지 PLMN-id : 수신 PLMN의 ID (MCC, MNC의 조합)
- 송신 PLMN-id : 송신 PLMN의 ID (MCC, MNC의 조합)
- 보안 매개변수 색인 : MAPsec-SA 구별자
- MEA : MAP 암호 알고리즘 식별자(MAP Encryption Algorithm identifier)
- MEK : MAP 암호화 키(MAP Encryption Key)
- MIA : MAP 무결성 알고리즘 식별자(MAP Integrity Algorithm identifier)

- MIK : MAP 무결성 키(MAP Integrity Key)
- PPI : Protection Profile Indicator
- PPRI : Protection Profile Revision Identifier(8bit)
- SA 하드 만료 기간 : SA의 실제 만료 기간
- SA 소프트 만료 기간 : 외부로의 트래픽에 대한 SA의 만료 기간
- AES : Advanced Encryption Standard
- FALLBACK : Fallback to unprotected mode indicator
- IP : Internet Protocol
- IV : Initialization Vector
- MAC : Message Authentication Code
- MAC-M : MAC used for MAP
- MAP : Mobile Application Part
- MAP-NE : MAP Network Element
- MAPsec : MAP security - the MAP security protocol suite
- PROP : Proprietary field
- SA : Security Association
- SADB : Security Association Database (also referred to as SAD)
- SPD : Security Policy Database (sometimes also referred to as SPDB)
- SPI : Security Parameters Index
- TVP : Time Variant Parameter

11.1.2 | 정의

- 재연 공격 방지(Anti-repay attack)

  이전에 사용했던 암호학적으로 무결성이 보장되는 패킷을 재사용하는 것을 방지 한다.

- 기밀성(Confidentiality)

  인증을 받지 않은 개체, 혹은 프로세스가 정보를 확인할 수 없는 속성으로 권한이 없는 개인, 개체 또는 진행 중에 정보가 노출되거나 변경되지 않는 성질

- 데이터 무결성(Data integrity)

  인증을 받지 않은 방식에 의해 data가 변조되지 않았음을 보장하는 속성

- 데이터 출처 인증(Data origin authentication)
  Data를 받은 개체가 data의 근원을 확인하기 위하여 요청하는 속성
- 개체 인증(Entity authentication)
  개체의 신원 요청 대한 보장을 받기 위한 규정
- Key freshness
  공격자가 권한을 부여 받은 사람의 행동을 통해 오래된 키가 재사용 되는 것을 방지함으로써, 새로운 키라고 보장될 수 있다면 그 키가 fresh 하다라고 한다. 즉, 사용되는 키가 오래 된다면, 인증된 개체, 혹은 공격자가 키를 재사용 할 수 있다. 따라서 사용되는 키가 새로운 것인지 보장하여 위와 같은 공격을 방지 한다.
- 보안연계(Security Association)
  보안을 제공하기 위하여 생성된 논리적인 연결. 보안연계는 특정 연결에 대한 Lifetime과 사용되는 알고리즘, 보안 레벨을 정의한다.
- MAPsec
  MAP 메시지의 보호에 필요한 Protocol과 Procedure의 집합이며 MAPsec은 MAPsec transport security와 MAPsec Local Security Association distribution, MAPsec Inter-domain Security Association and Key Management procedures 세 가지의 영역으로 나누어진다.

11.1.3 MAP 암호화 알고리즘

MAPsec-SA의 MEA는 0번~15번까지 있다. MEA 1번은 128bit 키를 갖는 counter 모드의 AES를 사용한다.

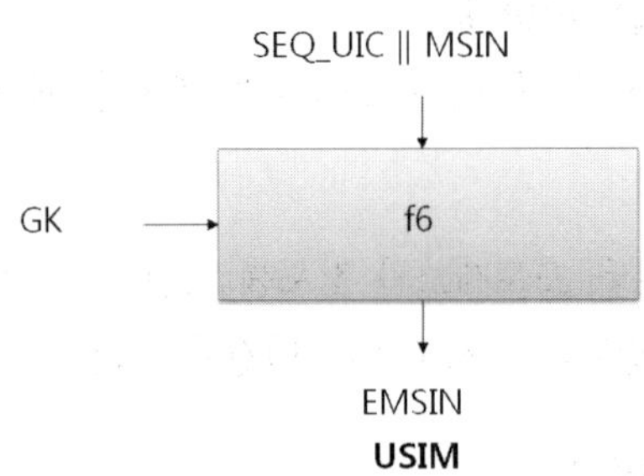

그림 11.2 MAP 무결성 알고리즘

11.1.4 | MAP 무결성 알고리즘

MAPsec-SA의 MIA는 0번~15번까지 있으며 MIA 1번은 128bit 키를 갖는 CBC 모드의 AES를 사용한다. ISO/IEC 9797 Part 1 : padding method 2, MAC 알고리즘 1 사용한다.

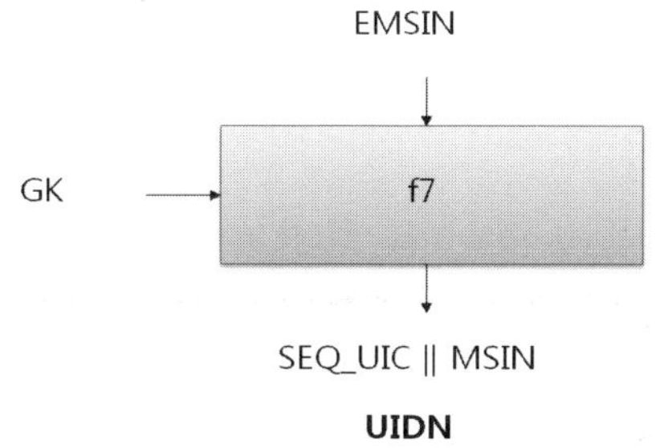

그림 11.3 MAP 무결성 알고리즘

11.1.5 | MAPsec 동작 방식

MAPsec의 동작 방식은 다음과 같다. 평문의 MAP 메시지는 암호화되어 새로운 MAP 메시지에서 'container'에 주입되고, 동시에 암호학적 체크섬, 즉 원래의 평문 MAP 메시지에 대한 메시지 인증 코드가 새로운 MAP 메시지에 포함된다. 암호화와 MAC을 적용하기 위해서는 MAP 네트워크 개체들 사이에 SA가 설정되어야 하며 IPsec에서 SA 개념을 가져온다.

SA는 암호키 그리고 키의 라이프타임, 알고리즘 식별자와 같은 정보를 포함한다. 3GPP R4에서는 운영자들 사이에 SA의 교환 문제는 정의하지 않았다. 이는 SA들이 네트워크 개체에 수동으로 구성된다는 것을 의미한다. MAPsec에 대한 자동화된 키 관리는 3GPP R6에서 등장하였으며 자동화된 MAPsec 키 관리를 위해 KAC(Key Administration Centre)라는 새로운 개체를 도입한다. KAC들은 IETF IKE 프로토콜을 사용하여 SA를 설정한 후 네트워크 개체들에게 SA를 분배한다. 같은 보안 영역에서의 모든 개체들은 같은 SA를 공유하며 또한 같은 보안 정책을 공유하게 된다.

MAPsec은 no protection, integrity protection only, encryption with integrity protection 의 세 가지 보호 모드를 가진다. Encryption with integrity protection에서의 MAP 메시지 구조는 다음과 같다.

- SecurityHeader = f6(Plaintext) || f7(Advanced Encryption Header) || f6(Plaintext))

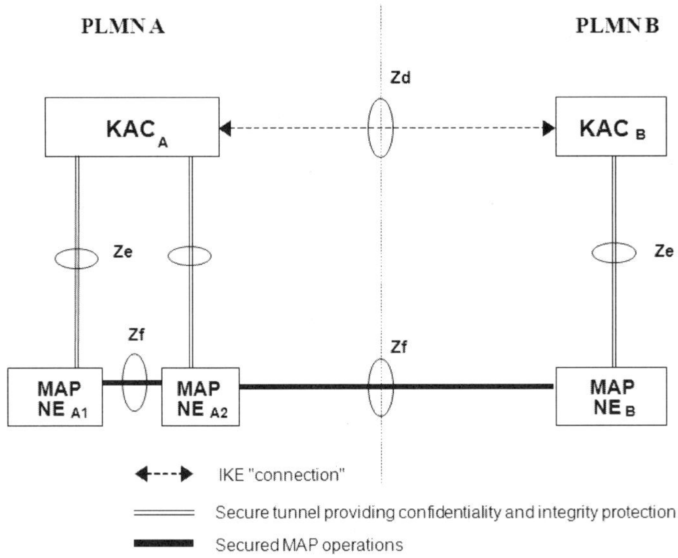

> 그림 11.4 MAPsec을 휘한 자동화된 키 관리

여기서 암호화 알고리즘인 f6은 AES CTR(counter) 모드를 사용하고, MAC 알고리즘인 f7은 AES에 기반을 둔 CBC-MAC 기법을 사용한다. Security Header는 SPI, 전송 네트워크 식별자 등과 같이 수신 측에서 메시지를 처리하기 위해 필요한 정보를 포함한다. MAPsec에서는 성능 상의 이유로 인증 데이터 전송과 같이 중요한 몇 가지 MAP 메시지만을 보호한다.

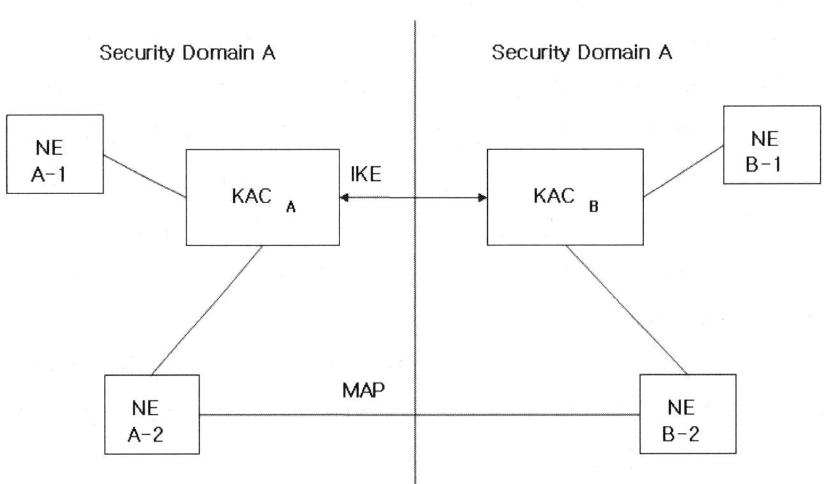

> 그림 11.5 MAPsec을 위한 자동화된 키 관리

11.1.6 | MAPsec

11.1.6.1 MAPsec이 제공하는 보안 서비스

MAPsec이 제공하는 보안 서비스는 다음과 같다.

- 데이터 무결성
- 데이터 출처 인증
- 재연 공격 방지
- 기밀성 (선택 사항)

11.1.6.2 MAPsec을 만족시키는 MAP-NE의 속성

MAP-NE이 MAPsec을 만족시키기 위해서는 MAP-NE는 NE-SPD-MAP와 NE-SPDB-MAP 데이터베이스를 유지하고 NE-SPD-MAP, 혹은 NE-SPDB-MAP의 정보에 따라서 Secure MAP signaling을 수행하여야 한다. 여기서 NE-SPD-MAP는 MAP 보안 정책 정보를 포함하는 데이터베이스이며 NE-SPDB-MAP는 MAPsec 보안연계의 정보를 포함하는 데이터베이스로써 MAP-NE는 SA의 hard expiry time을 확인하여 데이터베이스에서 만료된 SA를 삭제한다.

11.1.6.3 MAPsec 보안 정책 데이터베이스(SPD)에 대한 정책 요구 사항

MAPsec의 키 관리를 위한 보안 정책은 NE의 SPD안에 정의 되어 있다. SPD의 항목들에는 어떠한 MAP의 운영 요소가 보호되어야 하는지 정의되어 있다. 그리고 MAP SA들은 PLMN 상에 NE들의 MAP signaling을 보호하는데 사용된다. 개인의 NE을 위한 지역적인 보안 정책을 정의하지 않지만, SPD의 항목은 같은 PLMN에 존재하는 다른 NE들에 대해서 다르다.

다음은 MAPsec 보안 정책 데이터베이스(SPD)에 대한 정책 요구 사항이다.

1. 보호되지 않는 Fallback 모드

   보호되지 않는 Fallback 모드는 다른 MAP-NE들과 통신이 이루어지기 이전에 사용될 수 있다. 메시지를 수신하는 동안 하나의 인자 값이 수신 되는 메시지를 위해서 Fallback을 허용할 것인지 하지 않을 것인지를 결정하는데 충분하다. 메시지를 송신하는 동안 역시 각각의 PLMN의 수신지 에 대하여 보내지는 메시지에 대한 Fallback을 허용할 것인지 하지 않을 것인지를 결정하는 것은 하나의 인자 값에 대한 정보로 충분하다.

2. MAPsec 운영 요소의 테이블

보안 정책 데이터베이스(SPD)는 수신되는 메시지에 대한 MAPsec 운영 요소의 테이블을 구성하여야 한다. 테이블은 MAPsec 메시지가 포함하는 보안 모드의 식별자에 따라서 운영 요소를 포함하여야 한다.

3. 동일한 보안 프로파일 (Protection profile)

다른 모든 PLMN으로부터 수신되는 MAPsec 메시지에 대한 보안 프로파일은 동일해야 한다.

4. 명시적인 정책 구성

보안 정책 데이터베이스(SPD)는 통신이 허용되는 각각의 PLMN의 MAP-NE를 위한 항목을 포함한다.

11.1.6.4 MAPsec 보안연계의 속성 정의

- Destination PLMN-Id

  메시지를 수신하는 PLMN의 ID이다. PLMN-ID는 메시지를 수신하는 네트워크의 MCC와 MNC로 구성된다.

- Security Parameters Index (SPI)

  수신지의 PLMN-ID와 MAPsec SA 식별자로 구성된 32bits 값이다.

- Sending PLMN-Id

  메시지를 전송하는 PLMN의 ID이다. PLMN-ID는 메시지를 송신하는 네트워크의 MCC와 MNC로 구성된다.

- MAP Encryption Algorithm identifier (MEA)

  암호화 알고리즘의 식별자

- MAP Encryption Key (MEK)

  암호화에 사용되는 키. 키의 길이는 암호화 알고리즘 식별자에 따라서 정의된다.

- MAP Integrity Algorithm identifier (MIA)

  무결성 알고리즘 식별자

- MAP Integrity Key (MIK)

  무결성을 제공하기 위하여 사용되는 키이며 키의 길이는 무결성 알고리즘 식별자에 따라서 정의된다.

- Protection Profile Indicator (PPI)
  16bits의 보안 프로파일 식별자

- Protection Profile Revision Identifier (PPRI)
  8bits의 숫자로써 PPI 를 개정하기 위하여 사용

- SA Hard Expiry Time
  SA의 실제 만료 시간을 정의

- SA Soft Expiry Time
  송신 동안의 SA의 약한 만료 시간을 정의하며 SA가 hard expiry time에 도달한 후에는 더 이상 수신이나 발신에 사용되지 않는다. SA가 soft expiry time에 도달한 경우에는 송신에 사용되는 SA는 더 이상 사용하지 못하지만, 다른 유효한 SA는 여전히 사용 가능하다.

MAPsec의 SA는 수신지의 PLMN-ID와 SPI에 따라서 유일하게 식별되며, SA가 생성되는 동안 SPI는 수신지에 의해서 정의 된다. MAPsec이 적용되지 않는다며, SA의 모든 알고리즘 속성 값은 NULL 값을 갖는다.

11.1.6.5 MAPsec에 의해서 보호되는 메시지의 구조

MAP의 운영은 〔그림 11.6〕과 같이 MAPsec의 구성 요소인 Security Header와 Protected Payload에 의해서 이루어진다.

Security Header	Protected Payload

> 그림 11.6 MAPsec의 Security Header와 Protected Payload

세 가지의 보호 모드에서 사용되는 Security Header는 암호화가 적용되어 있지 않는 상태로 전송된다. 보호 모드 2에서는 기밀성과 Protection Payload에 암호화를 제공한다. 무결성과 데이터의 출처 인증을 제공하는 보호 모드 1에서는 Security Header와 암호화가 적용되지 않은 Protected Payload를 사용하여 메시지 인증 코드를 생성하고 이 값을 Protected Payload에 삽입하여 전송한다. 반면에 보호 모드 2에서는 Security Header와 암호화가 적용된 Protection Payload를 사용하여 메시지 인증 코드를 생성한 후 Protected Payload에 삽입하여 전송한다.

1. MAPsec Security Header

- 보호 모드가 0일 경우
  SecurityHeader = SPI ∥ Originalcomponent Id

- 보호 모드가 1혹은 2일 경우
  SecurityHeader = SPI ∥ Original component Id ∥ TVP ∥ ≠-Id ∥ Prop

- MAPsec Security Header에서의 SPI는 32bits 값으로 수신지의 PLMN-ID와 MAPsec-SA 식별자에 의해서 구성되며 Original component Id는 MAP에 보안이 적용된 전송 동안에 구성 요소의 타입 식별자 이다. 보호 모드가 1혹은 2일 경우에 쓰이는 TVP는 32bits의 Time-stamp값으로 MAP 운영 동안에 재연 공격을 방지하기 위하여 사용된다. 수신하는 네트워크에서는 도착한 메시지의 Time-stamp 값을 확인하여 time-window안에 존재하는 값이라면, 메시지를 받아들인다. 수신하는 네트워크의 time-window의 크기는 표준화 되지 않았으며, Time-stamp 값은 0.1초마다 전송되도록 한다. 한편 NE-Id는 같은 TVP 주기 동안에 다른 NE들은 서로 다른 IV 값을 사용하여 생성하는 6octets 값이며 Proprietary field인 PROP는 하나의 NE에서 같은 TVP 주기 동안에 보호되는 다른 MAP 메시지를 위한 다른 IV 값을 사용하여 생성하는 4octets 값이다. Proprietary field의 사용에 대해서는 표준화 되지 않았다.

2. Protected Payload

MAPsec은 세 가지의 다른 보호 모드를 가지며, 아래와 같이 정의 할 수 있다.

- Protection mode 0 : 메시지의 보호가 이루어지지 않는다.
- Protection mode 1 : 무결성, 데이터 출처 인증
- Protection mode 2 : 기밀성, 무결성, 데이터 출처 인증

Protection Mode 0은 모든 메시지에 대한 보호가 이루어 지지 않는다. 따라서 Protected Payload의 값은 암호화가 이루어 지지 않은 MAP 메시지 Payload 원형의 값이며 Protection Mode 1은 메시지의 무결성과 데이터의 출처 인증을 위해서 f7 함수를 사용하여 32bits의 MAC-M 값을 생성한다. MAC-M 값은 Protected Payload에 추가되며, MAC-M을 생성하는데 사용되는 값은 Security header와 암호화가 적용되지 않은 원형의 MAP 메시지 Payload이다. 사용되는 무결성 키는 SA에 정의된 값을 사용한다. 마지막으로 Protection mode 2는 기밀성을 제공하기 위하여 Protected Payload 값을 암호화한다. 이때 암호화에 사용되는 함수는 f6 함수 이며, 암호화 키는 SA와 IV에 의

해서 정의된다. f6함수를 통하여 암호화된 Protected Payload와 Security Header를 SA에 정의된 무결성 키와 f7 함수를 통하여 32bits MAC-M을 생성하여 Protected Payload에 포함시킨다.

11.1.6.6 MAPsec Algorithms

1. MAPsec-SA 암호화 알고리즘 식별자
   MAPsec-SA의 MEA 영역의 정의된 식별자를 통해서 암호화 알고리즘을 선택하며, 아래의 표에서와 같이 알고리즘의 식별자가 사용되며 MEA-1 알고리즘은 AES의 counter mode이며, 128bits의 키와 128bits의 Counter block을 사용한다. 암호문의 초기 counter block은 IV에 의해서 초기화된다.

MAP Encryption Algorithm identifier	Description
0	Null
1	AES in counter mode with 128bit key length (MANDATORY)
:	-not yet assigned-
15	-not yet assigned-

표 11.1 MAP 암호화 알고리즘 식별자

2. MAPsec-SA 무결성 알고리즘 식별자
   MAPsec-SA의 MIA 영역에 정의된 식별자를 통해서 무결성 알고리즘을 선택하며, [표 11.2]에서와 같이 알고리즘의 식별자가 사용되며 MIA-1 알고리즘은 IV를 사용하지 않으며, [그림 11.7]과 같이 32bits의 MAC을 생성한다.

MAP Integrity Algorithm identifier	Description
0	Null
1	AES in a CBC MAC mode with a 128key (MANDATORY)
:	-not yet assigned-
15	-not yet assigned-

표 11.2 MAP 무결성 알고리즘 식별자

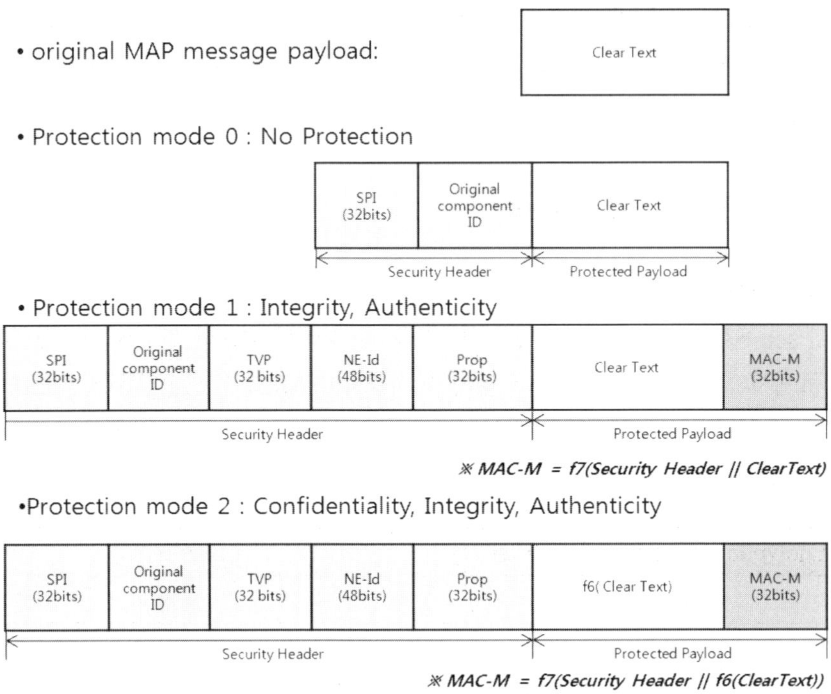

그림 11.7 Protected Payload

3. IV의 구성

IV 값은 암호화에 초기 Counter block을 생성하기 위하여 사용되며, 아래와 같이 구성되어 있다.

- IV = TVP ‖ NE-Id ‖ Prop ‖ Pad

여기서 Pad는 TVP ‖ NE-Id ‖ Prop를 IV 값의 요구에 맞도록 확장하는데 사용되며 IV의 길이는 총 16octets이며, 이중 Pad 값 2octets는 0으로 채워진다.

11.1.6.7 MAP Protection Profiles

1. MAPsec 보안 그룹

MAPsec 보안 그룹은 메시지의 그룹과 그들의 운영 구성 요소 레벨 상에서의 보안 모드에 대하여 설명한다. 하나의 보안 그룹 혹은 특정 여러 그룹의 혼합에 대하여 보안 프로파일을 구성할 수 있다. 보안 그룹들의 중복된 결합은 금지하며 〔표 11.3〕에서와 같이 운영 요소의 따른 보안 모드에 따라서 보안 레벨이 결정된다.

Protection level	Protection mode for invoke component	Protection mode for result component	Protection mode for error component
1	1	0	0
2	1	1	0
3	1	2	0
4	2	1	0
5	2	2	0
6	2	0	0

> 표 11.3 MAPsec 보안 레벨

1) MAP-PG(0) - No Protection

MAP-PP는 어떠한 운용 요소를 포함하고 있지 않으며, 어떠한 정보도 보호 하지 않는다. MAP-PP는 보안이 필요하지 않거나 선택 사항일 경우에 사용 되며, 이때의 보안 그룹은 다른 보안 그룹과 결합하여 사용하지 않는다.

2) MAP-PG(1) - Protection for Reset

Application Context/Operation	Protection Level
ResetContext-v2/Reset	1
ResetContext-v1/Reset	1

> 표 11.4 PG(1) - Protection for Reset

3) MAP-PG(2) - Protection for Authentication Information except Handover Situations

Application Context/Operation	Protection Level
InfoRetrievalContext-v3/ Send Authentication Info	3
InfoRetrievalContext-v2/ Send Authentication Info	3
InfoRetrievalContext-v1/ Send Parameters	3
InterVlrInfoRetrievalContext-v3/	
Send Identification	3
InterVlrInfoRetrievalContext-v2/	
Send Identification	3

> 표 11.5 PG(2) - Protection for Authentication Information except Handover Situations

4) MAP-PG(3) - Protection for Authentication Information in Handover Situations

Application Context/Operation	Protection Level (Component level)
HandoverControlContext-v3/ Prepare Handover (Note that the AC contains also other operations)	4
HandoverControlContext-v3/ Forward Access Signaling (Note that the AC contains also other operations)	4
HandoverControlContext-v2/ Prepare Handover (Note that the AC contains also other operations)	4
HandoverControlContext-v2/ Forward Access Signaling (Note that the AC contains also other operations)	4
HandoverControlContext-v1/ Perform Handover (Note that the AC contains also other operations)	4
HandoverControlContext-v1/ Forward Access Signaling (Note that the AC contains also other operations)	4

표 11.6 PG(3) - Protection for Authentication Information in Handover Situations

5) MAP-PG(4) - Protection of non location dependant HLR data

Application Context/Operation	Protection Level
AnyTimeInfoHandlingContext-v3 / AnyTimeModification	1

표 11.7 PG(4) - Protection of non location dependant HLR data

11.1.6.8 MAPsec 보안 프로파일

보안 프로파일은 하나의 보안 그룹 혹은 특정한 보안 그룹의 혼합에 모두 정의될 수 있다. MAP 보안 프로파일은 [표 11.8]에서 보듯이 16bits로 구성되어 있으며, 각각의 bit는 보안 그룹을 나타낸다. 보호는 PPRI와 PPI에 의해서 유일하게 구별되며, MAPsec 메시지에 적용된다. 현재 5개의 그룹만이 정의되어 있다.

Protection profile bit	Protection group
0	No protection
1	Reset
2	Authentication information except handover situations
3	Authentication information in handover situations
4	Non-location dependant HLR data
5-15	Reserved

표 11.8 Protection profile encoding

보안 프로파일은 양방향이며 〔표 11.9〕에 보안 프로파일을 정의 하였다.

Protection profile name	Protection group				
	PG(0) No protection	PG(1) Reset	PG(2) AuthInfo except handover situations	PG(3) AuthInfo in handover situation	PG(4) Non-location dependant HLR data
Profile A	√				
Profile B		√	√		
Profile C		√	√	√	
Profile D		√	√	√	√
Profile E		√	√		√

표 11.9 보안 프로파일

11.1.6.9 MAPsec message flows

MAPsec message flows는 〔그림 11.7〕과 같이 MAP 메시지 송신의 주체를 NEa라 하고, 수신의 주체를 NEb라 할 때 NEa는 다음 과정을 통하여 MAPsec 메시지를 전송한다.

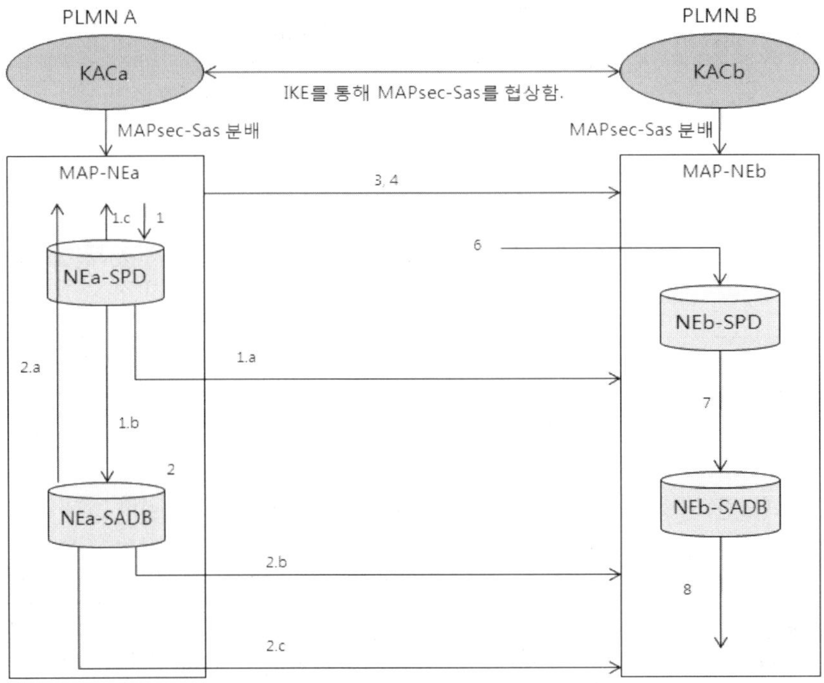

> 그림 11.8 MAPsec message flows

① NEa는 SPD를 검사하여 PLMN B에 대한 MAP 보안 메커니즘이 존재 하는가 확인한다.

a) PLMN B에 대한 MAPsec의 사용 권한이 없다면, 일반적인 MAP 통신 절차를 사용하고, 4.b의 과정으로 진행한다.

b) PLMN B에 대한 MAPsec의 사용 권한이 있다면, 절차 ②의 과정을 진행한다.

c) PLMN B에 대한 SPD의 유효한 항목을 찾을 수가 없다면, 통신을 거절하고 MAP 사용자에게 오류 메시지를 전송한다.

② NEa는 PLMN B에 대한 SA가 유효한지 SAD를 확인한다. 이 경우에 SAD에 유효한 SA가 하나 이상 존재한다면, 이중에 하나를 선택하고 soft expiry time에 도달하면 다른 SA를 사용한다.

a) PLMN B에 보내지는 MAP 메시지를 보호하는 것이 불가능 하다면, 통신은 거절되고 MAP 사용자에게 오류 메시지를 전송한다.

b) 유효한 SA가 존재 한다면, 보안의 요구에 따라서 메시지를 전송한다. 보안이 필요 없

는 경우 4.b의 과정에 따라서 암호화 되지 않은 원형의 MAP 메시지를 전송하거나, Protection Mode 0에 의한 ③의 과정에 따라 MAP 메시지를 전송한다.

c) 유효한 SA가 존재하고 보안이 요구된다면, ③의 과정을 진행한다.

③ NEa는 SA에서 확인한 인자(키, 알고리즘, 보안 프로파일)를 사용하여 MAPsec 메시지를 NEb에게 전송한다.

④ NEa는 메시지를 생성한다.

a) MAPsec 메시지를 NEb에게 전송한다.

b) NEb에 대한 보안 프로파일이나 SPD에 명시된 것을 바탕으로 MAP 메시지에 보안을 적용하지 않고서 전송한다.

NEb는 NEa가 전송한 MAPsec 메시지에 대하여 다음의 과정을 통하여 수신한다.

⑤ 수신된 MAP 메시지가 보안이 적용되지 않았다면, ⑥의 과정으로 진행한다. NEb는 수신된 MAPsec 메시지를 분석하고 Security Header로부터 SPI와 ID를 분석한다.

⑥ NEb는 SPD를 확인한 후 보안이 적용되지 않은 MAP 메시지를 받았다면, 다음과 같이 진행된다.

a) 보안이 적용되지 않은 MAP 메시지가 Unprotected Mode를 위한 fallback이 허가되어 있다면, END 과정으로 진행한다.

b) 보안이 적용되지 않은 MAP 메시지가 SPD의 'MAPsec operation components table'의 사용에 대한 허가권이 없다면, END 과정으로 진행한다.

c) 보안이 적용되지 않은 MAP 메시지가 SPD의 'MAPsec operation components table'의 사용에 대한 허가권이 존재하고, Unprotected Mode를 위한 fallback과 'Original Component Identifier'가 허가 되어 있지 않다면, 그 메시지는 버려진다. 그 후에 MAPsec 메시지를 받는 다면, NEb는 SPD의 SPI를 확인한다.

d) SPD에 SPI가 없거나, SPD에 PLMN에 관련된 SPI가 유효하지 않을 경우 메시지는 버려지고 MAP 사용자에게 오류를 보고한다.

e) MAPsec 메시지를 수신하고, SPD의 지시자가 해당 MAPsec을 사용하지 않는다면, 메시지는 버려지고 MAP 사용자에게 오류를 보고한다.

f) MAPsec 메시지를 수신하고, SPD의 지시자가 해당 MAPsec을 사용한다면, ⑦의 과정으로 진행한다.

⑦ NEb는 MAPsec 메시지의 처리 절차 동안 SA의 관련된 정보를 SAD로부터 확인한다.

a) SPI가 유효한 SA를 가리킨다면, NEb는 MAPsec 헤더로부터 'Original Component Identifier'로부터 신원을 확인하고, SA에 존재하는 보안 프로파일의 지시자에 따라서 보안 레벨을 적용한다. 만일 Protection Mode가 0이라면 END 과정으로 진행하고, Protection mode가 0이 아니라면, ⑧의 과정으로 진행한다.

b) 만일 수신된 SPI가 유효한 SA를 가리키고 있지 않다면, 메시지는 버려지고 MAP 사용자에게 오류를 보고한다.

⑧ 재연 공격을 확인하기 위하여 TVP가 window의 범위에 있는지 확인하고, SA에 존재하는 정보를 통하여서 보안 레벨을 확인하고 무결성과 기밀성 알고리즘을 적용한다.

a) 알고리즘을 적용한 결과가 성공적이지 못하다면, 메시지를 버리고 MAP 사용자에게 오류를 보고한다.

b) 알고리즘의 적용 결과가 성공적이라면, NEb는 NEa로부터 전송 받은 MAP 메시지에 대한 원형 메시지를 얻는다. END[1)] 과정으로 진행한다.

1) END : NEb에서 MAP 메시지의 cleartext를 사용 가능하다.

12 IPsec 핵심망 프로토콜 보안 메커니즘

12.1 IPsec

IPsec은 IP 계층에서 기밀성과 인증 서비스를 제공하기 위하여 개발된 프로토콜이다. 현재 대다수의 IPsec 구현은 IPv4에서 이루어지고 있으나 최근 IPv6 도입의 필요성이 구체화되면서 IPv6에서의 IPsec 구현에 대한 연구도 활성화 되고 있다. IPsec에 의해 제공되는 보안 서비스로는 접근 제어, 기밀성, 비연결형 무결성, 재연 공격 방지, 원천지 인증 그리고 제한된 트래픽 흐름 기밀성이 있다.

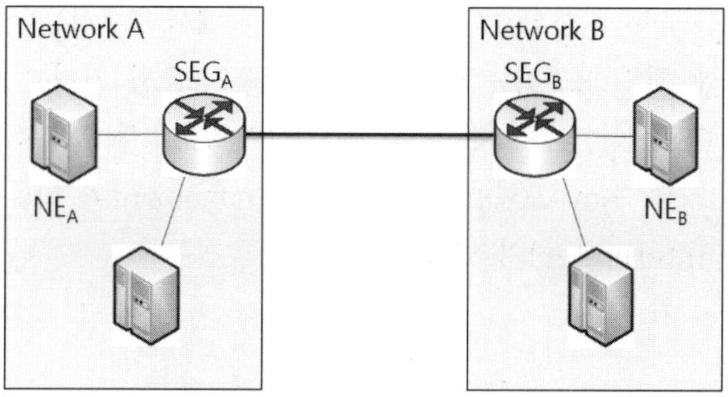

그림 12.1 IPsec 구성

	AH	ESP encryption only	ESP encryption+authentication
Access Control	x	x	x
Connectionless integrity	x		x
Data origin authentication	x		x
Rejection of replayed packets	x	x	x
Confidentiality		x	x
Limited traffic flow confidentiality		x	x

표 12.1 IPsec 보안 프로토콜

IPsec은 IP 프로토콜의 구조적인 결함을 극복하고 IP 수준에서 제공되는 보안 서비스를 표준화할 목적으로 IETF의 IPsec 워킹 그룹에서 개발된 인터넷 보안 표준이다. 그리고 IP 패킷에 대해 기밀성과 무결성, 인증과 같은 보안 서비스를 제공하는 국제 표준 프로토콜이며 4개의 프로토콜로 구성된다. IPsec SA 협상을 위해서는 IKE, ISAKMP(Internet Security Association and Key Management Protocol)가 사용되고 실제 트래픽에 암호화나 인증 서비스를 제공하기 위해서는 ESP(Encapsulating Security Payload), AH(IP Authentication Header)가 쓰인다.

IPsec은 AH/ESP Header를 이용한 IP Encapsulation과 Key Management part로 구성된다. IPsec을 구현상의 관점에서 살펴보면 IP Address를 바탕으로 Security Policy Enforcement를 담당하는 Policy Engine, Security Association(SA)/Key Management를 담당하는 IKE, AH 및 ESP Encapsulation을 담당하는 IPsec, IKE Engine에 필요한 각종 암호 연산 라이브러리 및 API로 구성되는 Crypto 부분으로 나눌 수 있다.

IPsec의 보안 프로토콜에서 AH는 인증을 위한 프로토콜이며 데이터의 노출에는 관여하지 않고 데이터가 변경되는 것을 보호하기 위해서 인증이 필요할 때 사용되는 프로토콜이다. 반면 ESP는 암호화를 위한 프로토콜이며 데이터의 Confidentiality가 보장되기 위해서 모든 데이터는 암호화되어 전달되고 패킷의 Payload를 암호화 하여 전달하기 위해서 사용하는 프로토콜이다.

이러한 프로토콜들에 대한 표준화는 아래 그램과 같은 구조를 가지고 진행되며 전체적인 보안 구조를 중심으로 ESP와 AH 프로토콜이 정의되어 있고, 두 프로토콜이 사용하는 암호화 알고리즘과 인증 알고리즘, Key 교환을 위한 Key management와 이들 간의 값을 변환 해주는 DOI(Domain of Interpreter)가 있다.

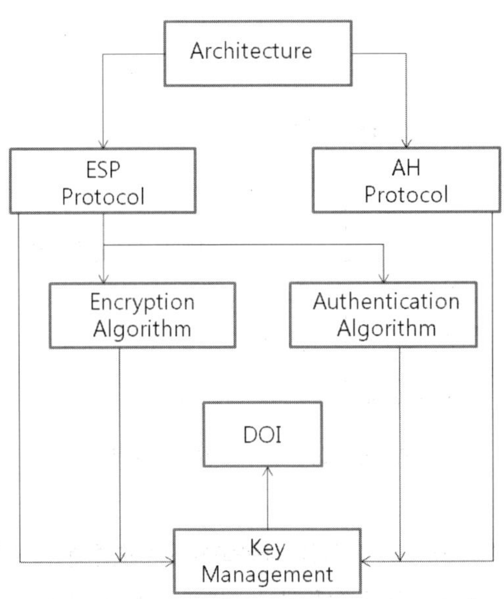

그림 12.2 IPsec Protocol 표준화

IPsec의 가장 큰 장점은 다양한 암호화 방식과 인증 메커니즘에 필요한 키 관리를 포함한 Application-Transparent IP Level Security를 제공하는 것이다. IPsec을 통해 데이터의 기밀성과 무결성이 보장된다.

IPsec의 동작은 크게 Transport 모드와 Tunnel 모드의 두 가지 모드가 있다. Transport 모드는 End-to-end Tunneling에, Tunnel 모드는 Gateway-to-gateway Tunneling에 사용되며, 각 모드는 보안 정책에 따라 AH, ESP, 또는 AH와 ESP가 함께 사용될 수 있다. 즉, Transport 모드는 기존의 IP Header를 유지하고, IP Header 다음에 새로운 IPsec 헤더를 포함하는 것만으로 IPsec 패킷을 완성시키는 모드이며 Tunnel 모드는 기존 패킷에 새로운 IP Header와 IPsec Header를 붙여 Transport 모드보다 향상된 보관성을 보장한다.

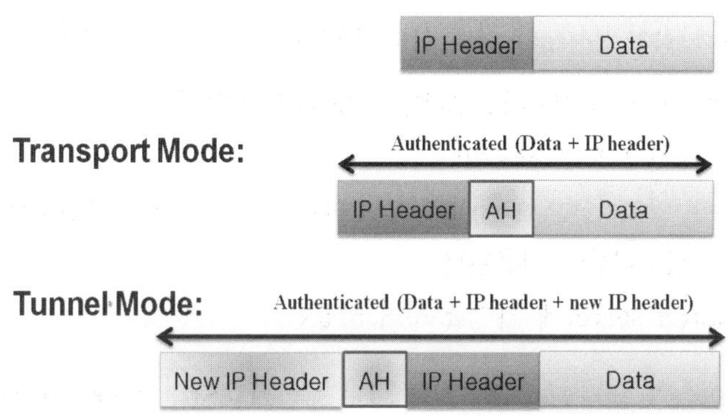

> 그림 12.3 인증 보안 프로토콜

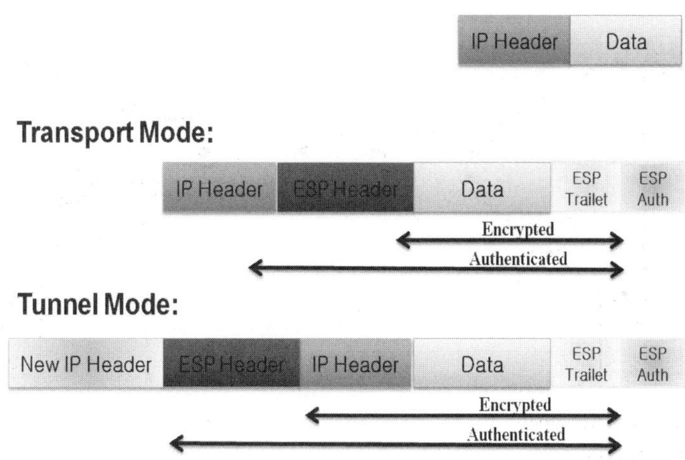

> 그림 12.4 암호화 보안 프로토콜

IPsec 기반 메커니즘에서 외부 네트워크로의 모든 control plane IP 통신은 SEG(Security Gateway)라 불리는 새로운 개체를 통해 수행되어야 한다. SEG는 IPsec SA 교환을 위해 IKE 프로토콜을 사용한다. SA는 SPI(Security Parameters Index), IP Destination Address, Security Protocol Identifier에 의해서 구분 된다. KAC는 외부 네트워크의 KAC와 SA를 협상하여 네트워크 개체에게 분배하는 기능만 있으며 실제 MAP 메시지의 송수신은 다른 네트워크 개체들에 의해 수행되지만 SEG는 외부 네트워크의 SEG와 SA를 협상하고 SA를 사용하여 외부 네트워크와 통신한다. 3GPP Release 5에서 IKE는 pre-shared secret에 기반을 둔 방식을 사용한다. SEG는 SA DB와 보안 정책 DB 모두를 포함하고 있으며 물리적인 보안이 필요하다.

IPsec에서는 완전한 상호 호환성을 제공하는 것이 어렵기 때문에 3GPP 에서는 이 문제를 해결하기 위해 다음과 같이 IPsec의 선택 사항을 다음과 같이 축소하였다.

- 패킷 보호를 위해 ESP만을 사용하고 AH는 사용 하지 않는다.
- ESP는 항상 tunnel 모드로 사용된다.
- ESP에서 암호화 알고리즘으로 3DES 알고리즘을 사용 하고 무결성/인증 알고리즘으로 HMAC-SHA-1 알고리즘을 사용한다.
- IKE는 pre-shared secret에 기반을 두어 사용된다.

이렇게 정의된 IPsec을 바탕으로 네트워크 영역 보안의 구조는 아래 그림과 같이 구성된다.

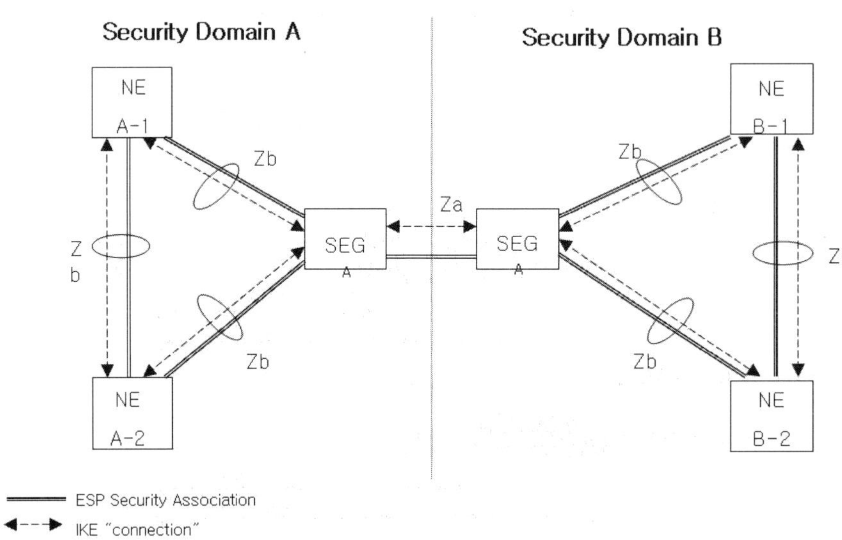

그림 12.5 IP 기반 제어 메시지를 위한 네트워크 영역 보안 프로토콜

〔그림 12.5〕와 같이, 네트워크 영역 보안에서 Za와 Zb 2개의 인터페이스를 정의하고 있다. Za 인터페이스는 반드시 구현되어야 하며, Zb 인터페이스는 구현에서 선택 사항이다. Za 인터페이스는 서로 다른 보안 영역 사이에서 흐르는 모든 IP 패킷에 보안 서비스를 적용하고, Zb 인터페이스는 보안 영역 안에서 네트워크 개체와 SG(Security Gateway) 사이의 보안을 담당한다. 또한 Za 인터페이스에서 ESP는 항상 암호화와 인증을 모두 제공해야 하며, Zb 인터페이스에서는 인증은 항상 제공되어야 하지만 암호화는 필수 사항은 아니다.

네트워크 영역 보안은 GTP(GPRS Tunneling Protocol) 프로토콜의 보안에서는 사용자 데이터 전송을 위한 GTP-U와 제어 데이터 전송을 위한 GTP-C로 나눌 수 있으며 GTP-C는 이동성 관리 메시지, 인증 데이터, 이동성 관리 설정(MM context) 데이터와 같은 데이터들을 전송하기 때문에 보안 서비스를 적용하는 것이 필요하지만, GTP-U는 네트워크 영역 보안 표준을 적용 받지 않는다.

12.1.1 IPsec의 문제점

12.1.1.1 전체적인 시스템의 복잡성

IPsec의 복잡성은 시스템의 구현뿐만 아니라 구현된 시스템의 상호 호환이 어렵다. 또한 구현 과정에서 보이지 않는 보안상의 위험성을 내포하고 있다. 특히 대부분의 IPsec 표준의 복잡성은 IKE의 복잡성 때문에 IKE와 관련해서 시스템의 복잡성과 함께 DoS(Denial-of-Service) 공격에 취약하다는 문제점과 보다 향상된 안전성의 보장이 중요하게 해결 되어야 한다.

이러한 문제점들을 개선하기 위해 개발된 것이 IKEv2 프로토콜이다. IKEv2는 기존 RFC 2409 IKE 프로토콜의 설계 개념을 포함하지만 그 기능은 훨씬 축약되어 설계됐다. 즉, 기존 IKE 프로토콜의 페이스 개념을 계승하고 있고 동일한 ISAKMP 메시지 포맷을 사용하고 있지만 기본적으로 페이스에서 교환되어야 하는 기본 메시지 개수가 6개에서 4개로 줄어들었고 인증 방식도 기존의 네 가지 방식에서 공개키 방식과 사전 공유 비밀키 방식으로 줄었다. 또 기존 표준이 여러 문서에 나뉘어 기술되었던 것에 비해 IKEv2는 하나의 문서에 통합 기술 되고 서비스 거부 공격에 강하게 설계되었다.

DoS 공격은 주로 응답자의 메모리 자원을 고갈시키기 위해 공격자가 IKE SA 요청 메시지를 대량 송신할 때 발생한다. 이 때 IKEv2는 응답자로 하여금 상태 정보 저장에 필요한 메모리를 할당하게 하는 대신 쿠키로 응답하게 하고, 이 쿠키에 정상적으로 반응할 수 있는 정당한 개시자에 대해서만 자원을 할당하는 방식을 규정하고 있다.

MAP Encryption Algorithm identifier	IKEv1	IKEv2	고려사항
프로토콜 Phase1 Phase2	2 단계인증 6 or 3메시지 3 메시지	2 단계인증 4 메시지 2 메시지	단순화
인증 방식	Signature, Pre-shared (Revised) Public-key	Signature, Pre-shared	
SA 협상	개시자의 제안을 상대방이 선택		
Identity Hiding	선택	항상 지원	
Perfect Forward Secrecy	지원(선택)	지원(선택)	보안성
Anti-DoS	지원하지 않음	지원(선택)	
HASH의 대상	메시지의 일부	모든 메시지	
신뢰성	Unreliable	Reliable	신뢰성
NAT 통과	고려하지 않음	포함	
원격 사용자 인증	-	EAP	기타
원격 호스트 설정	-	CP payload	

표 12.2 IKEv1과 IKEv2 비교

12.1.1.2 DoS 공격

기존 IKE 프로토콜이 제정된 이후 대두된 보안 공격으로 기존 IKE 프로토콜에는 이에 대한 대응책이 포함되지 않았다. 그리고 IKEv2는 원격 접속의 경우, 사용자 인증과 원격 호스트 설정을 위한 메커니즘을 포함하고 있다. 원격 접속 또한 기존 IKE 프로토콜이 제정된 이후 급증하게 된 요구 사항으로, 기존 IKE 프로토콜에서는 고려되지 않았던 이슈였다. 특히, 원격 사용자 인증에 있어서는 공개키 방식이 아닌 다른 여러 인증 방식도 사용될 수 있도록 IKEv2의 메시지 교환이 확장될 수 있다. 또한 원격지의 클라이언트를 VPN 내부에 존재하는 것처럼 동작할 수 있도록 원격 호스트의 네트워크 변수를 VPN 내부 서브 넷의 환경으로 설정해 주는 클라이언트 설정 메커니즘도 IKEv2에 포함되어 있다.

IKEv2는 또한 최근 많이 사용되고 있는 NAT(Network Address Translation) 장비와도 잘 호환해 동작하도록 설계됐다. 즉, IKE 통신 양단간에 NAT가 존재하는 경우, 이를 통과해 IPsec 통신이 일어나도록 모든 IKE 메시지와 IPsec 패킷을 UDP 캡슐화 하는 메커니즘이 포함되어 있다. NAT 장비는 주로 IPsec 호스트와 호스트 간 통신에서나, 위에서 언급한 원격 접속의 경우 원격 호스트에 존재 할 수 있다.

12.2 IKEv2

12.2.1 요구 사항

12.2.1.1 Scalability

Scalability를 보장하기 위해서는 다수의 SA 설정이 동시에 이루어지는 것이 가능해야 한다. IPsec의 tunnel은 end 노드들뿐만 아니라 중간 노드인 SG, 혹은 RAS(Remote Access Server) 사이에 설정된다. 일반적으로 종단 노드들에서 필요로 하는 동시 SA의 수가 중간 노드들에서 필요로 하는 동시에 SA의 수보다 작지만 종단 노드들은 리소스 절약을 위해서 중간 노드들이 필요한 만큼의 충분한 연결 유지를 위해서 많은 동시 SA 설정이 필요하다. 이를 위해서 시스템은 새로운 연결 설정뿐만 아니라 설정된 연결의 유지에 필요한 비용을 적게 사용하는 시스템 구조로 구성되어야 한다. 즉, 프로토콜 수행에 필요한 메시지의 수와 처리량, 인증과 관련된 비용을 고려하여 이러한 요소들을 최소화할 수 있어야 한다.

12.2.1.2 Fast setup

다음과 같은 환경에서 fast setup의 중요성은 증대된다.

- 많은 수의 연결을 설정하고 관리하는 SG, RAS, 혹은 서버
- 이전 연결의 재설정을 필요로 하는 SG, RAS
- 연결 설정의 지연에 민감한 어플리케이션(delay-sensitive applications)
- 이동이 잦은 모바일 노드

1. 1-phase vs. 2-phase exchange

   1-phase과 2-phase exchange에서 SOI는 전송 데이터를 보호하기 위한 IPsec 터널뿐만 아니라 키 교환을 위한 IKE 터널 자체를 보호하기 위한 협상이 이루어져야 한다. 이러한 협상은 1-phase, 혹은 2-phase를 함께 진행할 수 있다. 어떤 방식을 사용할 것인가에 대한 결정은 다음과 같은 특성에 영향을 준다.

   - Setup time, number of messages, delay

     2-phase가 보다 많은 리소스를 필요로 하기 때문에 1-phase가 유리하다. 그러나 경우에 따라서는 그렇지 않을 수 있다.

- Flexibility
  2-phase 방식에서는 IPsec 터널이 IKE 터널로부터 보호받기 때문에 보다 간단히 새로운 IKE 터널을 재설정할 수 있으며 하나의 IKE 터널 하에 여러 개의 IPsec 터널 설정이 가능하다. 1-phase 방식은 처음부터 전체 프로토콜을 다시 수행해야 되므로 결과적으로 2-phase 방식보다 많은 리소스를 필요로 한다.
- Notify message management
  IKE 터널이 보호되는 2-phase 방식은 IKE 관리에 필요한 메시지를 쉽게 전송할 수 있다는 장점이 있다.

12.2.2 | Protocol 요구 사항

12.2.2.1 Protocol 상호작용

Remote access 시나리오의 경우 IKE뿐만 아니라 policy push protocol, legacy authentication protocol 등이 필요하듯이 SOI framework에서 요구 되는 프로토콜 형태에 대한 분석을 통해 각각의 프로토콜에 대한 순서와 프로토콜들 사이에 필요한 상호작용을 정의해야 한다.

12.2.2.2 Identity

NAT와 동적 IP 주소가 빈번히 사용되는 최근의 네트워크 환경을 고려할 때, identity는 IP 주소에 기반을 두지 않아야 한다.

12.2.2.3 NAT와 상호작용

IPv6가 도입되기 이전에는 IPsec-aware는 물론 non IPsec-aware NAT 장비와의 상호작용이 가능해야 한다.

12.2.2.4 일반적인 프로토콜 설계 기준

1. Modularity
   Functional modularity는 IKE의 직접적인 적용이 어려운 상황에서 선택적인 선택이 가능하며 프로토콜의 안전성 분석 등을 보다 쉽게 해준다.

2. Extensibility

Extensibility와 관련된 구체적인 요구 사항들은 다음과 같다.

- 새로운 payloads, field values, exchanges 등에 대한 처리가 가능해야 한다. 이런 값들을 쉽게 추가할 수 있는 메커니즘이 필요하며 수신자가 추가된 값을 처리할 수 있도록 표시가 가능해야 한다. 또한 새로운 값들이 기존 프로토콜의 어떤 영향을 주는지를 평가하여 문서화가 이루어져야 한다.
- 기본 SOI 프로토콜과 유사한 변형들을 명시할 수 있는 메커니즘이 필요하다.
- 새로이 추가된 값들의 보호를 위해 SOI 패킷 전체에 대한 해쉬가 이루어져야 한다.
- 인식되지 않는 값들에 대한 적당한 처리 방식을 결정하기 위해서는 현재의 필드들에 대한 분석이 필요하다.

3. Protocol Convergence

프로토콜이 시작된 이후에는 프로토콜을 수행하는 두 노드들 사이에 연결 상태에 대한 공유가 이루어져야 하며, 구현하는 사람들은 자신들이 프로토콜을 올바르게 구현했다는 것을 확신하기 위해 프로토콜에 대한 정확한 이해가 이루어져야 한다. 이러한 것들은 다양한 수단에 의해 얻어질 수 있다.

- 프로토콜에 대한 완전한 문서화는 에러 조건에 대한 분석과 분석 결과의 문서화와 프로토콜은 convergence 보장에 필요한 모든 내용을 명시해야 한다.
- 프로토콜을 수행하는 상대방과의 통신 단절에 대한 detecting/handling.
- Rekeying에 대한 구체화된 정의를 명시.
- Notify/delete 메시지에 대한 보장.
- 에러에 대한 문서화.
- 협상 규칙에 대한 명시.
- 새로운/확장된 명세에 대한 분석과 문서화.

4. Simplicity

프로토콜의 단순성은 불필요한 fields/exchanges 등의 제거를 포함하며 특별한 기능에 대한 단순화하는 것으로 협상 가능한 pieces/attribute들을 축소하거나 잘 알려진 알고리즘 등의 그룹화가 가능한 "negotiation suites"의 사용, "take it or leave it" 이외의 다른 선택이 가능하도록 협상 모델을 수정한다.

12.2.3 | Policy 요구 사항

12.2.3.1 Expanding the set of selectors

selector란 IKE의 phase 2 ID와 같은 traffic flow descriptor이다. IKE는 phase 2의 협상 과정을 통해 단일 traffic filter entry만이 설정되므로 두 노드 사이에 많은 양의 traffic flow가 필요로 할 때 각각에 대한 개별적인 SA 협상이 이루어져야만 한다. 이를 개선하기 위한 방법이 고려되어야 하며 다양한 selectors들에 대한 추가가 가능해야 한다.

12.2.3.2 SPD traffic flow descriptors and dynamic policy

Traffic filter 리스트는 개별적인 traffic filter entry에 대한 추가 및 삭제가 가능해야 한다. Mobile IP나 NAT와 같이 SA 협상 과정에서 IP 주소가 바뀌는 경우 지원이 가능해야 한다. 또한 프로토콜은 사용된 IP 주소의 변경과 상관없이 phase 1 ID에 기반을 둔 연결 상태를 유지해야 하며 IP 주소 변경이 감지되었을 때, 변경된 노드에 이를 통보 할 수 있어야 한다.

12.2.3.3 인증 및 인증 정보 분배

Authentication information은 scalable한 방식으로 이용이 가능해야 한다.

12.2.3.4 "per-connection" policy

클라이언트가 연결을 설정하거나, 연결을 설정한 후에 추가적인 정보를 필요로 하는 Remote Access 시나리오에서 보다 전형적인 형태가 된다. 이때의 추가적인 정보는 모든 IPsec 터널에 적용되는 정보와 특별한 IPsec 터널에 적용되는 정보로 구분되며 RAS 등에 의해 할당 받은 내부 주소와 DHCP(Dynamic Host Configuration Protocol) 등의 위치는 모든 IPsec 터널에 적용되어야 하며 QoS 설정 정보는 특별한 IPsec 터널에만 적용된다.

12.2.4 | Security 요구 사항

12.2.4.1 Key Agreement

IKE는 키 동의를 위해 Diffie-Hellman 방식을 사용한다. Diffie-Hellman 방식으로 공유된 키는 IKE 터널과 IPsec 터널을 보호하기 위한 키 값들의 연산에 사용된다. Diffie-Hellman 방식은 오랫동안 키 분배를 위해 사용되어 왔으며 가장 많이 사용되고 있기 때문에 안전성에 관한 충분한 검증을 받았다는 장점이 있으나 키 교환 시 발생하는 고비용은 DoS 공격에 취약할 수 있다는 단점을 가지고 있다. 그러나 현재까지는 Diffie-Hellman 방식이 가장 우수한 키 동의 방식이다.

12.2.4.2 키 생성

프로토콜은 키 길이 등을 포함한 키 생성에 필요한 요구 사항을 명시해야 하며 키 확장과 관련된 다양한 관점에 대한 상세한 내용을 명시해야 한다.

12.2.4.3 인증

IKE는 다양한 인증 방식을 허용하고 있으며 인증 방식에 대한 요구 사항과 함께 인증 방식과 관련된 모든 내용들이 명시되어야 한다. 각각의 인증 방식은 각기 다른 문서로 분리되어야 하며, 요구 사항에 대한 처리 방안과 인증 방식에 대한 완전한 명세가 포함되어야 한다. 그리고 사용자 인증과 기계 인증에 대한 구분이 이루어져야 한다.

IKE가 제공하는 인증은 기본적으로 기계 인증이며 상황에 따라 다양한 사용자 인증을 제공하기도 한다. 우선은 기계 인증에 대한 충분한 사항들을 명시해야 하며, 필요할 경우 추가적으로 사용자 인증과 관련된 사항들이 구분되어 명시되어야 한다. 마지막으로, Remote Access 시나리오에서 인증서를 이용한 클라이언트 인증과 legacy authentication을 이용한 서버 인증이 가능하듯이 비대칭 인증 방식(Asymmetric authentication)에 대한 고려도 있을 수 있다.

12.2.4.4 Denial-of-Service 공격

DoS 공격을 완벽하게 막을 수 있는 안전한 프로토콜의 설계는 어렵지만, 그러한 공격의 가능성을 줄이는 것은 가능하다. 기본적인 DoS 공격의 예방은 시스템이 어떤 실제적인 일을 하기 전에 공격자가 일정량의 작업을 하도록 만드는 것이다.

12.2.4.5 재연 공격

노드들이 상당량의 상태 정보에 대한 유지 없이도 재연 공격에 강하도록 설계되어야 한다. IKE는 이와 관련된 다양한 대처 방안들을 가지고 있다.

12.2.4.6 downgrade 공격

프로토콜의 안전성을 위협하는 공격에 안전하도록 설계되어야 한다.

12.2.4.7 구현 권고안

안전성과 성능 향상을 위한 구현 사이에는 trade-off가 있을 수 있다. 안전성 분석의 결과는 가능한 함축적인 리스트나 구현 권고안을 만들어 낼 수 있다.

12.2.4.8 Negotiation Suites

IKE에는 협상에 필요한 너무 많은 파라미터를 가지고 있어서 안전성 분석이 어렵다. 이를 개선하기 위해서는 협상 파라미터의 수를 줄이거나 negotiation suites를 사용할 수 있다.

12.2.4.9 Identity Hiding

Identity hiding의 최소 요구 사항은 수동 공격자로부터 안전한 것이다. 수동 공격에 대한 위협은 프로토콜 수행 중에 교환되는 ID 정보를 암호화하여 전송함으로써 간단히 제거할 수 있다. 그러나 단순한 도청 이외에 man-in-the-middle attack이나 impersonation을 이용하려는 능동 공격자의 위협은 좀 더 복잡한 메커니즘을 필요로 한다.

현재의 IKE에서는 signature, public key encryption, revised public key encryption, pre-shared key와 같은 네 가지 인증 모드를 정의하고 있다. (Revised) Public key encryption 방식과 pre-shared key 방식이 능동 공격자에 대한 initiator와 responder의 ID를 안전하게 보호할 수 있다.

Initiator와 responder중 어느 쪽의 identity hiding이 보다 더 중요한지는 IPsec의 응용 분야에 따라 달라질 수 있다. Client-Server 모델에서는 initiator, 즉 client의 ID 보호가 보다 중요하겠지만 IPsec 워킹 그룹에서는 IPsec의 모델을 client-server로 제약을 두지 않고 있으며 사용자에 대한 구분을 통해 해당 사용자에게 맞는 정책 적용이 필요한 Remote Access 시나리오에서는 initiator의 ID를 먼저 확인해야 하는 경우도 있다.

Signature 방식에서 initiator나 responder 둘 중의 어느 한쪽은 언제든지 능동 공격자에게 자신의 ID가 노출될 수 있으나, 연결 설정을 위한 요청만으로 responder의 ID를 획득할 수 있는 능동 공격(polling attack)은 initiator의 ID를 획득하려는 능동 공격보다 상대적으로 쉽게 행해질 수 있다.

12.2.4.10 Plausible Deniability

Plausible Deniability란 프로토콜을 수행한 당사자들이 제3자에게 상대방이 프로토콜에 참여했다는 사실을 증명할 수 없다는 성질이다. 즉, 프로토콜을 수행한 당사자들은 프로토콜에 참여한 사실을 부인할 수 있음을 뜻한다.

자신의 ID를 상대방의 공개키로 암호화하여 전송하는 (revised) public key encryption 방식은 자신이 참여한 사실을 부인할 수 없으며 signature 방식과 pre-shared key 방식에서도 인증 정보 계산시 상대방의 ID를 입력 값으로 사용한다면 plausible deniability를 만족하지 못하게 된다.

12.2.4.11 Key Management Messages

현재의 IKE는 일부 메시지 필드만 해쉬함으로써 부분적인 인증만을 제공하고 있다. 이러한 방식은 새로운 payload을 보호하기 위한 수단을 제공해 주지 않는다. 따라서 심각한 보안상의 문제점이 될 수 있다. SOI는 해쉬를 통해 메시지 내의 모든 필드들을 보호해야 한다.

12.2.4.12 PFS(Perfect Forward Secrecy) 제공

PFS는 long-term 키가 노출되더라도 생성한 과거의 세션키가 안전하다는 의미이다. 현재의 IKE는 키 값을 계산할 때 마다 새로운 D-H 쌍과 nonce 값을 생성함으로써 이를 보장하고 있다.

12.2.5 | IKEv2 Protocol

SA 설정을 위한 IKE는 Phase 1과 Phase 2 방식으로 나뉜다.

IKE를 위해서는 실제 데이터를 보호하기 위한 AH나 ESP, IPcomp 같은 프로토콜에서 사용할 알고리즘과 키 값뿐만 아니라 IKE 메시지 자체를 보호하기 위한 알고리즘과 키 값도 설정되어야 한다.

IKEv2는 IKEv1에서처럼 2-phase 방식을 사용하고 있다. IKEv2의 phase 1은 4개의 메시지로 이루어졌으며 IKE-SA를 설정한다. 2개의 메시지로 이루어진 phase 2에서는 child-SA의 설정 외에 child-SA의 삭제, IKE-SA의 삭제 및 재생성 그리고 에러나 이벤트 발생과 같은 정보 전달이 가능하다. 그러나 IKEv2에서는 phase 1에서 IKE-SA와 child-SA를 함께 설정할 수 있는 특징이 있다.

12.2.5.1 Phase 1 Exchange

Phase 1에는 Main 모드와 Aggressive 모드 방식으로 나누어지며 3GPP에서는 IKE pre-shared secret에 기반을 둔 main 모드만 사용하도록 표준을 정의하였다.

인증 방법으로서 전자 서명, 공개키 방식, 미리 공유된 키 방식 중 미리 공유된 키 방식을 사용토록 하였으며 ESP에서 암호화 알고리즘으로 3DES 알고리즘을 사용하고, 무결성 및 인증 알고리즘으로 HMAC-SHA-1 알고리즘을 사용한다. 하지만 3GPP Release 6에서부터 3DES-CBC외에 AES-CBC 암호화 알고리즘도 사용하며, 키 교환은 Diffie-Hellman group 2를 지원한다. Identification을 위하여 사용되는 여러 Type 중에서는 IP 어드레스와 FQDN(Fully Qualified Domain Name)만 사용된다.

Phase 1의 라운드 구성은 IKE_SA_init과 IKE_auth라는 2개의 라운드로 구성되어 있으며 각 라운드는 request와 response의 메시지 쌍을 가지기 때문에 총 4개의 메시지를 주고받는다. Phase 1의 IKE_SA_init_request/response은 IKE 메시지를 보호하기 위한 암호화, 서명, 해쉬 등의 암호 알고리즘을 협상하고, nonce 값과 함께 D-H 키 교환에 필요한 값을 주고받는다. 이때 initiator의 proposal 또는 D-H 그룹이 적당하지 않거나 Responder가 DoS 공격에 대한 의심이 있을 경우에는 첫 번째 라운드가 반복될 수 있다. 첫 번째 라운드가 끝나면 initiator와 Responder는 암호 알고리즘에 사용할 키 값을 계산할 수 있으며 이후 전송되는 모든 메시지들은 여기서 계산된 키 값과 협상된 암호 알고리즘에 의해 보호를 받는다.

다음에 수행되는 phase 1의 IKE_auth_request/response은 서로를 확인하기 위한 정보와 인증에 사용될 정보를 교환한다. 또한, AH, ESP, IPcomp 등의 프로토콜과 해당 프로토콜에서 사용할 암호 알고리즘에 대한 협상이 가능하다. 두 번째 라운드의 메시지들은 첫 번째 라운드에서 설정된 키 값에 의해 보호를 받는다.

〔그림 12.6〕은 IKEv2의 phase 1 프로토콜을 나타낸 것이다.

IKEv1에서는 TS(Traffic selector)가 ID payload와 함께 전달되었으나 IKEv2에서는 별도의 payload로 구분하고 있다. 그 결과 initiator가 address는 물론 port에 대한 범위 지정을 가능하게 하고 Responder는 initiator의 proposal 중 원하는 일부를 선택할 수 있게 함으로써 협상을 보다 유연하게 할 수 있다.

또한 IKEv2의 phase 1에서는 IKEv1의 문제점으로 지적되어 온 DoS 공격에 대한 취약점을 개선하였으며 Phase 1에서 Responder의 리소스가 충분하거나 DoS 공격에 안전하다면 〔그림 12.6〕과 같이 프로토콜을 수행하지만, Responder의 리소스가 부족하거나 DoS 공격에 대한 의심이 있을 시에는 〔그림 12.7〕과 같은 프로토콜을 수행한다.

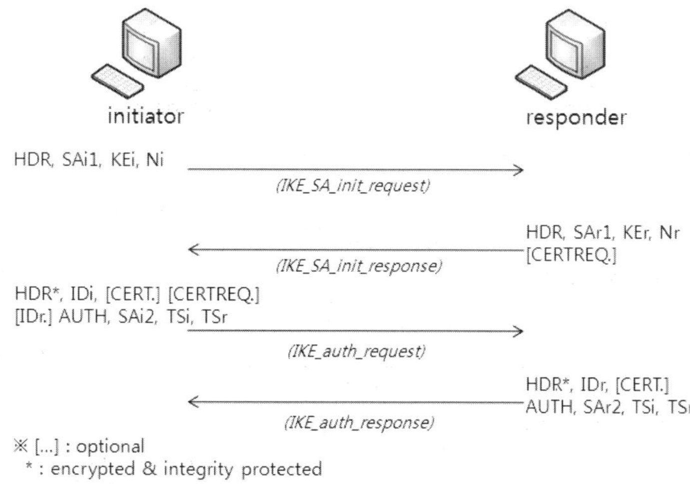

- HDR : IKE header
  (HDR* : 이후의 모든 데이터들이 보호되어 전송된다.(기밀성과 무결성 보장))
- SAi1/SAr1 : initiator/responder의 SA payload (for IKE-SA)
- KEi/KEr : initiator와 responder의 D-H 값
- Ni/Nr : initiator와 responder의 nonce 값
- CERT/CERTREQ : 인증서/인증서 요청 payload
- IDi/IDr : initiator와 responder의 identity payload

※ IDr(in IKE_auth_request) : initiator를 인증하기 위해responder에게 필요한 부가 정보 (단일 IP에 여러 개의 identity가 존재할 때에만 사용된다.)

- AUTH : 인증을 위한 payload로 첫 번째 데이터에 대한 서명 값 또는 MAC
- SAi2/SAr2 : initiator/responder의 SA payload (for child-SA)
- TSi/TSr : IPsec(child-SA)이 적용될 traffic을 협상하기 위한 payload
  (traffic의 source/destination을 나타내며, port number와 IP address를 표시한다.)

> **그림 12.6** IKEv2의 phase 1 프로토콜

Responder는 initiator의 IKE_SA_init_request에 대해 자신이 생성한 stateless cookie 값과 함께 'IKE-SA-INIT-REJECT'(Notify Payload with value=32) 메시지를 전송하고, 이를 수신한 initiator는 전송 받은 cookie 값과 함께 다시 한 번 IKE_SA_init_request 메시지를 전송한다. 이때 cookie에 대한 계산은 다음과 같이 한다.

- Cookie = hash(I`s IP address ‖ I`s cookie value[2] ‖ I`s secret value)

2) I`s cookie value : SAi1 payload의 값

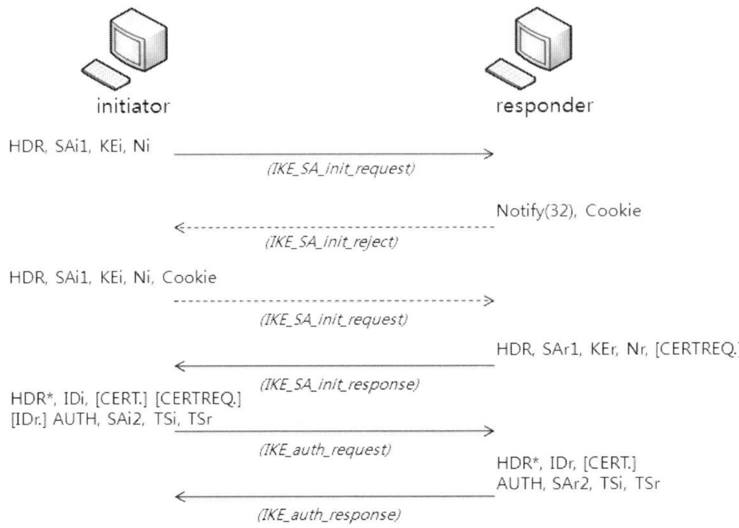

그림 12.7 Phase 1 of IKEv2 against DoS

〔그림 12.7〕에서 responder는 IKE_SA_init_request의 응답으로 IKE_SA_init_response 메시지를 전송하고 KEi와 KEr를 이용해 D-H 값을 계산해야 할 뿐만 아니라 initiator의 IKE_SA_init_request와 관련된 상태 정보를 저장해야 한다. 이러한 방식은 공격자가 수백 개의 랜덤 IP를 이용해 responder에게 연결 설정 메시지(IKE_SA_init_request)를 요청하고, responder의 리소스를 점유함으로써 responder가 정상적인 연결 요청에 응답 못하게 하는 결과를 초래할 수 있다.

〔그림 12.7〕에서는 이를 막기 위해 initiator가 예측할 수 없는 값을 생성하고 송수신하는 추가적인 라운드를 수행함으로써 responder에게 initiator가 의도된 IP 주소를 통해 계속해서 프로토콜을 수행할 정당한 사용자라는 사실을 알려준다. 따라서 responder는 자신이 송신한 cookie 값을 돌려받아 확인하기 전에는 어떤 상태 정보에 대한 저장이나 계산 과정이 이루어지지 않기 때문에 〔그림 12.6〕에서 발생할 수 있는 DoS 공격을 막을 수 있다.

IKEv2에서 사용한 DoS 공격을 막기 위한 방법은 이미 Photuris나 OAKLEY의 프로토콜에 적용되었던 방식이다. Photuris는 프로토콜을 수행할 때 마다 stateless cookie를 교환해야 하지만 OAKLEY는 필요할 때에만 선택적으로 stateless cookie를 사용하기 때문에 추가적인 라운드(2 메시지)와 이로 인한 라운드 트립의 지연을 줄일 수 있다.

추가적인 메시지의 교환 없이도 stateless cookie의 구현이 가능하지만 fragmentation DoS 공격을 막을 수 있다. 만일 initiator의 메시지가 길어서 fragmentation되어 전송된다면

responder는 reassembling을 위해 모든 패킷이 도착할 때까지 필요한 패킷과 정보들을 저장해야 하며 가상의 fragmentation 된 패킷들을 전송하는 DoS 공격에 취약할 수 있다.

IKEv2의 phase 1에서는 별도의 메시지를 통해stateless cookie를 교환함으로써 3번째 메시지(IKE_auth_request)의 길이를 보다 짧게 할 뿐만 아니라 fragmentation이 필요 없을 만큼 메시지 1을 충분히 작게 할 수 있다.

1. Generating Keying Material for the IKE-SA

   IKE_SA_init을 수행하고 나면 initiator와 responder는 주고받은 D-H 값과 nonce 값을 이용해 SKEYSEED를 공유할 수 있으며 SKEYSEED를 통해 SK_d와 SK_a, SK_e 값을 계산할 수 있다. SK_d는child-SA에 필요한 키 값을 생성하는데 이용되며, SK_a와 SK_e는 이후 전송되는 모든 메시지의 암호화와 인증을 위해 사용된다.
   이들의 계산 방법은 각각 다음과 같다.

   - SKEYSEED = prf[3](Ni ∥ Nr, gir[4])
   - SK_d = prf(SKEYSEED, g^ir | Ni | Nr | CKY-I | CKY-R[5] | 0)
   - SK_a = prf(SKEYSEED, SK_d | g^ir | Ni | Nr | CKY-I | CKY-R | 1)
   - SK_e = prf(SKEYSEED, SK_a | g^ir | Ni | Nr | CKY-I | CKY-R | 2)

   IKEv1의 SK_a와 SK_e는 송수신용이 같은 bidirectional이었으나 IKEv2에서는 unidirectional로 사용한다. 즉, initiator가 전송하는 메시지 보호에는 SK_a와 SK_e의 처음 비트열이 사용되고 나머지 비트열은 initiator로 전송되는 메시지를 보호하기 위해 사용된다. 이때 필요한 키의 길이는 협상된 알고리즘에 의존하며 위에서 생성한 키 길이보다 더 긴 비트열을 필요로 할 때는 다음과 같은 방법으로 키 길이를 확장할 수 있다.

   - KEYMAT = K1 | K2 | K3 | …
     where K1 = prf(SK_x, 0)
     K2 = prf(SK_x, K1)
     K3 = prf(SK_x, K2)…
     - SK_x는 용도에 따라 SK_a 또는 SK_e로 대체된다.

3) prf : IKE_SA_init을 통해 협상된 암호학적 의사 난수 생성 함수(pseudo-random fn).

4) g^{ir} : Diffie-Hellman 방식에 의해 공유된 비밀 정보.

5) CKY-I/CKY-R : initiator와 responder의 IKE header내의cookie 값.

2. Authentication of the IKE-SA

IKE_auth에서 프로토콜의 당사자들은 자신들의 비밀키로 메시지에 대한 서명을 하거나 사전에 공유된 키를 이용해 메시지에 대한 해쉬 값을 계산하여 전송함으로써 상대방에게 자신들을 인증한다. 이때 사용되는 payload가 AUTH이며 다음과 같이 계산된다.

- AUTH = sign(their own 1st message || the other peer's nonce) or MAC(their own 1st message || the other peer's nonce)

인증 함수의 입력 값은 첫 번째 메시지(IKE_SA_init_request or IKE_SA_init_response)의 헤더부터 마지막 payload까지 이며 nonce의 경우 헤더를 제외한 실제 데이터 부분만을 포함한다. 여기서 인증 함수의 입력 값은 IKEv2 draft에서 정의하고 있지 않은 payload를 포함한 첫 번째 메시지의 모든 데이터임을 강조하고 있는데, 이는 지금까지 IKEv1에서 지적되어 온 해쉬 함수의 문제점을 해결하기 위한 것이다.

서명에 사용되는 알고리즘은 서명자가 사용하는 키의 형태에 의해 정해지는데 RSA의 경우 RSA-signed PKCS1-padded-SHA1-hash를, DSS의 경우 DSS-signed SHA1-hash를 예로 들고 있으며 MAC(pre-shared key 방식)은 협상된 PRF 함수(HMAC_MD5/SHA/TIGER)를 사용할 수 있다.

12.2.5.2 Phase 2 Exchange

IMS(IP Multimedia Subsystem)는 SIP 시그널링을 기반으로 IP 멀티미디어 서비스를 제공하기 위해 Release 5에서 제안되었다. Release 6에서는 Release 5에서의 IMS Phase 1 작업을 이어 받아 IMS Phase 2 작업을 진행하였다. Release 5에서는 IETF의 관련 작업들(SIP, IPv6 support within SDP, DHCP options for SIP servers, AMR, AMR WB(AMR Wideband), RTP(Real-Time Transport Protocol) and SDP(Session Description Protocol), Network Asserted Identity 등)을 제안한 뒤 IMS의 노드(P-CSCF, I-CSCF, S-CSCF) 및 인터페이스, SIP를 이용한 호 설정 및 해제, 등록 등의 절차를 정의하고 Stage 3까지의 표준안을 작성하였다. Release 6에서는 Release 5의 표준안을 바탕으로 IMS에서의 Conference Service, Location Based Service 등을 위한 Stage 2 및 Stage 3 작업을 수행하였다.

Phase 2 Exchange는 PFS는 필수가 아닌 선택 사항이며 Identification을 위해서는 IP 어드레스와 서브 넷 타입을 필수로 정의하였고, Notification을 필수로 지정하였다. Phase 1과 마찬가지로 Diffie-Hellman group 2를 지원하며 패킷 보호를 위해 ESP만을 사용하고

AH는 사용하지 않는다. 또한 SA 설정 후 트래픽 처리에 있어서 ESP는 항상 tunnel 모드로 사용된다.

1개의 쌍으로 구성된 phase 2는 child-SA의 생성과 삭제, IKE-SA의 삭제와 재생성, 그리고 에러 메시지의 전달과 같은 기능을 수행한다. Phase 2에서 교환되는 메시지는 phase 1에서 설정된 키 값에 의해 보호를 받는다. 즉, 기밀성과 무결성이 보장된다.

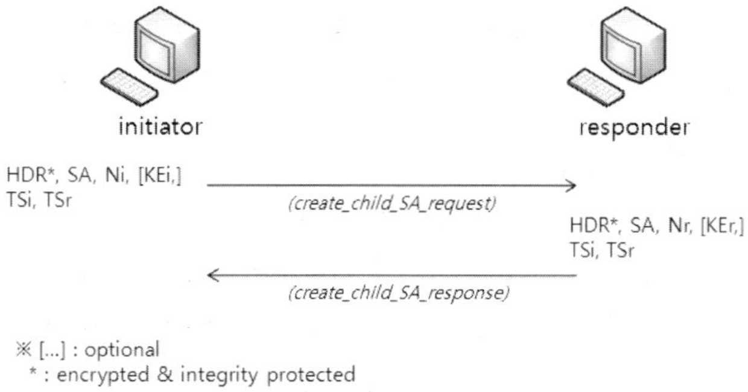

그림 12.8 Phase 2 of IKE v2

Initiator는 create_child_SA_request를 통해 child-SA 설정을 요청하고 responder는 create_child_SA_response로 응답함으로써 child-SA 설정 과정이 마무리 된다. 이때 PFS가 필요하다면 새로운 D-H 값의 생성을 위해 KEi/r payload를 선택적으로 주고받을 수 있으나 phase 1에서 child-SA가 설정되었다면 KEi/r payload와 Nonce payload는 전송되어서는 안 된다. 여기서 nonce의 경우, phase 1의 nonce 값과 같다고 가정한다.

1. Generating Keying Material for Child-SA

   Child-SA는 phase 1 또는 phase 2를 통해 생성될 수 있으며 이때의 child-SA를 위한 키 값은 다음과 같이 계산된다.

   - KEYMAT = prf(SK_d, protocol | SPI | Nin | Nout)
     - SK_d : phase 1에서 계산된 키 값
     - Protocol, SPI : 협상된 proposal(SA payload)의 값
     - Nin/Nout : 헤더를 제외한 sender/destination의 Nonce payload

   Phase 2에서는 PFS를 만족하기 위해 phase 1과는 다른 별도의 D-H exchange (KEi/r payload)의 수행이 가능하며 이때의 child-SA를 위한 키 값은 다음과 같이 계산된다.

• KEYMAT = prf(SK_d, g(p^2)^ir | protocol | SPI | Nin | Nout)
  - g(p2)^ir : phase 2에서 새롭게 생성된 D-H 공유 값

IKEv1에서처럼 phase 2에서 생성되는 키는 송수신(inbound/outbound)용이 다른 하나의 프로토콜(AH, ESP)에 대해 2개의 키가 생성된다. 암호화와 인증용의 2개의 키를 필요로 하는 ESP SA의 경우 KEYMAT의 처음 비트열이 암호화에, 나머지 비트열이 인증용 키로 사용될 수 있다. Phase 1의 경우와 마찬가지로 협상된 알고리즘에 필요한 키의 길이가 KEYMAT의 길이보다 더 길다면 다음과 같이 키를 확장할 수 있다.

• KEYMAT = K1 | K2 | K3 | ···
  where K1 = prf(SK_d, [g(p^2)^ir |] protocol | SPI | Nin | Nout)
  K2 = prf(SK_d, K1 | [g(p^2)^ir |] protocol | SPI | Nin | Nout)
  K3 = prf(SK_d, K2 | [g(p^2)^ir |] protocol | SPI | Nin | Nout)···

2. Generating Keying Material for IKE-SA from a create-child exchange

Phase 2는 기존 IKE-SA를 재생성 할 수 있으며 이때 ID와 TS payload는 생략된다. 새로운 SKEYSEED 값은 phase 2에서 교환한 SA, Nonce, (KE) payload와 기존의 SK_d를 이용해 다음과 같이 계산한다.

• SKEYSEED = prf(SK_d (old), [g(p^2)^ir] | 0 | CKY-I | CKY-R | Ni | Nr)

새로운 IKE-SA가 생성된 후에는 기존 IKE-SA가 삭제되어야 하며 이를 요청하는 메시지(Delete payload)는 새로운 IKE-SA에 의해 보호를 받는다. IKEv1에서는 SA lifetime이 협상되어 설정되었으나 IKEv2에서는 각각의 노드들이 SA와 관련된 고유의 정책들을 유지하도록 하고 있다. 따라서 lifetime에 차이가 있을 수 있으며 이때는 짧은 lifetime을 갖는 노드가 rekeying에 대한 요청을 수행한다.

3. Phase 2 for Informational Exchange

Phase 2는 IKE 수행 중에 발생할 수 있는 사건이나 에러의 통지를 위한 informational exchange로도 이용된다. 이러한 경우에 교환되는 메시지들은 일반적으로 IKE-SA에서 설정된 키에 의해 보호를 받으며 전송되지만, 다음의 두 가지 경우에 대해서는 예외이다.

• IKE_SA_init_request에 대해 cookie를 요구하거나 SA proposal을 거절할 경우
• 알려지지 않은 SPI를 갖는 패킷의 수신 시

Informational exchange와 관련된 메시지의 Responder는 payload를 갖지 않는 메시지를 통해 이에 응답해야 하지만 응답이 없을 시에는 송신자가 같은 메시지를 재전송한다. 또한 payload가 없는 메시지는 상대편이 살아 있는 지를 확인하기 위한 요구 메시지로 이용된다.

새로운 IKE-SA가 생성된 후에는 기존 IKE-SA가 삭제되어야 하며 이를 요청하는 메시지(Delete payload)는 새로운 IKE-SA에 의해 보호를 받는다. IKEv1에서는 SA lifetime이 협상되어 설정되었으나 IKEv2에서는 각각의 노드들이 SA와 관련된 고유의 정책들을 유지하도록 하고 있다. 따라서 lifetime에 차이가 있을 수 있으며 이때는 짧은 lifetime을 갖는 노드가 재전송에 대한 요청을 수행한다.

12.2.6 | 기타 특성

12.2.6.1 암호화 알고리즘 협상

IKEv2는 IKEv1의 SA payload에서 DOI, SIT 필드를 제거하는 등 payload format을 단순화하였을 뿐만 아니라 협상 과정에서 발생하는 exponential explosion 문제를 해결하였다.

IKEv1에서는 n개의 A type 알고리즘과 m개의 B type 알고리즘이 있을 때 이를 협상하기 위해서 n*m개의 분리된 proposal이 필요했다. 그러나 IKEv2에서는 하나의 proposal안에 같은 type에 대한 여러 개의 알고리즘을 포함함으로써 협상에 필요한 proposal의 수를 줄였다.

예를 들어, 암호화(transform type=1)를 위한 3DES(transform D=3)와 IDEA(transform D=5) 알고리즘과 메시지 무결성(type=4)을 위한 HMAC-MD5(transform ID=1), HMAC-SHA(transform ID=2) 알고리즘을 지원하는 ESP 프로토콜을 협상할 때 IKEv1에서는 각각 2개의 알고리즘을 갖는 두 가지 type에 대한 조합 만큼의 proposal이 필요한 반면, IKEv2에서는 4개의 transform(type=1/ID=3, type=1/ID=5, type=4/ID=1, type=4/ID=2)을 하나의 proposal에 표현이 가능하다. 이러한 표현이 가능한 것은 하나의 proposal 안에서 2개 이상의 서로 다른 type은 and, 같은 type에 대한 2개 이상의 알고리즘(transform ID)은 or의 의미를 갖기 때문이다. 따라서 위의 예제와 같은 IKEv2 proposal은 3DES/HMAC-MD5, 3DES/HMAC-SHA, IDEA/HMAC-SHA, IDEA/HMAC-MD5의 네 가지 조합이 가능하다는 뜻이며 이런 가능한 조합들 중 필요한 한 가지를 수신자가 선택함으로써 사용할 알고리즘에 대한 협상이 이루어진다. 이와 같은 규칙은 하나의 SA payload내의 proposal에도 똑같이 적용되어, 2개 이상의 proposal(protocol ID)에 대해 같은 번호(proposal #)는 and, 서로 다른 번호는 or의 의미를 갖는다.

SA payload는 하나 이상의 proposal로 구성되며 각각의 proposal은 proposal 번호와 protocol ID(IKE, AH, ESP, IPcomp), 프로토콜과 관련된 SPI, 그리고 transform의 집합을 포함한다. 또한, 각각의 transform은 transform type과 transform ID, attribute들로 구성된다. IKEv2에서는 〔표 12.3〕에서와 같이 transform type을 정의하고 있다.

	Transform type	Used in
Encryption Algorithm	1	IKE, ESP
Pseudo-Random Function	2	IKE
Authentication Method	3	IKE
Integrity Algorithm	4	IKE, AH, optional in ESP
Diffie-Hellman Group	5	IKE, optional in AH & ESP
Compression	6	IPcomp
Window size	7	IKE

표 12.3 Transform Type Value

위의 transform type들은 각각에 해당하는 transform ID 값들을 가지고 있으며 IKEv2에서는 다음과 같이 강제적인 transform type과 transform ID를 정의하고 있다.

Protocol	Mandatory Types	Optional Types
IKE	1,2,3,5,7	
ESP	1	4,6
AH	4	6
IPcomp	6	

표 12.4 Transform Type

Name	Transform type	Mandatory
Encryption Algorithm	1	12(ENCR_AES_128)IKE, ESP
Pseudo-Random Function	2	2 (PRF_HMAC_SHA)
Authentication Method	3	6 (signed D-H)
Diffie-Hellman Group	5	5 (1536 bit MODP)
Window size	7	1

표 12.5 Transform ID

12.2.6.2 DoS 공격

인증서를 포함할 수 있는 phase 1의 3번째 메시지인 IKE_auth_request는 길이가 상당히 길어질 수 있으며, UDP상에서 동작하는 IKE는 이들의 전송을 위해 fragmentation을 수행해야 한다. 이런 경우 앞에서 소개한 fragmentation DoS 공격의 위협이 있기 때문에 추가적인 메커니즘이 필요하다.

IKEv2에서는 〔그림 12.7〕의 프로토콜을 수행하고 유효한 cookie를 송신한 IP 주소로부터 전송되는 UDP fragments만을 받아들이고 다른 IP 주소로부터 전송되는 fragments는 거절하도록 하고 있으며 IKE_SA_init_request 메시지의 길이를 500octets로 제한하고 fragment된 IKE_SA_init_request 메시지는 거절할 수도 있다.

12.2.6.3 Diffie-Hellman Exponentials (PFS) 재사용

Phase 1의 IKE_SA_init 메시지 쌍과 phase 2의 Create_child_SA 메시지 쌍에 포함되는 nonce 값들은 각각의 단계에서 필요한 키 생성에 사용되며 D-H 공유 값과 함께 키 생성시 freshness를 제공함으로써 IKEv2가 PFS를 만족하도록 해준다.

일반적으로 D-H 키 교환에 필요한 D-H 값(g^r)의 계산은 상당한 계산 량을 필요로 하기 때문에 다중 연결(multiple connection)을 위해 이를 재사용함으로써 이러한 계산 량으로 인한 로드를 줄일 수 있다. D-H 값의 재사용에는 일정 기간 동안 같은 D-H 값을 사용하고 정해진 기간이 지났을 때 새로운 값을 생성하는 주기적 갱신 방법이 있다. 그러나 만일 정해진 주기가 어떤 연결의 지속 시간보다 길다면 이때는 PFS를 만족할 수 없게 된다. 이를 보완하기 위해서는 각각의 연결에 사용된 D-H 값에 대한 상태 정보를 저장하고 있다가 해당 연결이 종료됨과 동시에 관련된 정보인 g^r, r, r의 생성에 필요한 PRF 함수의 상태 정보 등을 지우는 방법이 있을 수 있다. 이 방법에서는 상태 정보 유지를 위한 추가적인 리소스 소모가 발생하지만 PFS를 보장하면서 D-H 값의 재사용이 가능하게 된다.

IKEv2에서는 D-H 값의 재사용 여부와 언제 사용할 것인가에 대한 결정을 private decision 영역으로 정의한다.

13 IMS(IP Multimedia Subsystem) 보안

13.1 IMS 개요

IMS는 무선통신 분야의 국제 표준을 개발하는 3GPP 그룹에서 처음 제기한 개념으로써 Release 5에서 처음 소개되었다. 3GPP는 현재 Release 7의 단계 1과 2를 개발 완료하였으며 Release 8을 통해 범위를 확장하고 있다. IP Multimedia 서비스 제공을 위한 기반 구조로서 SIP 프로토콜 기반의 호 제어를 핵심 기술로 개발하였다.

PS 도메인에서는 단말기와 네트워크 사이에 SA가 설정한 후 서비스가 제공된다. 따라서 IMS에서 멀티미디어 클라이언트가 멀티미디어 서비스를 제공받기 위해서는 IMSI와는 다른 별도의 사용자 IMPI(IM Private Identity)가 인증이 되어야 하고, 하나 이상의 IMPU(IM Public Identity)가 등록이 되어야 한다. 따라서 USIM에서 사용되는 파라미터와는 별도로 생성이 되어야 한다.

IMS의 기본적인 서비스 목적은 IP 프로토콜을 기반으로 하여 음성, 비디오, 데이터 등의 멀티미디어를 복합적으로 제공하는 것이며 신속한 서비스 개발 및 변경이 용이하다는 장점을 구현하고자 하고 있다. 또한 범용의 인터넷 기반 기술을 사용함으로써 서비스의 가격 경쟁력 향상과 더불어 효율적인 세션 관리 기능을 기반으로 다양한 3rd party 어플리케이션과의 간편한 연동을 제공하고 서비스 간 글로벌 연동을 통해 사업 영역의 확장을 가능하게 한다.

IMS는 모바일 사업자가 사용자에게 멀티미디어 서비스를 제공하는 SIP 기반의 시스템으로 기본적으로 이동성 지원을 위해서 Home Network에서 실제 서비스를 제공하는 S-CSCF(Serving Call Session Control Function)가 있고, UE의 요청된 서비스를 Visited Network의 대신 요청하는 P-CSCF(Proxy Call Session Control Function)로 구성되어 있다. 이러한 멀티미디어 서비스 요청이 Service Platform에 처리가 되는데 이것이 Home network 안에 있을 수도 있고 바깥에 위치 할 수 있다. 또한 IMS는 세션 파라미터를 명시하고, 사용되는 코덱을 협상하기 위해 IETF의 SDP를 사용한다. SIP는 UDP(User Datagram Protocol)와 TCP(Transmission Control Protocol) 같은 다양한 IP 전송 프로토콜 위에서 동작한다. IMS 아키텍처는 TS 23.228에 명시되어 있으며 UMTS 패킷 도메인 위에 구축되지만, IMS의 아키텍처는 UMTS 패킷 도메인에 의해 제공되는 것 이외의 IP connectivity를 위한 메커니즘을 사용할 수 있도록 설계된다.

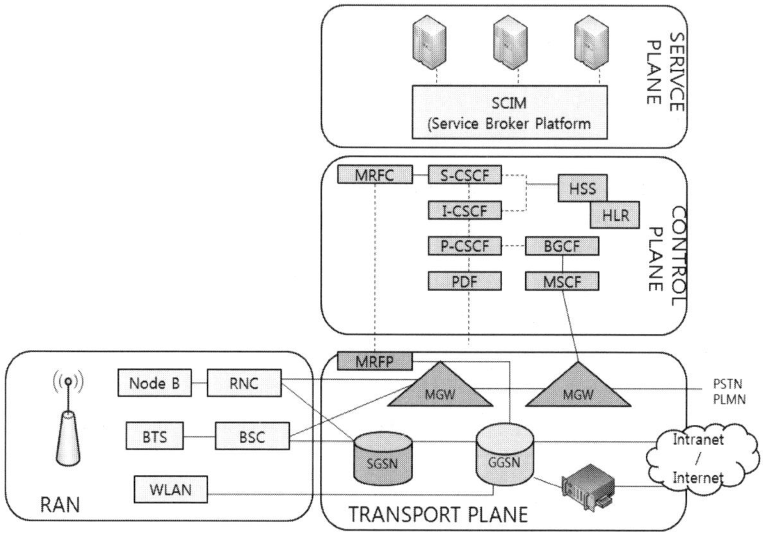

SCIM: Service Capability Interaction Manger
MRFC: Multimedia Resource Function Controller
CSCF: Call Session Control Function
HSS: Home Subscriber Server
HLR: Home Location Register
PDF: Policy Decision Function
BGCF: Breakout Gateway Control Function
MGCF: Media Gateway Control Function
MGW: Media Gateway
GGSN: Gateway P/GPRS Support Node
SGSN: Serving GPRS Support Node

그림 13.1 High Level IMS Architecture

IMS는 세션 제어 계층, 게이트웨이 계층, 어플리케이션 계층으로 구성된 핵심 구조 이루어져 있다. 세션 제어 계층은 SIP 서비스를 제공하는 서버들로 구성되며 게이트웨이 계층은 IMS 네트워크를 PSTN을 비롯한 다른 네트워크와 연동하는 기능을 한다. 그리고 어플리케이션 계층은 SIP 기반의 서비스를 제공한다.

위의 세 가지 계층으로 이루어진 IMS는 CDMA 및 UMTS의 망 진화 과정의 필수 단계이다. 유무선을 비롯한 다양한 네트워크를 연결하고 서비스를 보다 빠르게 제공하며 여러 서비스들의 다양한 조합이 가능하다. 따라서 사용자마다 서로 다른 서비스 요구를 수용해 사용자에게 적합한 서비스를 가능하게 한다. 따라서 3GPP, 3GPP2, WLAN 모두 사용이 가능하며 IMS 도입은 CDMA, UMTS, 유무선 통합을 포함하는 망 진화/통합의 필수 요건이다.

3GPP에서 IMS 보안에 관한 작업은 2000년 8월부터 시작되어 현재까지 계속 진행되고 있다. 현재 IMS 보안에 관한 내용은 TS 33.203에서 정의하고 있다. SIP에서 인증은 IETF RFC 3310에 명시된 Digest AKA 메커니즘을 이용하고, 홈망의 S-CSCF에서 수행된다. 그리고 SIP 메시지에 대한 무결성 보호는 IPsec ESP를 사용하며, hop-by-hop 형태로 보호한다. UE와 네트워크 사이의 알고리즘 협상은 IETF RFC 3329에 명시된 SIP를 위한 보안 메커니즘 협상 메커니즘을 사용하고 홈망에서 방문망으로 키 전송은 IPsec ESP에 의해 보호된다. IMS 보안은 네트워크 내의 다른 보안과 독립적이다.

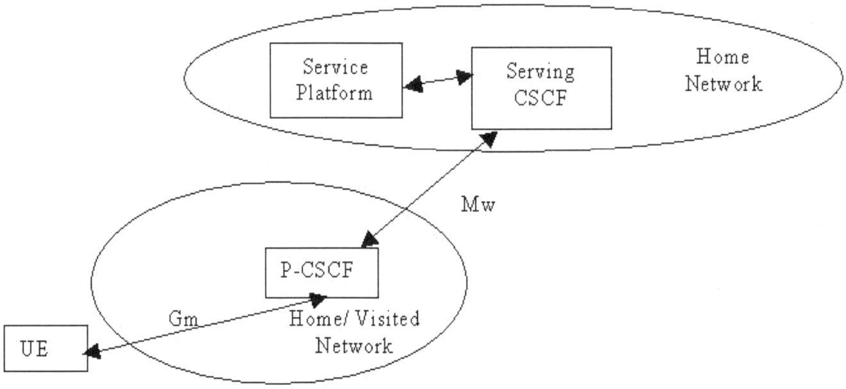

> 그림 13.2 IMS 서비스 플랫폼(Service Platform in Home Network)

13.1.1 | IMS가 제공하는 서비스

IMS가 추구하는 기본적인 서비스 목표는 IP 프로토콜을 기반으로 하여 음성, 비디오 및 데이터 등이 결합된 멀티미디어 서비스를 제공하는 것이며, 보다 빠른 서비스 개발 및 변경이 용이하다는 장점이 있다. 또한 인터넷 기반 기술을 사용함으로써 서비스의 가격 경쟁력 가질 수 있으며 효율적인 세션 관리 기능을 기반으로 다양한 3rd Party 어플리케이션과 손쉬운 연동을 가능하게 할 뿐만 아니라 서비스간 글로벌 연동을 통해 사업 영역의 확장을 가능하게 한다.

그리고 IMS 기능 요구 사항을 통해서 S-CSCF가 SIP기반의 응용 서버(AS), CAMEL 환경의 legacy, 제3자에게 표준화된 OSA/Parlay로의 표준화된 인터페이스를 제공한다. 이외에도 S-CSCF 및 HSS(Home Subscriber Server), MRFC(Multimedia Resource Control Function)의 기능 요구 사항 등이 기술되어 있다. 또한 SIP 응용 서버를 위한 일반적인 IMS 세션 핸들링에 대해서도 기술되어 있다.

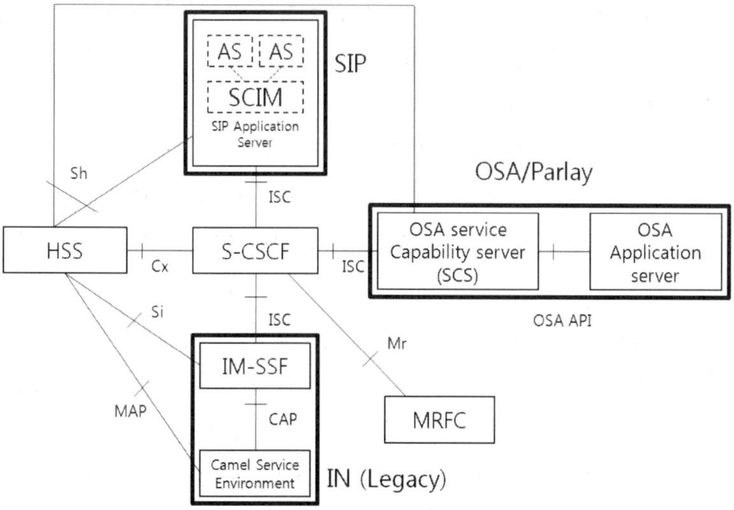

> 그림 13.4 IMS 서비스 제공 구조

대표적으로 기대되는 IMS 구조 기반 제공 서비스들은 아래와 같다.

- VoIP 및 화상 전화 서비스
- 기존 교환기/지능망 서비스 형태의 각종 부가 서비스
- Presence & Availability 서비스
- Instant Messaging 서비스
- Push-to-Talk 서비스
- 다자간 화상 회의 및 협업(게임, 파일 공유 등) 서비스
- 각종 세션 제어 기반의 멀티미디어 커뮤니케이션 서비스
- 혼합형 서비스(VoIP + 메신저 서비스 등)

13.1.2 | SIP

13.1.2.1 SIP 개요

SIP란 인터넷 전화와 같은 멀티미디어 기반 서비스를 사용하기 위해서는 음성, 영상 등의 미디어 전달을 위한 통신 규약을 비롯하여 세션을 생성하고 제어하기 위한 별도의 신호 방식이 필요하며 이러한 멀티미디어 세션을 생성하고 제어하는데 사용되는 신호 방식 중 하나이다. 대

표적인 메시지로 호를 개시하는 INVITE, 호를 해지하는 BYE 등을 비롯한 6가지의 요청 메시지와 해당 요청에 대한 처리 결과를 나타내는 응답 메시지를 가지고 있으며 새로운 서비스를 제공하기 위한 세부 확장 기능들이 개발되고 있다.

매우 일반적인 IETF 아키텍처에 기반하고 hop-by-hop 보안, end-to-middle 보안, end-to-end 보안의 다양한 신뢰 모델이 정의될 수 있다. 따라서 IETF SIP WG은 SIP의 다양한 사용 시나리오에 적용할 수 있는 다양한 보안 메커니즘을 정의하고 있으며 보안 메커니즘들은 인증, 암호화, 무결성 재연 방지 등의 서비스를 제공한다.

SIP request와 response는 메시지의 일부가 라우팅 목적 등을 위해 프락시에서 활용 가능해야 하기 때문에 end-to-end 기반에서 완전히 암호화되거나 무결성이 보호될 수는 없다. SIP를 보호하기 위해 응용 계층에서 HTTP(HyperText Transfer Protocol) 인증과 S/MIME(Secure/Multipurpose Internet Mail Extensions)을 사용하는 것이 가능하다. S/MIME은 공개키 인증서에 기반하고 어떤 경우에는 매우 큰 메시지를 생성한다는 단점을 가진다. 또한 하위의 전송 계층과 네트워크 계층에서 전체 SIP 메시지를 보호하기 위해 TLS 또는 IPsec을 사용하는 것이 가능하다. 그리고 IMS에서 UDP와 TCP가 모두 사용되지만 UDP가 디폴트 프로토콜이고 TCP는 큰 메시지에 대해서만 사용된다. TLS는 TCP 위에서만 사용될 수 있고 공개키 인증서를 요구하기 때문에 TLS는 고려 대상에서 제외된다.

13.1.2.2 SIP 장점

SIP는 기존 바이너리 기반 세션 제어 프로토콜인 H.323과는 달리 텍스트 기반으로 구성되어 프로토콜의 확장이 쉽다. 즉, 신호 메시지가 고정된 포맷이 아닌 확장이 가능한 구조로 되어 있기 때문에 기존 방식에 대한 호환성 문제없이 새로운 기능을 추가하는 것이 쉽다. 또한 다양한 멀티미디어 세션을 수용할 수 있어 하나의 SIP 프로토콜을 사용하여 음성, 영상 등을 제공할 수 있기 때문에 앞으로의 이동통신 환경 및 NGN 서비스를 위한 표준으로 채택되어 사용된다.

13.1.2.3 SIP 동작 개요

1. 구성 요소

   SIP 관련 대표적인 구성 요소로는 UA(User Agent), Proxy Server, Registrar, Redirect Server가 있으며, 각 구성 요소 간의 조합을 통해 서비스를 제공할 수 있도록 구성되어 있다.

• SIP UA
멀티미디어 세션을 요청하고 해지하는 등 사용자에 가까운 곳에 위치하여 서비스를 제공하는 구성 요소다.

• Proxy Server
UA가 요청한 멀티미디어 설정 요청을 전달 해주는 역할을 하는 구성 요소로써 주로 네트워크상에 위치하여 현재 등록된 사용자의 위치로 호 요청을 전달해 주며, 하나의 사용자가 여러 위치를 등록한 경우에는 모든 위치로 호 요청을 분기 시켜 준다. 따라서 사용자의 위치가 바뀌더라도 호를 연결해 줄 수 있는 사용자 이동성을 지원한다.

• Registrar
사용자의 현재 위치 정보 전달받아 관리하는 구성 요소이며, 단말기가 전원이 켜짐과 동시에 자신의 위치 정보 Registrar에게 전달을 하게 되는데, 이 정보를 일정 시간 동안 유지해 주며 Proxy가 호를 처리할 때 해당 정보를 가져갈 수 있도록 해주는 역할을 한다.

• Redirect Server
Proxy는 호의 연결에 직접적으로 개입하는데 반해, Redirect Server는 단순히 현재 사용자의 위치만을 알려주는 역할을 하며 전달받은 위치를 토대로 UA 또는 Proxy 서버가 호 설정 과정을 계속 진행하게 된다.

2. SIP 메시지

SIP 메시지는 〔그림 13.5〕와 같이 Request 메시지와 Response 메시지로 구성되어 있으며 각 Request/Response 메시지 내부에는 상세한 동작을 정의한 SIP 헤더들이 포함되어 있다. 또한 각 SIP 메시지는 Start Line, SIP Header, Body로 구성되어 있으며 Start Line에 기재된 정보를 토대로 Request/Response를 구분하게 된다. 이때 Body는 선택 사항이다. 그리고 Body에는 부가적인 정보를 비롯한 세션의 속성에 관련된 정보를 SDP를 사용하여 기술한다.

3. UA 동작

UA로써의 기능을 수행하기 위해 필요한 등록, 세션 요청, 세션 요청 취소, 세션 수정, 세션 해제, 능력 질의 등의 내용을 기술하고 있다.

4. Proxy 동작

Proxy도 동작 방식에 따라 stateless, stateful로 구분되고 Proxy로써의 기능 수행을 위한 Request 메시지 처리 기능, Response 메시지 처리 기능에 대해 표준에서 기술하고 있다.

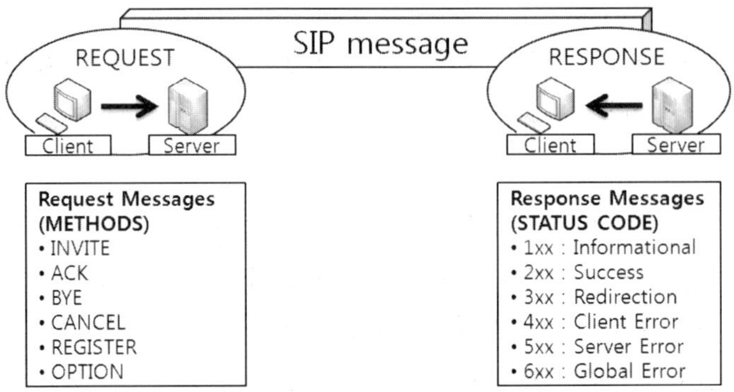

> 그림 13.5 SIP 메시지

13.1.2.3 SIP 보안 메커니즘

SIP 표준 문서에 규정된 Digest 사용자 인증, TLS, S/MIME을 적용하여 SIP 메시지에 대해서 보안 서비스를 제공하고 있다.

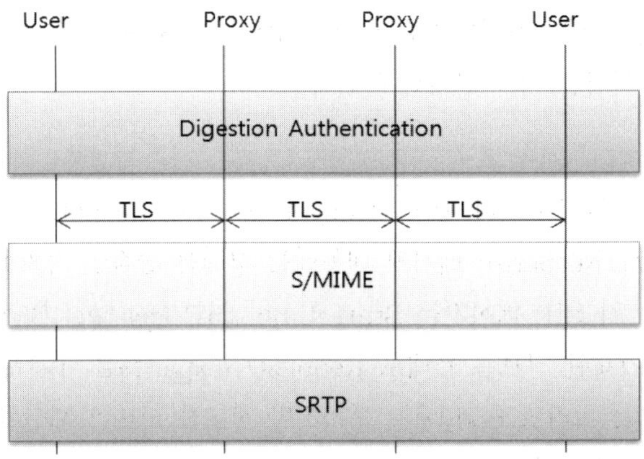

> 그림 13.6 SIP 보안 메커니즘

1. Digest 사용자 인증

   Digest 사용자 인증은 UA-to-Register, UA-to-Proxy, UA-to-Redirect 서버 간에 적용되어 사용자 인증을 위해서 SIP 보안에 적용하고 있다. Digest 사용자 인증 방법은 Challenge-Response 형태로서 사용자는 요청 메시지를 보내면 등록, 프록시, 리다이렉트 서버에서는 Challenge 메시지에 nonce와 같은 랜덤 정보를 보내 주게 되고, 이와 같은 정보를 받은 사용자는 서버로부터 받은 정보와 자신의 패스워드, 아이디를 사용하여 해쉬 함수를 통하여 생성된 인증 정보를 등록, 프록시, 리다이렉트 서버에게 응답을 보내게 된다. 이런 인증 정보는 사용자의 아이디와 패스워드가 해쉬 함수를 통해 생성되었기 때문에 패스워드 추측이 불가능 하다. 또한 등록, 프록시, 리다이렉트 서버에서는 사용자로부터 받은 인증 정보 값과 자신이 가지고 있는 사용자에 대한 정보를 가지고 해쉬 함수를 통해 생성된 값을 비교하여 값이 같으면 사용자에 대한 인증을 하게 된다.

Digest 사용자 인증은 Register 메시지를 통해 사용자 등록에만 사용되지 않고 INVITE, ACK, BYE 메시지에도 적용되어 SIP VoIP 시스템에서 세션 연결될 경우 정당한 사용자인지 아닌지 확인할 수 있도록 HTTP Digest 사용자 인증 메커니즘을 확장 적용하였다.

2. 홉 단위 보안

SIP 홉 단위 보안은 사용자와 등록 서버, 사용자와 Proxy 서버, Proxy 서버와 Proxy 서버 간에 적용되면 이러한 보안 메커니즘으로는 TLS, IPsec 등이 사용된다. RFC 3261에서는 TLS를 이용할 경우 SIP 서버에서는 반드시 구현되어야 하고 사용자에서는 선택 사항이다.

홉 단위 보안은 보안 채널을 통해 SIP 메시지를 전달하기 때문에 SIP 전체 메시지에 대해서 기밀성과 무결성을 제공하고 인증서를 통해 사용자 간에 인증을 제공한다.

SIP 메시지 전체에 대한 암호화는 메시지에 대한 기밀성 및 무결성을 완벽하게 보장하여 네트워크상에서 공격자로부터 정보 누출을 방지 할 수 있지만 프록시 서버에서 라우팅을 위한 정보를 나타내는 헤더를 확인할 수 없어 정확한 메시지 전달이 어렵다는 문제가 있다. 따라서 단 대 단으로 적용할 수 없고, SIP 단말 간에 홉 단위로 적용하여 보안 서비스를 제공한다. 단말은 TLS 보안 채널을 통해 SIP 전제 메시지를 암호화해서 전송하게 되고 이 메시지를 받은 Proxy 서버에서는 복호화 하여 라우팅에 관한 정보를 확인한 후 다시 다음 홉과 보안 채널을 형성해 SIP 메시지를 암호화하여 전송한다.

3. 단 대 단 보안

SIP 양단 간 보안은 사용자와 사용자 간에 적용되면 이러한 보안 메커니즘을 위해서 RFC 3261에서는 사용자에서 S/MIME를 옵션으로 규정하고 있다. MIME는 SMTP를 확장하여 오디오, 비디오 등 여러 종류의 데이터 파일들을 송수신할 수 있도록 기능이 확장된 프로토콜이며 응용 계층에서 보안을 제공하기 위해 S/MIME이 제안되었다.

SIP 메시지 암호화를 위해 새롭게 제시된 S/MIME는 양단간의 메시지에 대해 기밀성과 무결성 지원과 함께 인증서 기반의 상호 인증도 제공한다. SIP 메시지의 S/MIME 적용은 SIP 암호화 모드, SIP 전체 메시지 서명 모드, SIP 전체 메시지 암호 및 서명 모드와 같이 세 가지로 나뉜다.

TLS는 SIP 전체 메시지의 암호화에 대해 홉 단위에서 제공하고 프록시 서버에서 라우팅 정보를 확인한 후 다시 암호화해서 보내는 메커니즘을 사용하지만 S/MIME는 SIP 전체 메시지를 양단 간 암호화에 대한 보안 서비스를 제공함으로 프록시 서버에서 SIP 메시지 라우팅 관련 헤더들을 볼 수 있어야 한다.

따라서 양단간에 보안 서비스를 제공하기 위하여 라우팅 관련 헤더에 대해서는 기밀성을 제공하지 않고 이 점을 고려하여 SIP에 S/MIME 적용에 대해서 RRC 3261은 터널링 SIP 보드를 적용할 것을 규정하고 있다. 터널링 SIP 모드는 SIP 전체 메시지에 대해서 암호화 및 서명 기능을 제공하기 위해 외부의 메시지와 내부의 메시지로 구성을 한다.

SIP 외부의 메시지는 라우팅 헤더에 관한 정보와 같이 프록시 서버에서 라우팅 할 수 있는 헤더로 구성이 되고 내부의 메시지는 SIP 전체 메시지로 구성이 되어 있다. 이렇게 두 부분으로 나누어 S/MIME 적용할 경우 MIME 부분에 해당하는 부분으로 Inner 메시지 부분을 서명 및 암호화하여 SIP 메시지를 보호한다. 그러나 프록시 서버에서 라우팅을 위해 외부 메시지에 헤더를 노출시키기 때문에 내부 메시지에 암호화에 대해서는 한계가 있다.

13.1.2.4 표준의 적용 및 활용 범위

1. SIP의 적용

   SIP는 다양한 분야에 활용되고 있으며 NGN 및 3G 이동 통신망에서의 주요 프로토콜로 채택되어 적용되고 있다.

2. SIP의 활용 범위

   3GPP를 비롯한 ITU-T의 NGN 표준에서 기본 신호방식으로 채택되었으며 단순한 인터넷 전화만을 위한 프로토콜이 아닌 3GPP에서는 이동 통신망 환경에서 SIP 기반으로 IP 멀티미디어 서비스를 제공하기 위한 IMS 표준을 개발하였다. 3GPP는 SIP 프로토콜 확장 기능을 자체적으로 개발하지 않고 기존 SIP 표준의 확장이 요구되는 경우 IETF에 요청하여 확장 표준을 개발하도록 하고 이를 적용하여 3GPP 규격 개발 작업을 추진하고 있다.

13.2 IMS 아키텍처

13.2.1 ALL IP망의 논리적인 구조 및 핵심 요소

ALL IP망의 논리적인 구조는 크게 무선망 도메인(radio network domain), GPRS기반의 패킷 교환 서비스 도메인(GPRS packet switched service domain), IP 멀티미디어 서비스 도메인(IP multimedia service domain)으로 구분된다.

먼저 무선망 도메인은 서비스 사용자인 이동 단말, 무선구간을 통한 이동 단말의 접속을 담당하는 Node B, 그리고 RNC 등으로 구성되며, GPRS 기반의 패킷 교환 서비스 도메인은 무선 액세스 망 도메인과 외부망 또는 IM 서비스 도메인 사이에 사용자 패킷 데이터 전달을 담당하는 GPRS와 이동 단말의 이동성 관리 및 PDP 컨텍스트 활성화 서비스를 제공하는 SGSN 및 기존 망과 시그널링 및 호 제어 연동을 위한 게이트웨이 제어 기능, 멀티미디어 회의 서비스를 제공하는 게이트웨이 GPRS 지원 노드(GGSN)로 구성된다. 한편 IP 멀티미디어 서비스 도메인은 IETF에서 개발된 SIP 프로토콜을 이용한 등록 및 멀티미디어 호 처리 기능을 담당하는 S-CSCF, 기존 이동망의 HLR 기능에 IP 멀티미디어 사용자의 이동성 관리 및 인증을 위한 기능이 통합된 HSS로 구성된다. 또한 기존의 PSTN망과 시그널링 및 호 제어 연동을 위한 미디어 게이트웨이 제어 기능, 다중 멀티미디어 회의 서비스를 위한 GGSN과 베어러 제어를 위한 멀티미디어 자원 기능이 있고, 미디어 게이트웨이인 MGW는 회선 베어러 및 패킷 미디어 스트림 채널을 담당한다.

먼저 프락시 호 세션 제어 기능은 사용자가 IM 멀티미디어 망에 접속하는 첫 포인트 지점이며 GGSN과 같은 도메인에 존재하며 역할은 프락시와 이용자 에이전트의 역할을 수행하면서 사용자로부터 수신한 SIP 등록 요구 메시지를 사용자의 홈 도메인을 참조하여 I-CSCF (Interrogating Call Session Control Function)로 전달하게 된다. 또한 사용자로부터 수신한 SIP 메시지를 등록 절차를 통해 수신한 S-CSCF 주소를 이용하여 S-CSCF로 전달하고 사용자에게 SIP 메시지를 요구 또는 응답을 한다.

다음으로 정보 전송 호 세션 제어 기능은 사용자의 홈 네트워크에 접속하는 첫 포인트 지점이고 하나의 네트워크 도메인에 여러 개가 존재할 수 있다. S-CSCF를 사용자 SIP 예약에 할당하고 다른 네트워크에서 수신한 SIP 메시지를 S-CSCF로 라우팅하고 HSS로부터 S-CSCF의 주소를 획득하며 CDR(Charge Data Record)을 발생시킨다.

서빙 호 세션 제어 기능은 사용자의 세션을 제어하는 서버 역할을 하는 것을 HSS에 등록한 후 사용자의 가입자 정보를 다운로드하여 저장하며 프락시 서버와 이용자 에이전트로서 그 역할을 담당한다. 또한 서비스 플랫폼과의 상호작용과 함께 사용자에게 서비스 자원과 관련된 정보를 제공한다.

홈 가입자 서버는 CS 또는 PS 도메인 그리고 IM 핵심망 서브시스템을 통한 가입자의 이동성 관리, 호와 세션 설정 지원, 가입자의 보안 정보 생성, 가입자의 인증, 메시지의 무결성 및 암호화를 위한 데이터 생성 등을 담당한다.

정책 결정 기능은 Session을 설정하기 위한 대역폭 등의 QoS 자원을 허가하는 역할을 수행하며 중간 과정의 호나 코덱이 변하여 새로운 QoS 허가가 필요한지를 결정하고 Go 인터페이스를 통하여 GGSN과 인증 정보를 교환한다. 또한 세션이 해제되었을 때 QoS 자원을 삭제하고 SIP 세션을 위해 인증 토큰을 생성시킨다.

브레이크아웃 게이트웨이 제어 기능은 해당 PSTN/CS 도메인과 상호 간의 제어를 담당할 MGCF(Media Gateway Control Function)를 선택하거나 다른 BGCF(Breakout Gateway Control Function)로 전달하는 기능을 수행하는 동시에 CDR을 생성시킨다. 한편 미디어 게이트웨이 제어 기능은 IMS 미디어 게이트웨이에서 미디어 채널 연결 제어와 관련한 호 상황을 제어하며 CSCF(Call State Control Function)와 통신하는 동시에 들어오는 호를 위한 라우팅 수에 기반을 두어 CSCF 선택을 수행하고 ISUP와 IMS 호 제어 프로토콜간 프로토콜 변환을 제공한다.

IMS 미디어 게이트웨이는 미디어 변환, 베어러 제어, 페이로드 프로세싱을 수행하며 자원 제어를 위하여 MGCF와 상호작용을 지원한다. 반면에 멀티미디어 자원 기능 제어는 멀티미디어 자원 기능 프로세스에서 해당 자원을 제어하는 역할을 수행한다.

13.2.2 | IMS 핵심망 서브시스템

ALL IP 핵심망 구조에서 IM CN 서브시스템의 구성 요소와 인터페이스를 살펴보면 〔그림 13.7〕과 같다. 3GPP IM CN 서브시스템은 멀티미디어 시그널링과 베어러 트래픽을 전송하기 위해 UMTS 기반의 PS 도메인을 사용하며 유선 인터넷 터미널과의 연결을 유지하고 액세스 매체의 독립적인 망 연동을 위해서 가능한 한 IETF 표준 규격을 수용하고 있다. 예를 들어 CSCF간의 Mw 인터페이스에는 SIP 프로토콜을, CSCF와 HSS간의 Cx 인터페이스는 Diameter 프로토콜을 사용한다.

단말에서는 IMS 시그널링을 위하여 IETF의 SIP/SDP 프로토콜을 사용하며 핵심망에서는 QoS 서비스를 위하여 GGSN이 COPS/COPS-PR를 기반으로 하는 Go 인터페이스를 지원해야 한다.

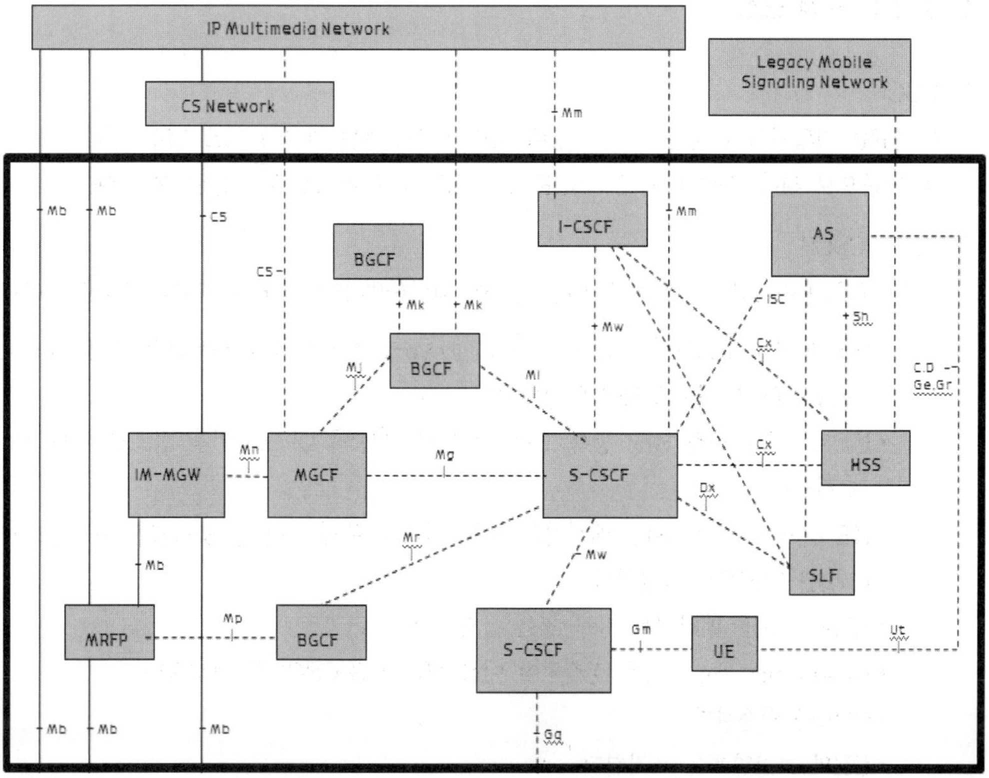

> 그림 13.7 IP Multimedia Core Network Subsystem

IMS에는 UA, P-CSCF, I-CSCF, S-CSCF, HSS와 같은 네트워크 개체가 존재한다.

IMS 서비스를 받기 위해 SIP/SDP가 응용 프로그램들과 동작하는 부분이 UW이고 P-CSCF는 IP 멀티미디어 핵심망의 첫 번째 연결 포인트로 단말로부터 수신한 SIP 등록 요청 메시지를 I-CSCF로 전달하는 역할을 한다. 또한 단말로부터 수신한 SIP 메시지를 S-CSCF와 같은 SIP 서버로 전달하는 역할과 SIP 응답 메시지를 단말로 전달하는 역할을 한다.

I-CSCF는 단말의 SIP 등록 요청 메시지를 이용하여 S-CSCF를 할당하는 역할을 수행하고 다른 네트워크에서 수신된 SIP 메시지를 S-CSCF로 라우팅 하는 역할을 수행한다. HSS로부터 해당 S-CSCF의 주소를 얻어 온다. S-CSCF는 단말을 위한 호 제어 서비스를 제공한다.

이와 같이 각 네트워크 개체들 간에는 다양한 SIP 메시지들을 주고받는데, 이를 보호하기 위하여 보안 서비스의 적용이 요구되었다. 3GPP에서는 IMS 보안 요구 사항을 만족시키기 위하여 위에서 언급된 네트워크 영역 보안(NDS/IP) 방법을 사용한다.

13.2.2.1 구성 요소

1. CSCF

CSCF는 가입자가 위치하고 있는 망에 따라서 수행하는 기능이 다르므로 그 위치와 역할을 기준으로 해서 P-CSCF, I-CSCF, S-CSCF로 논리적으로 구분할 수 있다.

가. P-CSCF

P-CSCF는 SIP 서버 중 Proxy 서버에 해당하며 P-CSCF의 기능은 다음과 같다.

- P-CSCF의 주소는 "Local CSCF Discovery" 메커니즘을 사용하여 PDP context activation에 의해 UE에게 전달된다.
- UE로부터 수신한 SIP 등록 요구 메시지를 UE의 홈 도메인을 참조하여 I-CSCF로 전달한다.
- UE로부터 수신한 SIP 메시지를 등록 절차를 통해 수신한 S-CSCF 주소를 이용하여 S-CSCF로 전달한다.
- UE에게 SIP 메시지를 요구 또는 응답한다.
- Emergency session을 검출하여 이를 처리할 S-CSCF를 선택한다.
- CDR를 발생한다.
- UE와 보안연계를 유지한다.
- Bearer 자원의 권한 검증과 QoS 관리를 한다.

나. S-CSCF

S-CSCF는 단말 및 응용 서비스의 세션 제어 및 등록 등 제공하며 기능은 다음과 같다.

- UE의 세션 제어하는 서버 역할을 한다는 것을 HSS에 등록하고 HSS로부터 UE의 가입자 정보를 요청하여 저장한다.
- 실제 등록된 UE의 세션 상태 관리를 하면서 제어 서비스를 수행한다.
- UE에게 서비스 자원과 관련된 정보를 제공한다.
- UE의 다이얼된 번호나 SIP URL을 통하여 착신 UE의 홈 도메인의 I-CSCF의 주소를 얻는다.
- PSTN 또는 CS 도메인으로 라우팅 하기 위해서 mSIP 요구 및 응답 메시지 BGCF으로 전달한다. 이후 BGCF는 해당 PSTN/CS 도메인과의 상호간의 제어를 담당할 MGCF를 선택하거나 다른 BGCF로 전달한다.

- Multi-Party call 등의 서비스를 지원하기 위해 MRF와 인터페이스 한다.
- UE의 등록 시에 HSS로부터 수신한 인증 정보를 가지고 인증을 수행한다.
- P-CSCF의 기능을 수행할 수도 있다.
- CDR을 발생한다.

다. I-CSCF

I-CSCF는 내부/외부 서비스 및 단말의 위치 정보 제공하며 기능은 다음과 같다.

- UE의 홈망에 접속하는 첫 포인트 지점이고 하나의 네트워크 도메인에 여러 개가 존재할 수도 있다.
- UE의 SIP 등록을 수행하는 S-CSCF의 주소를 HSS로부터 수신한 후 실제 등록을 담당한 SCSCF를 할당한다.
- 타 망으로부터 수신한 SIP 메시지를 S-CSCF로 라우팅 한다.
- CDR을 발생한다.
- 서로 다른 도메인 간의 SIP 메시지를 전달할 때 방화벽 기능의 THIG(Topology Hiding Inter-network Gateway)를 수행하여 망 정보의 일부를 보내지 않을 수도 있다.

2. HSS

HSS는 한마디로 가입자의 마스터 데이터베이스이다. 즉, 호/세션 제어를 위한 가입자의 모든 정보들에 대해 책임을 지며 기존의 3G HLR의 모든 기능을 포함하고 IM 서비스를 위한 IM 가입자를 위한 정보와 또한 관련된 신호 프로토콜도 포함하고 있다. 이러한 HSS는 하나의 동일한 망에 가입자의 수와 네트워크의 구성 능력에 따라 여러 개가 존재할 수도 있다.

HSS는 가입자의 마스터 데이터베이스로 가입자와 관련된 기본적인 정보를 가지고 있는데, 가입자 식별자, 즉 번호 및 주소 정보, 가입자의 보안 정보, 인증 및 권한 검증을 위한 망 액세스 제어 정보, 가입자의 위치 정보, 가입자 등록, 가입자의 서비스 프로파일 정보 등이 포함된다.

HSS의 기능은 위의 기본적인 가입자 정보를 바탕으로 HSS의 기능은 기존의 CS 도메인에서의 HLR/AuC 기능과 PS 도메인에서의 HLR/AuC의 기능 그리고 IM 서비스를 위한 IP 멀티미디어 기능으로 나눌 수 있다. 논리적인 기능 구조는 〔그림 13.8〕과 같다.

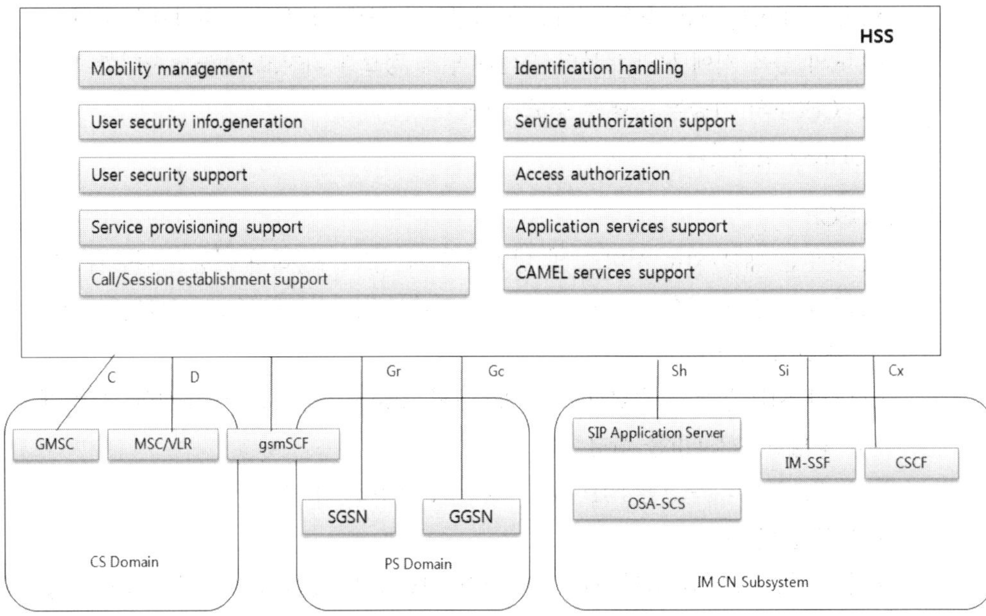

그림 13.8 HSS 논리적 구조 및 기능

HSS는 CS/PS 도메인 그리고 IM CN 서브시스템을 통한 가입자의 이동성을 관리하고 IM CN 서브시스템의 호와 세션의 설정을 지원한다. 또한 가입자의 보안 정보를 생성하고 가입자의 인증, 메시지의 무결성 체크와 암호화를 위한 데이터를 생성하여 저장하고, 서비스에 따른 각각의 기능 요소에 제공하고 인증 절차를 지원한다. 한편 HSS는 서비스별 가입자 식별자 관계를 처리를 한다. 이는 CS, PS 도메인과 IM CN 서브시스템에서 유일한 가입자를 결정짓는 식별자가 상이함으로 CS 도메인-IMSI, MSISDN, PS 도메인-IMSI, IP 주소, IM CN 서브시스템-Private and Public ID와 같이 이들 간의 관계를 제공한다.

MSC/VLR, SGSN, CSCF을 통해 요구된 이동 가입자의 방문망에서 로밍 가능 여부를 체크, 망 액세스 권한 검증 기능과 가입자의 서비스 제공 허용 여부를 결정하고 가입자의 제공되는 서비스 정보를 관련 기능 요소인 MSC/VLR, SGSN, CSCF에게 전달해 업데이트를 하도록 한다. 마지막으로 CAMEL 서비스 및 응용 서비스를 위해 서비스 프로파일 데이터의 액세스를 제공한다. 즉, CAMEL 서비스를 위해 gsmSCF, IM-SSF와 통신을 하며, IM CN 서브시스템에서 응용 서비스와 OSA - SCS 서비스를 위해 SIP 서버와의 통신을 제공한다.

3. BGCF

BGCF는 전화번호 기반의 라우팅 기능을 포함하는 SIP 서버 역할을 한다. 따라서 IMS로부터 회선 교환망으로 전화하는 경우에 사용되며 해당 PSTN/CS 도메인과 상호 간의 제어를 담당할 MGCF를 선택하거나 다른 BGCF로 전달하는 기능을 수행하는 동시에 CDR을 생성시킨다. 세션 처리 담당한 MGCF를 선택하고 CS의 Breakout Point 선택한다.

4. MGCF

MGCF는 IMS 미디어 게이트웨이에서 미디어 채널 연결 제어와 관련한 호 상황을 제어하고 MGCF와 IMS-MGW는 SIP와 ISUP간의 호 제어 프로토콜을 변환하고 SCTP(Stream Control Transmission Protocol)상으로 SGW와 인터페이스 한다. H.248 인터페이스를 통해 MGW의 자원을 제어한다.

5. MGW

MGW는 RTP와 PCM간의 변환에 의해 회선 교환망의 미디어 계층과 인터페이스 한다. 미디어 변환, 베어러 제어, 페이로드 프로세싱을 수행하며 자원 제어를 위하여 MGCF와 상호작용을 지원하며 코덱이 일치하지 않을 경우 RTP와 TDM 등 미디어 변환할 수 있다.

6. MRFC

MRFC는 멀티미디어 자원 기능 프로세스에서 해당 자원을 제어하는 역할을 수행한다. 또한 음성, 영상, 멀티미디어 등을 위한 미디어 소스를 제공한다. 그리고 S-CSCF에 대해 SIP user agent 신호 계층 노드로 MRFP를 H.248 인터페이스를 통해 제어하고 미디어 계층 노드로 모든 미디어 관련 기능을 구현한다.

7. SGW(Signaling Gateway)

SGW는 서로 다른 신호 프로토콜 변환하며 SS7 메시지를 IP망 전달 포함한다.

8. AS

AS는 SIP를 사용하여 S-CSCF와 인터페이스 한다. 따라서 다른 서비스 사업자에게 발신 번호 관련 서비스, 합법 적인 감청, 서비스 안내, 회의 통화 서비스와 같은 부가가치 서비스를 IMS 구조에 보다 편리하게 배포할 수 있게 한다. 따라서 서비스에 따라 응용 서버는 SIP 프록시 모드로 동작하거나 사용자 모드, SIP B2BUA 모드로 동작할 수 있다. 응용 서버는 홈망 또는 외부망에 위치할 수 있으며 만약 홈망에 존재한다면 Diameter나 MAP를 통해 HSS에 질의할 수 있다.

9. Mw 인터페이스

Mw 인터페이스는 IM CN 서브시스템에서 여러 기능의 CSCF 사이의 인터페이스를 말한다. 한편 3GPP의 Mw 인터페이스는 기존 인터넷 망과의 상호 연결의 용이성과 액세스 망의 독립성을 제공하기 위해 IETF의 SIP를 채택하고 있다.

10. Gx 인터페이스

Cx 인터페이스는 IM CN 서브시스템에서 I-CSCF/S-CSCF와 HSS 사이의 인터페이스를 말한다. 3GPP에서는 Cx 인터페이스를 표준화함에 있어서 인터넷 표준인 IETF의 차세대 AAA 프로토콜인 Diameter 프로토콜을 기반으로 하고 있다.

13.2.3 | IM 서브시스템 절차

IM 서비스를 제공하기 위해 사용되는 절차는 모든 서비스에 기본이 되는 GPRS 망을 통한 CSCF의 주소 발견 절차, 가입자의 IM 서비스를 위한 등록 절차, 등록 후 가입자의 IM 서비스를 위한 발/착신 절차에 대해서 상위 레벨의 절차를 분석한다. IM 서비스를 위한 절차를 설명하기 위한 기능 요소들이 포함된 논리적인 망구조는 〔그림 13.7〕과 같다. 사용자가 방문망에 로밍하는 경우가 일반적인 경우이므로 방문망이 포함된 망구조에서 위의 여러 가지 절차를 분석한다.

1. CSCF 발견

사용자(UE)가 IM 서비스를 요구하기 전에, 즉 관련된 시그널링 메시지를 전달하기 위해 하나의 PDP Context Activation이 이루어져 있어야 한다. 사용자는 IM 서비스 요구 시그널링 메시지를 IM 서브시스템의 첫 지점인 P-CSCF로 송신하기 위해서는 P-CSCF의 주소를 획득해야 하는데 이를 알아내는 시기는 GPRS attach, 이후 PDP Context Activation 완료 또는 이후이고, 여기서 P-CSCF 주소를 알아내는 메커니즘에는 크게 2가지가 사용된다.

1) DHCP 서버와 DNS(Domain Name Server)를 이용하는 것이다. GGSN은 DHCP Relay Agent로 DHCP 메시지를 UE와 DHCP 사이에서 전달한다. DHCP 서버를 통해 DNS의 주소와 P-CSCF의 도메인 이름을 알아낸 후 DNS를 통해 최초 P-CSCF의 주소를 찾는다.

2) 〔그림 13.9〕에서 PDP Context Activation시에 GGSN에서 Pre-configured된 P-CSCF의 주소를 SGSN를 통해 Activate PDP Context Accept와 함께 사용자에게 알려주는 방법이다.

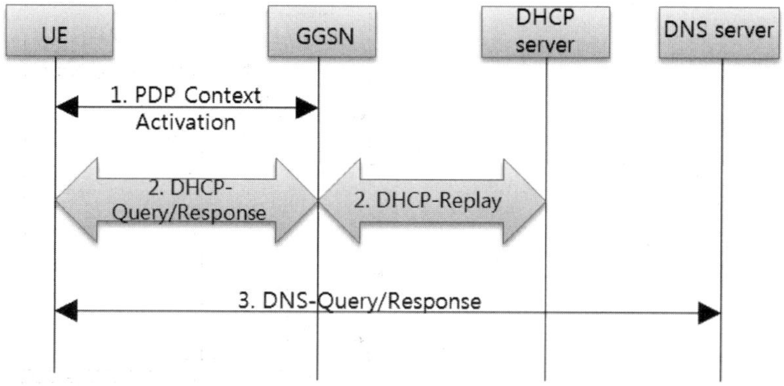

그림 13.9 DHCP/DNS를 이용한 P-CSCF 발견

2. 등록 세션

모든 IM 서비스 사용자는 발/착신의 세션을 통한 IM 서비스를 제공받기 전에 홈망에서 사용자의 서비스 제어를 위해 반드시 등록하는 과정을 거쳐야 한다. 사용자는 PDP Context Activation과 함께 P-CSCF 주소를 알아낸 후에 IM 서비스 등록 절차를 수행한다.

앞에서 정의한 CSCF들과 HSS의 기능과 해당 인터페이스 프로토콜인 SIP와 Diameter 기본 메시지를 바탕으로 하여 등록 절차를 나타내면 〔그림 13.10〕과 같다. IM 서브시스템에서의 인증은 홈망과 UE 사이 상호 인증하는 방법을 사용하는데, 인증 기능까지 포함된 등록 절차이다.

① 사용자는 사용자 식별자, 홈 도메인 이름 등의 파라미터를 포함한 SIP Register 메시지를 P-CSCF로 송신한다.

② P-CSCF는 수신한 홈 도메인 이름으로부터 DNS를 통해 I-CSCF의 주소를 알아낸 후 P-CSCF의 주소, 식별자 등을 추가하여 Register 메시지를 I-CSCF로 송신한다.

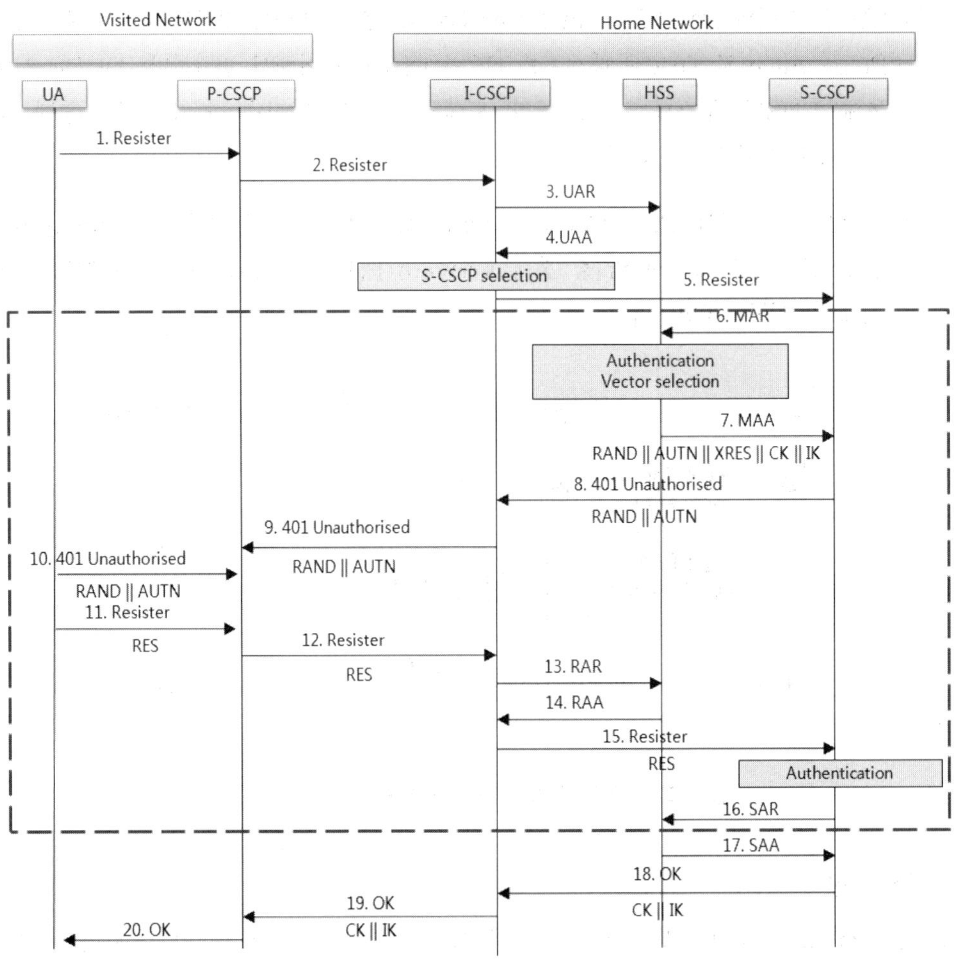

> 그림 13.10 인증 포함한 초기 등록 절차

③ I-CSCF는 수신한 Register를 참조하여 UAR Diameter 메시지를 통하여 HSS에게 사용자가 등록이 되어 있는지, 사용자가 현재의 방문망에 로밍이 가능한지를 문의한다.

④ HSS는 UAR을 수신한 후 사용자가 이미 등록되었는지의 여부와 방문망에 로밍이 가능한지에 따라 다른 결과를 UAA를 통하여 I-CSCF로 응답한다. 이때 가입자의 등록이 되어 있지 않고 로밍이 가능하다면 가능한 S-CSCF의 리스트를 추가하여 I-CSCF로 송신한다.

⑤ I-CSCF는 UAA로부터 수신한 정보를 참조하여 적절한 S-CSCF를 선택한 후 그 주소로 SIP Register 메시지를 송신한다.

⑥ 해당 S-CSCF는 사용자 인증 수행을 위해서 MAR Diameter 메시지를 HSS로 보내서 인증벡터를 요구한다. 이때 사용하는 인증 Scheme는 EAP이다.

⑦ HSS는 해당 인증벡터를 생성하여 MAA 메시지를 통해서 S-CSCF로 송신한다.

⑧~⑩ MAA를 통해 인증벡터를 수신한 S-CSCF는 SIP 401 Unauthorized 메시지를 통해 Authentication challenge인 RAND와 Authentication Token인 AUTN를 I-CSCF와 P-CSCF를 통해 사용자에게 전달한다.

⑪~⑫ 사용자는 수신한 challenge를 이용하여 XMAC를 생성한 후, AUTN에 포함된 MAC와 비교하여 홈망의 인증을 수행한다. 만약 그 결과가 실패이면 AUTS를, 성공이면 RES를 생성하여 SIP Register 메시지를 P-CSCF를 통해 I-CSCF까지 전달한다.

⑬~⑮ I-CSCF는 UAR/UAA 메시지를 통해 S-CSCF의 주소를 알아낸 후에 RES를 포함한 Register 메시지를 S-CSCF로 전달한다.

⑯ S-CSCF는 HSS로부터 수신한 인증벡터 중 XRES와 사용자로부터 수신한 RES를 비교하여 실제 UE의 인증을 수행한다. 이후 인증이 성공하면 Diameter SAR 메시지를 통하여, 사용자의 S-CSCF를 등록 요청 및 사용자의 프로파일 정보를 요청한다.

⑰ HSS는 Diameter SAA 메시지를 통하여 사용자의 S-CSCF를 등록하고, 프로파일 정보를 S-CSCF로 송신한다.

⑱~⑳ S-CSCF는 SIP 200 OK 메시지를 I-CSCF와 P-CSCF를 통해 UE에게 등록 성공을 알린다. 이때 UE와 P-CSCF 사이의 메시지 무결성, 기밀성을 위해 사용하는 암호화 키 CK와 메시지 무결성 키 IK를 P-CSCF한 테 전달한다. 또한 I-CSCF는 사용자가 등록이 완료되면 가지고 있는 정보들을 모두 삭제한다.

3. 발/착신 세션

IM 서비스 등록 절차가 이루어진 이후 사용자 간의 기본적인 세션 절차는 서비스 사용자의 종류와 현재 위치한 망, 즉 이동/PSTN 사용자, 또는 홈망 및 방문망에 따라 다를 수 있다. 즉 발신, Inter-Serving CSCF, 착신으로 나눌 수 있으며 착/발신 중의 하나가 PSTN일 경우 UE는 PSTN 가입자이며 이때 InterServingCSCF는 BGCF와 MGCF이다.

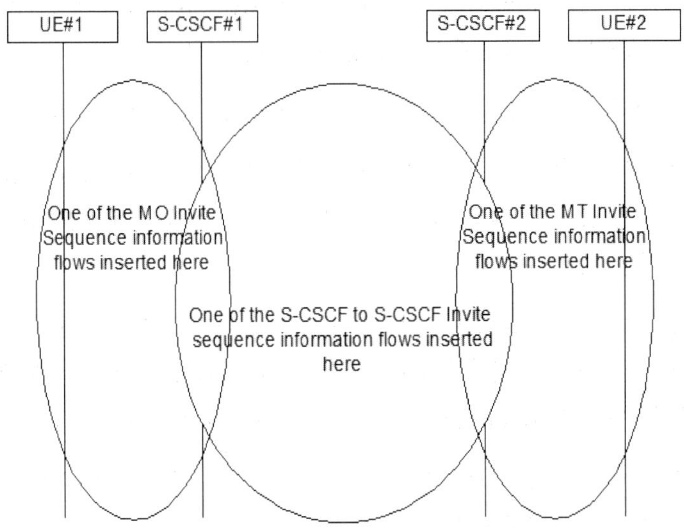

그림 13.11 발/착신 세션 절차의 개념도

사용자의 종류 및 위치한 망에 따라 발/착신 세션 절차의 시나리오는 〔표 13.1〕과 같다. 본 절에서는 발/착신의 UE가 모두 Mobile 사용자이고, 방문망인 경우, Mobile origination, roaming, Different network operator, Mobile termination, roaming의 세션 절차를 살펴본다.

발신 (택 1)	- Mobile origination, home - Mobile origination, roaming - PSTN origination
Inter S-CSCF(택 1)	- Session orig/term same net - Session orig/term Different net
착신(택 1)	- Mobile termination, home - Mobile termination roaming - PSTN termination

표 13.1 세션 절차의 다양한 조합

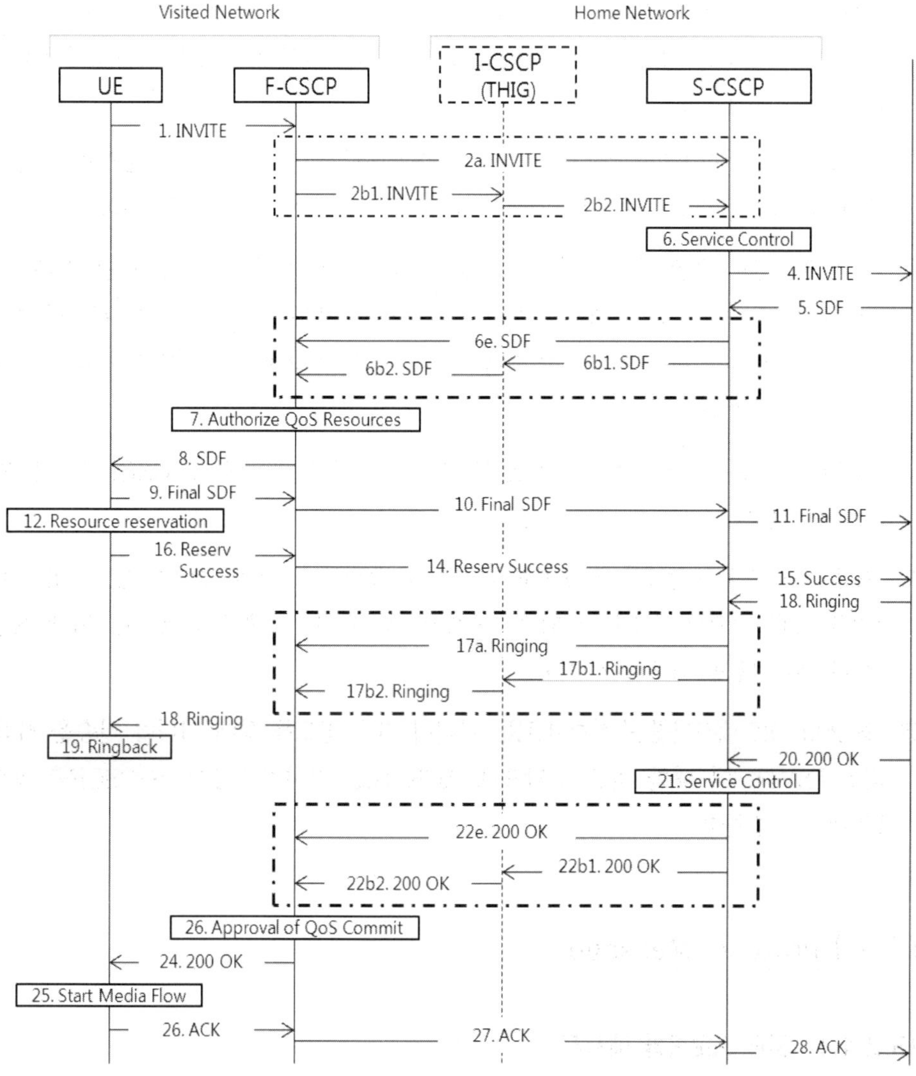

그림 13.12 Mobile origination 세션 절차

〔그림 13.12〕는 서로 Mobile to Mobile 경우의 발신 부분의 세션 절차이다. 〔그림 13.12〕에서 점선의 2, 6, 17, 22의 절차는 홈망의 네트워크 구성 정보를 감추는 일종의 방화벽인 THIG 기능의 사용 여부에 따라 a, b로 나누어질 수 있다. 세션 절차는 다음과 같다.

①~③ 등록 절차 이후 MO(Mobile Origination) UE는 멀티미디어 세션을 위한 하나 이

상의 미디어를 나타내는 초기 SDP를 포함한 SIP 메시지인 INVITE를 등록 할 때 이미 알고 있는 P-CSCF 정보를 통해 MO UE의 S-CSCF까지 지나 MT(Mobile Termination) UE의 S-CSCF까지 전송한다.

⑤~⑧ MT의 S-CSCF로부터 수신한 MT UE의 미디어 스트림 능력을 포함한 SDP 메시지를 MOUE까지 전송한다. 이때 P-CSCF는 세션에 대한 자원을 검증한다.

⑨~⑮ MO UE는 해당 세션에 필요한 최종 미디어 스트림 정보를 Final SDP 메시지를 통하여 MT UE의 S-CSCF까지 전송한다. 이 후 MOUE는 해당 세션에 필요한 자원 예약 절차를 수행한다. 자원 예약이 이루어진 이 후 UE는 자원 예약 성공 메시지를 MT UE의 S-CSCF로 전송한다.

⑯~⑲ MT UE로부터 발생한 Alerting인 Ringing 메시지를 MT S-CSCF로부터 수신하여 UE까지 전송한다.

⑳~㉔ MT UE가 응답하면 200 OK 메시지를 발생한다. 이후 발생한 200 OK 메시지를 MTS-CSCF로부터 수신하여 MO UE까지 전송한다. 이때 P-CSCF는 해당 세션에 대한 예약된 자원을 적용해야 한다.

㉕~㉘ 200 OK 메시지를 수신한 UE는 미디어 전송 경로를 통해 미디어 전송을 시작한 후, 최초 INVITE에 대한 최종 응답으로 ACK SIP 메시지를 MT S-CSCF를 통해 MT UE까지 전송한다.

13.2.4 | Protocol Message

13.2.4.1 SIP 프로토콜 메시지

IETF의 SIP 프로토콜은 VoIP 서비스를 비롯한 다양한 서비스의 호 설정 프로토콜이다. 즉, SIP는 Peer-to-Peer 시그널링 프로토콜이며 동일한 식별자를 이용하여 언제 어디서나 음성, 영상들 다양한 서비스 등을 제공받도록 한다.

SIP를 이용하여 세션을 설정할 때 세션 파라미터를 협상함으로써 사용자의 능력에 따라 서비스가 지원되며 텍스트 기반의 프로토콜로서 기존의 인터넷 환경에서의 확장성과 재사용성이 뛰어나고 사용자 이동성도 제공한다.

또한 UDP 및 TCP에 상관없이 동작하므로 하부 전송 프로토콜에 독립적이고 SDP을 세션의 정보를 협상하기 위한 메시지 바디로써 사용한다. SIP 메시지는 HTTP의 많은 부분을 이용하고 있기 때문에 프로토콜의 메시지는 텍스트로 구성되는 text-based 프로토콜이다.

SIP 메시지의 종류는 6개의 기본 메소드로 구성되고 request/response 형식으로 이루어져 있다. RFC 2543bis 표준에 정의된 6개의 요청 메시지와 6개 그룹의 응답 메시지는 〔표 13.2〕에서 확인할 수 있으며 필요에 따라 extension 메소드를 정의하여 사용할 수 있다. 〔표 13.2〕의 메시지 외에 SIP 프로토콜의 자세한 내용은 IETF의 SIP와 SDP 규격에 설명되어 있다.

Request 메시지		Response 메시지	
메시지	의미	메시지	의미
REGISTER	위치 정보 등록, 삭제, 수정	1xx	informational
INVITE	콜 요청	2xx	Success
ACK	INVITE의 최종 응답	3xx	Redirection
BYE	콜 해지	4xx	Client Error
CANCEL	미결정의 콜 해지	5xx	Server Error
OPTIONS	Capability 정보 요청	6xx	Clobal Failure

> 표 13.2 기본적인 SIP 메시지 종류

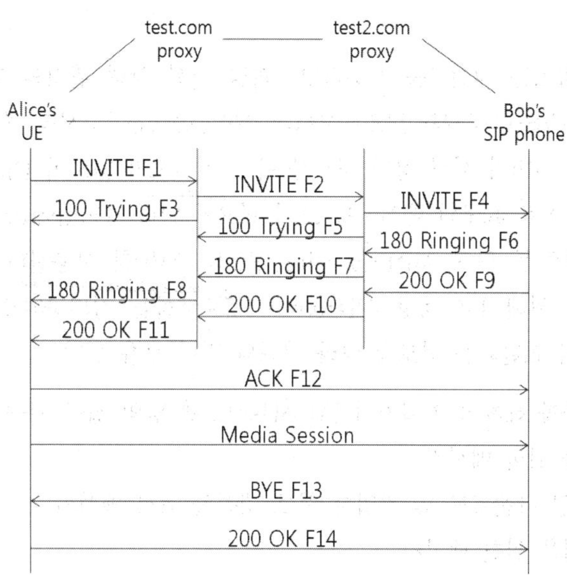

> 그림 13.13 SIP session set-up example using a SIP trapezoid

13.2.4.2 Diameter 프로토콜

IETF의 Diameter 프로토콜은 SCTP(Stream Control Transmission Protocol)를 기반으로 한 신뢰성과 다양한 응용이 가능하고 세션을 기반으로 한 프로토콜이며 하나의 베이스 프로토콜과 NASREQ, Mobile IP, CMS Security의 3개의 응용 프로토콜로 이루어져 있다.

- 베이스 프로토콜
  모든 응용 프로토콜에서 공통으로 사용되는 사항들을 정의하며 Diameter 노드간 초기화 과정 및 세션 상태 관리 및 종료하는 방법, 과금 데이터 전송 방법 등이 있다.
- NASREQ
  기존의 RADIUS와 호환성을 위한 응용이다.
- Mobile IP
  Diameter의 inter-domain mobility를 이용하여 mobile IP 서비스를 위한 응용이다.
- CMS security
  end-to-end 보안을 위한 SA 설정에 대한 응용이다.

3GPP에서는 Cx 인터페이스를 IETF의 Diameter 베이스 프로토콜을 기본으로 IM 서비스 응용을 위한 응용 프로토콜을 정의한다. 하지만 IETF 규격을 고려하여 선택적으로 적용이 가능하다.

전송 계층 프로토콜로는 SCTP를 사용하고, 과금 세션 상태 관리의 과금 기능은 사용하지 않는다. 또한 I-CSCF/S-CSCF와 HSS 사이의 세션 종료는 "묵시적 종료" 방법을 사용한다. 이 방법은 Diameter 서버가 세션 상태 정보를 유지할 필요가 없으며 Diameter 클라이언트는 재 인증 요구나 세션 종료 요구의 메시지를 보낼 필요가 없다. Diameter 베이스 프로토콜에서는 세션의 "묵시적 종료"를 위해 Auth-Session-State AVP를 사용한다. 이런 사항을 고려하여 Cx 인터페이스를 위해 IM 응용 Diameter 프로토콜을 정의하였으며 Cx 인터페이스는 CSCF와 HSS 사이에 교환되는 정보에 따라 아래와 같이 분류 된다.

- 가입자의 등록/등록 해제와 가입자의 IM 서브시스템 망의 접근 가능 여부의 권한 검증 및 위치 정보 관리를 위한 메시지
- 가입자의 프로파일 다운로드 및 가입자 정보 갱신을 위한 메시지
- 가입자 인증 수행을 위한 메시지

〔표 13.3〕은 인터페이스에 사용되는 IP 멀티미디어 응용 Diameter 메시지이다. UAR/UAA, SAR/SAA, LIR/LIA, RTR/RTA 메시지는 가입자 등록 및 위치 정보 관리를 위한 메시지이고 PPR/PPA, SAR/SAA는 가입자의 프로파일 다운로드 및 갱신을 위한 메시지이며 MAR/MAA는 가입자의 인증을 위해 사용하는 메시지이다.

IM 응용 Diameter 메시지와 함께 각각 메시지에 포함되는 정보 요소도 기존의 베이스 프로토콜의 AVP를 확장하여 정의하고 있다. Src와 Dest는 해당 메시지의 진행 방향을 나타낸다.

Command Name	Src	Dest	Abbr
User-Authorization-Req	I-CSCF	HSS	UAR
User-Authorization-Ans	HSS	I-CSCF	UAA
Server-Assignment-Req	C-CSCF	HSS	SAR
Server-Assignment-Ans	HSS	S-CSCF	SAA
Location-Info-Req	I-CSCF	HSS	LIR
Location-Info-Ans	HSS	I-CSCF	LIA
Multimdia-Authentication-Req	S-CSCF	HSS	MAR
Multimdia-Authentication-Ans	HSS	S-CSCF	MAA
Registration-Termination-Req	HSS	S-CSCF	RTR
Registration-Termination-Ans	S-CSCF	HSS	RTA
Push-Profile-Req	HSS	S-CSCF	PPR
Push-Profile-Ans	S-CSCF	HSS	PPA

표 13.3 IM 용 Diameter 메시지

13.3 IMS에서 제공하는 보안

SIP에서 인증은 Digest AKA 메커니즘을 이용하고 홈망의 S-CSCF에서 수행된다. 그리고 SIP 메시지에 대한 무결성 보호는 IPsec ESP를 사용하며 hop-by-hop 형태로 보호한다. UE와 네트워크 사이의 알고리즘 협상은 IETF RFC 3329에 기술된 SIP를 위한 보안 메커니즘 협상 메커니즘을 사용하고 홈망에서 방문망으로의 키 전송은 IPsec ESP에 의해 보호된다. IMS 보안은 네트워크 내의 다른 보안과 독립적이다.

13.3.1 | 가입자와 네트워크의 인증

가입자는 홈망의 HSS에 위치한 가입자 프로파일을 가지며 이 가입자 프로파일은 외부 에 노출 되지 않은 가입자의 정보를 포함하며 S-CSCF 등록에서 I-CSCF에 의해 가입자에게 할당된다. 가입자 프로파일은 HSS로부터 Cx-레퍼런스 포인터가 가리키는 S-CSCF에 다운로드 된다. 가입자가 IP 멀티미디어 코어 네트워크 서브시스템에 접근을 요청할 때 가입자의 프로파일과 요청을 매칭 시킴으로써 확인한다.

홈망은 등록 절차나 재등록 절차를 통해서 언제든지 가입자를 인증한다.

- 가입자의 재인증
  초기 등록 절차에서는 항상 인증된다. S-CSCF에 의해서 재등록을 할 것인지 아닌지 결정하는 것은 운영자의 정책이다. 그러므로 재등록은 인증될 필요가 없을 수도 있다.
- 기밀성 보호
  기밀성 보호는 UE와 P-CSCF 사이에서 SIP 시그널링 메시지에 적용되지 않는다. 링크 계층, 즉 UE와 RNC 사이에서 SIP 시그널링에 대한 암호화 제공이 권고된다.
- 무결성 보호
  무결성 보호는 SIP 시그널링 보호에 대해 UE와 P-CSCF 사이에서 적용된다.

13.3.2 | IMS 보안 아키텍처

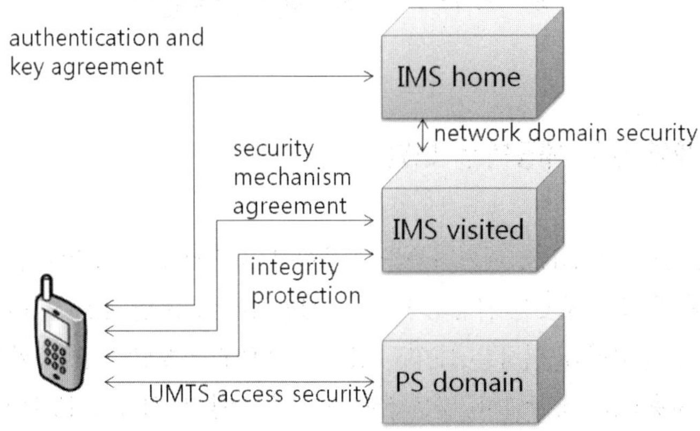

그림 13.14 IMS security features

3GPP IMS 가입자는 하나의 IMPI를 가지며, 적어도 하나의 IMPU를 가진다. IMPI에 관련된 공유 비밀키가 ISIM(IMS Subscriber Identity Module)과 HSS에 저장된다. IMS 가입자가 멀티미디어 세션에 참여하기 위해서는 IMS에 적어도 하나의 IMPU를 등록해야 한다. IMPI는 인증을 위해서만 사용된다. HSS는 S-CSCF에게 가입자 인증을 위임하지만 키와 인증 데이터의 생성을 담당한다. 〔그림 13.15〕에서 IMS에 대한 보안 구조를 보듯이 이중 동일 보호 도메인 내에서나 서로 다른 보호 도메인 사이의 인터페이스와 레퍼런스 포인터에 관해서는 IP 네트워크 보안에 관한 내용을 사용한다.

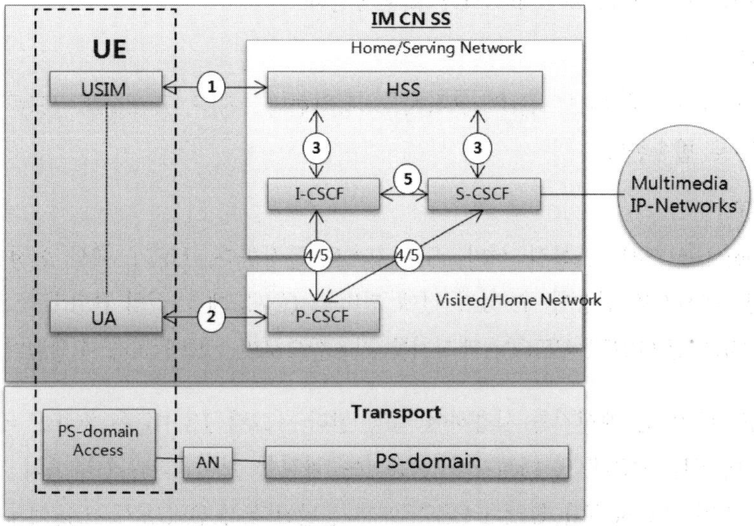

> 그림 13.15 IMS 보안 아키텍처

IMS 보안을 위해서는 5 개의 서로 다른 보호 연계가 존재 한다.

- HSS는 S-CSCF에게 가입자 인증에 관한 역할을 위임하며 키와 challenge를 생성하는 역할을 하고, 가입자는 하나의 IMPI와 하나 이상의 IMPU를 소유한다.
- UE와 P-CSCF 사이에 보안 링크와 보호 연계가 제공된다.
- Cx 인터페이스에 대한 내부 네트워크 도메인 보안
- 서로 다른 망에서 SIP 기능이 있는 노드 사이의 보안
- 동일망 내에서 SIP 기능이 있는 노드 사이의 보안

그리고 IMS 보안 아키텍처에 관련하여 4개의 IMS 개체가 존재한다.

- UE

  SIP 사용자 에이전트(UA) 그리고 IMS 보안 정보를 포함한 어플리케이션인 ISIM에 기반을 둔 스마트카드를 포함한다. ISIM은 USIM과 데이터와 함수를 공유하지 않는 다른 어플리케이션일 수 있다. 또는 USIM과 데이터와 함수를 공유하거나 USIM을 재사용할 수도 있다. IMPI 당 하나의 ISIM만이 할당된다.

- P-CSCF

  outbound SIP 프락시로 동작한다. UE에서 UA에 대해 방문망에서의 첫 번째 접속 지점이 되고, SIP request를 I-CSCF로 발송한다.

- I-CSCF

  홈망에서 접속 지점이고 SIP 프록시로 동작한다. SIP request 또는 response를 S-CSCF로 발송한다.

- S-CSCF

  SIP register, SIP 프록시 서버, SIP UA로 동작한다. UE가 세션 설정을 위해 SIP INVITE 메시지를 전송할 수 있기 전에 먼저 S-CSCF에 자신의 IMPU를 등록한 후 홈망으로 SIP REGISTRATION 메시지를 전송함으로써 UE에 의해 수행된다.

세션은 SIP INVITE 메시지를 사용하여 설정 된다. 〔그림 13.16〕은 3GPP 네트워크에 위치한 UE사이에 SIP INVITE 메시지가 전송되는 과정을 보여준다. 홈망 A의 UE A로부터 INVITE 메시지가 P-CSCF를 통해 I-CSCF에게 전달된다. I-CSCF가 HSS에게 메시지를 전달하면 HSS는 사용자가 등록된 S-CSCF를 찾는다. 위와 같은 과정이 홈망 B에서도 수행되며 INVITE는 UE B에 최종 전달되어 세션이 설정된다. 그 이후 IETF의 RTP와 같은 프로토콜을 사용하여 세션을 시작한다.

PS 영역에서 이루어지는 서비스는 모바일 장비와 네트워크 사이에 보안 연결이 완료되면 서비스가 제공된다. IMS는 PS 영역에 낮은 의존성을 가지며 사용자 측의 IMS 인증키와 함수는 UICC에 저장된다. IMS 인증키와 함수는 PS 영역 인증에 사용되는 키와 함수에 논리적으로 독립되는 것이 가능하지만 IMS와 PS 영역에 사용되는 일반적인 인증키와 함수는 제외하지 않는다.

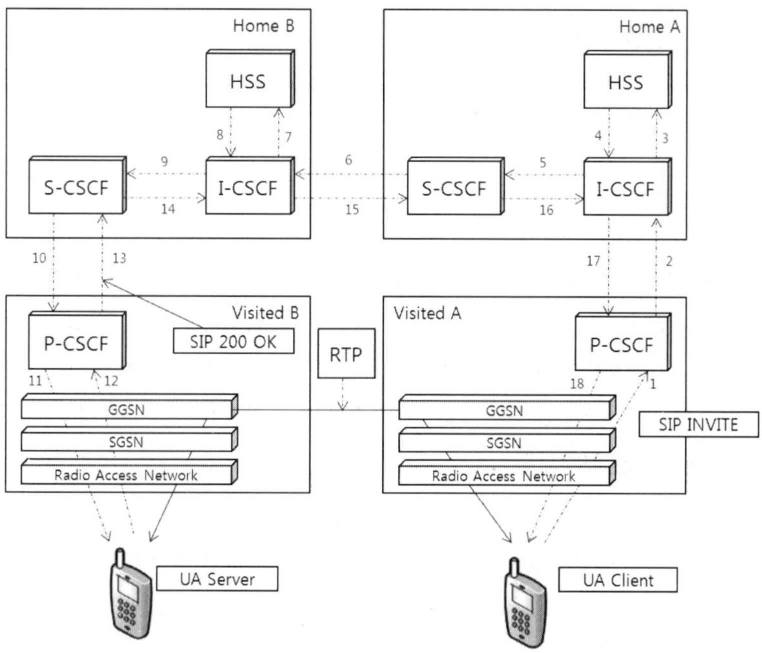

그림 13.16 IMS에서의 세션 설정 시나리오

13.3.3 IMS에 대한 보안 연결과 보안 보호

IMS에 대한 5개의 보안 연결과 보안 보호에 대한 요구가 있다.

① 상호 인증을 제공한다. HSS는 S-CSCF가 가입자 인증을 대신 수행하지만 HSS는 키와 요구 생성에 책임이 있다. ISIM과 HSS안의 longterm 키는 IMPI와 연관되며 가입자는 IMPI와 적어도 하나의 외부 IMPU을 가질 것이다.

② UE와 Gm 레퍼런스 포인터의 보호를 위한 P-CSCF 사이에서 보안 링크와 보안 연결을 제공하고 데이터 출처 인증은 수신된 데이터의 근원에 대한 확증을 제공한다.

③ 네트워크 영역 안에서 내부에 Cx 인터페이스에 대한 보안을 제공한다.

④ 다른 네트워크들 사이에서 SIP의 가능한 노드들에 대한 보안을 제공하고 이 보안 연결은 P-CSCF가 방문망 안에 있을 때만 적용 가능하다.

⑤ 네트워크 내부에 SIP의 가능한 노드들 사이에서 보안을 제공하며 이 보안 연결은 P-CSCF가 홈망 안에 있을 때 적용된다.

13.3.4 | IMS 보안을 위한 망구조

IMS 보안을 위한 망구조는 크게 P-CSCF가 방문망에 있는 경우와 홈망에 있는 경우로 나눌 수 있다.

1. P-CSCF가 방문망에 있는 경우

   P-CSCF가 방문망에 있는 경우는 아래의 그림과 같은 망구조를 가진다. P-CSCF에서 홈망의 I-CSCF나 S-CSCF로 메시지를 전달하기 위해서는 Za 인터페이스를 거치게 되어 있다. Za 인터페이스에서는 모든 IP 패킷에 보안 서비스를 적용하기 때문에 안전하게 홈망으로 메시지를 전달 할 수 있다. 나머지 네트워크 개체들 사이에서는 Zb 인터페이스를 통하여 메시지를 전달한다.

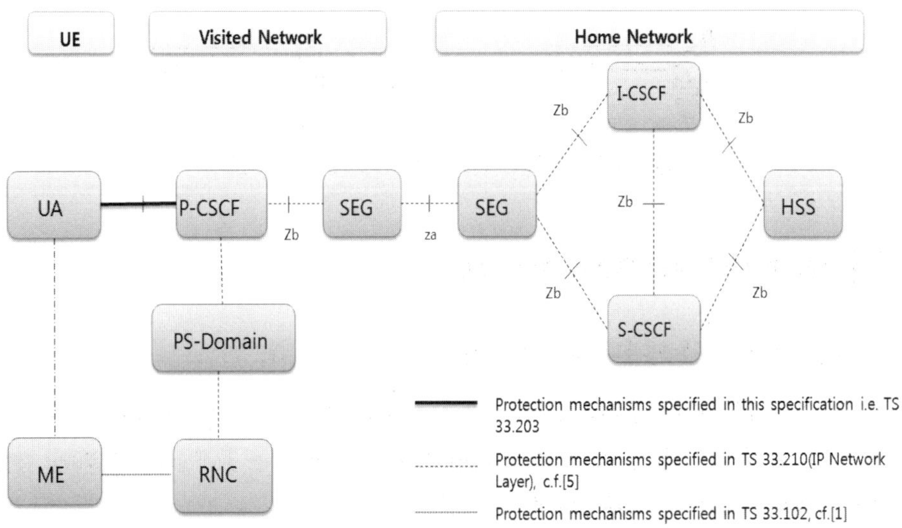

그림 13.17 방문망의 P-CSCF

2. P-CSCF가 홈망에 있는 경우

   P-CSCF가 홈망에 있는 경우에는 아래의 그림과 같은 망구조를 가지는데, 홈망에 있는 네트워크 개체들은 Zb 인터페이스를 사용하여 SIP 시그널링 패킷을 보호한다.

   IMS 시스템의 망 보안 외에 단말과 P-CSCF 사이에도 보안이 필요한데, IP Security의 IKE를 사용하지 않고, IMS AKA를 사용하여 key 값을 설정한다. 이렇게 설정된 key 값을 이용하여 IP Security의 ESP 프로토콜을 사용하여 보안 서비스를 적용한다.

이때 적용되는 ESP는 기밀성을 제공하지 않고, 무결성 서비스만을 적용하고, 무결성 서비스를 위한 알고리즘으로 HMAC-MD5-96과 HMAC-SHA-1-96 중에 하나를 사용한다. 그리고 Tunnel 모드가 아닌 Transport 모드를 사용하여 단말과 P-CSCF 사이의 SIP 시그널링 메시지를 보호한다.

Release 6에서는 기본 망 보안에서 Za 인터페이스와 Zb 인터페이스를 사용하여 보안 서비스를 제공하는 것은 같지만, P-CSCF간의 보안 서비스에 기밀성 서비스가 제공된다는 것이 Release 5와 다른 점이다. 기밀성 서비스를 위해서 3GPP에서는 암호화 알고리즘으로 DES-EDE3-CBC와 AES-CBC를 사용하고, 무결성 서비스를 위해서는 Release 5에서와 마찬가지로 HMAC-MD5-96과 HMAC-SHA-1-96을 사용한다.

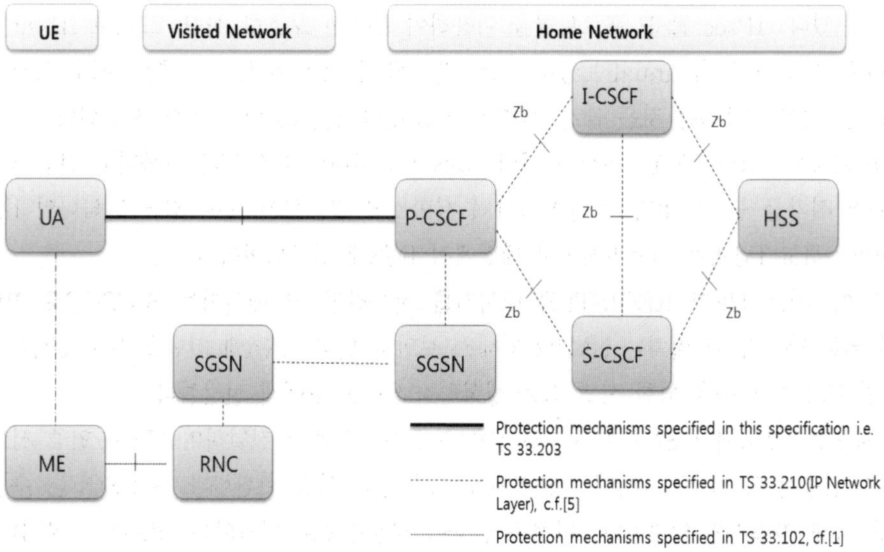

그림 13.18 홈망의 P-CSCF

13.4 IMS 보안 메커니즘

IMS 가입자는 개인 식별자 IMPI를 가지며 모든 가입자 관련 데이터는 HSS에 저장된다. 사용자 등록 과정 동안 가입자 데이터는 HSS로부터 S_CSCF에 전달된다. S-CSCF는 사용자의 액세스를 허용하기 전에 이 가입자 데이터와 사용자에 의한 요구를 검증한다.

13.4.1 | 인증과 키 일치

IMS AKA 과정에서 생성된 보안 파라미터는 SIP에 의해서 전송되며, RAND, XRES, CK, IK, AUTN과 같은 인증벡터의 생성과 SQN 관리는 UMTS AKA와 동일하다. 또한 UE와 P-CSCF 사이에는 SA가 설정되어야 하고 새로운 인증이 발생할 때 마다 업데이트된다. UE와 P-CSCF 사이에는 무결성 보호만이 적용된다. 기밀성 보호는 IMS에 적용되지 않는다. 하지만 UE와 RNC 사이의 무선구간은 UMTS 링크 계층에서 제공되는 기밀성 메커니즘이 사용될 수 있다.

End-to-end 보안에 대해서는 IETF SRTP(Secure Real time Transport Protocol)와 MIKEY(Multimedia Internet KEYing)가 RTP를 보호하고 키 관리 기법을 제공하기 위해 사용될 수 있다. IPsec ESP 프로토콜을 이용하여 무결성 보호를 한다. 그리고 IPsec ESP를 위한 SA는 IKE 또는 'manual keying'으로 생성될 수 있으며 IKE 구현이 매우 복잡하기 때문에 단말기에서 수행하는 것은 불가능하므로 'manual keying'이 IMS에 사용된다.

등록 과정은 〔그림 13.19〕에서 보듯이 IMS에서 하나의 IMPU가 등록되고 인증 및 키 일치에 관한 절차를 볼 수 있다. 사용자가 IM 서비스에 접근하기 전에 적어도 하나의 IMPU는 등록되어야 하고 IMPI는 어플리케이션 레벨에서 IMS에 인증되어야 한다.

SM1 메시지로 UE가 REGISTER 메시지를 전송하면 이 메시지는 S-CSCF로 전달된다. IMS를 위한 인증과 키 일치는 UMTS 액세스 보안을 위한 AKA에 기반을 두며 UE가 등록을 요청하면 HSS가 인증을 위한 시도 값을 생성하여 S-CSCF에게 전달한다.

S-CSCF는 SM4에서 SM6 메시지로 P-CSCF와 UE에게 전달하며 UE는 인증 시도 값이 유효한지 검증한 후 SM7 메시지로 S-CSCF에게 응답 값을 반환한다. S-CSCF는 수신한 응답 값을 통해 가입자를 인증한다. 이것은 인증이 방문망으로 위임되는 UMTS 구조이다. 그리고 홈망에서 S-CSCF는 언제든지 사용자 재인증을 요구할 수 있다.

- SM1: REGISTER(IMPI, IMPU)

SM1 메시지는 S-CSCF까지 전달되고 S-CSCF는 HSS에게 등록 플래그를 보낸다. 이 플래그는 S-CSCF 이름과 함께 HSS에 저장되며 이것은 사용자의 특정한 IMPU가 다른 S-CSCF에 이미 등록이 되었는지를 확인하거나 어떤 S-CSCF에서 초기 등록의 진행 여부를 확인하기 위해서 사용된다. HSS는 S-CSCF로부터 state를 전달 받고 Cx-Put 메시지가 S-CSCF로부터 HSS로 전송되고 나면 사용자 등록을 수행한다. SIP REGISTER를 받으면 S-CSCF는 사용자와의 인증과 키 일치를 위해 AV를 필요로 한다. 만약, S-CSCF가 유효한

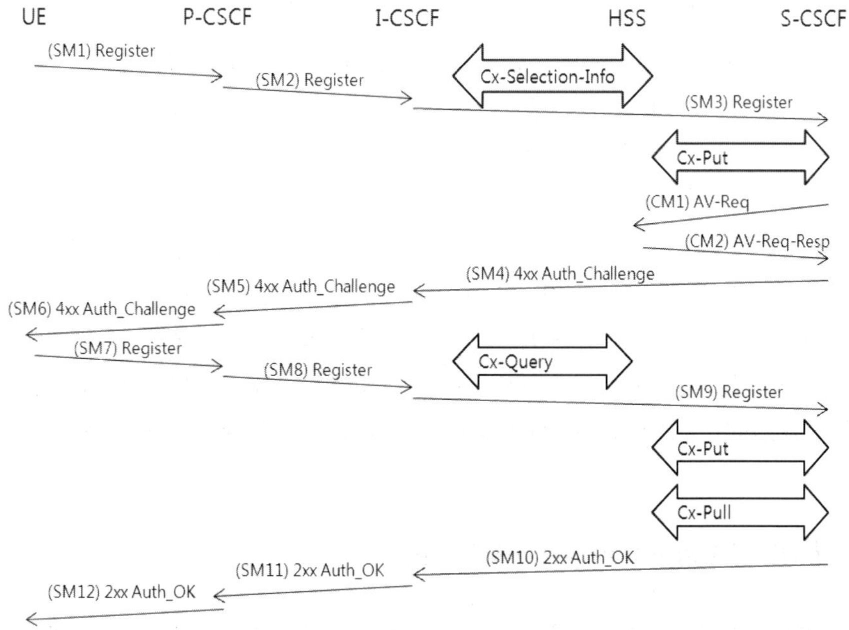

그림 13.19 IMS에서 성공적인 등록 과정

AV를 가지고 있지 않다면 HSS에게 CM1에서 AVn을 요구하며 HSS는 IMPI와 IMPU가 동일한 사용자의 것인지를 확인한다.

- CM1: Cx-AV-Req(IMPI, m)
- CM2: Cx-AV-Req-Resp(IMPI, RAND1 ‖ AUTN1 ‖ XRES1 ‖ CK1 ‖ IK1,…., RANDn ‖ AUTNn ‖ XRESn ‖ CKn ‖ IKn)

S-CSCF는 SM4 메시지인 SIP 4xx Auth_Challenge를 보낸다.

- SM4: 4xx Auth_Challenge(IMPI, RAND, AUTN, IK, CK)

P-CSCF는 SM4 메시지에서 RAND와 AUTN만 UE에 전송하는데, Digest AKA에서는 challenge인 "nonce"에 해당한다.

- SM6: 4xx Auth_Challenge(IMPI, RAND, AUTN)

SM6을 받은 UE는 MAC, SQN 등을 검증하고 둘 다 성공하면 RES를 SM7에서 전송하고 CK, IK 등을 계산하며 SM7은 Digest AKA에서 response인 "password"에 해당한다.

• SM7: REGISTER(IMPI, Authentication response)

SM7은 S-CSCF까지 전달되며 S-CSCF는 XRES를 확인한다. 검증이 성공하면 사용자는 인증이 되고 IMPU는 S-CSCF에 등록이 된다. 이때 Cx 과정에서 등록 플래그가 업데이트되고, 그 후에 UE에게 인증 성공 메시지를 보낸다.

사용자가 성공적으로 인증되고 UE가 200 OK 메시지를 수신하면, UE와 P-CSCF 사이에 SIP 메시지 보호를 위한 SA가 설정된다. P-CSCF는 S-CSCF에 의해 전송된 SM5 메시지로부터 SIP 보호를 위한 무결성 키를 획득한다. 무결성 키가 S-CSCF에서 P-CSCF로 전달되기 때문에 이 메시지는 홈망과 방문망 사이에서 보호되어야 한다. 이것은 TS 33.210에 명시된 메커니즘을 사용하여 네트워크 사이에 IPsec tunnel을 설정함으로써 달성된다.

13.4.2 | HTTP Digest AKA를 사용한 인증

SIP는 HTTP 프레임워크에 기반을 두므로 HTTP의 인증 프레임워크를 상속받는다. 하지만 HTTP Basic 인증이 패스워드를 평문으로 전송하므로 SIP에서는 HTTP Digest 인증만이 허용된다. AKA에서 파라미터 RES는 평문으로 전달되더라도 AKA 프로토콜은 안전하기 때문에 HTTP Basic 인증과 AKA를 결합하여 사용하는 것은 안전하다. 하지만 3GPP에서는 IETF와의 호환을 위해 HTTP Basic 인증을 사용하지 않는다.

HTTP Digest와 AKA 프로토콜을 결합하여 사용하는 것은 다음처럼 동작한다. HTTP Digest는 S-CSCF에서 UE로 인증 시도 값을 전송하기 위해 사용된다. 이 메시지는 P-CSCF를 위한 인증 시도 값, 보안 메커니즘 식별자, 무결성 키를 전송하는 WWW Authenticate 헤더를 포함한다. UE가 인증 시도 값을 수신하면 먼저 MAC 값이 정확한지를 검증한 후 Sequence number가 유효한 범위 안에 있는지를 검사한다. 이 검사가 성공하면 UE는 시도 값과 ISIM에 저장된 공유 비밀키에 기반을 두어 인증 응답 값 RES를 계산한다. RES는 HTTP Digest 프레임워크에서 패스워드로 취급되고, RES를 입력으로 하는 AKAv1 MD5를 사용하여 응답이 계산된다. S-CSCF는 XRES에 기반을 두어 유사하게 계산하여 검사를 수행한다.

13.4.3 | 인증 실패

다음 그림은 네트워크 인증 실패를 나타낸다. UE에서 MAC 확인이 실패했을 때 네트워크는 인증되지 못하므로 등록에 실패한다. 아래 그림은 인증 및 키 일치 절차의 SM6까지는 동일하다. UE는 실패의 원인 내용을 포함한 SM7을 통해서 홈망에게 Register 메시지를 전송한다.

• SM7: REGISTER(Failure = AuthenticationFailure, IMPI)

인증 실패의 원인을 포함한 SM9를 받은 S-CSCF는 만약 IMPU가 현재 등록되어 있지 않다면 HSS에서 등록-플래그(registration-플래그) unregistered of NoT registered를 설정한다. 플래그를 설정하기 위해 C-CSCF는 CM3을 전송한다. 만약 IMPU가 현재 등록되어 있다면 S-CSCF는 등록-플래그를 업데이트하지 않는다.

• CM3: Cx-AV-Put(IMPI, Clear Sname)

HSS는 CM4로 CM3에 대한 응답을 한다.

SM10에서 S-CSCF는 UE에게 인증 실패를 가리키는 4xx Auth_Failure를 전송한다. 이 메시지의 파라미터는 보호되지 않는다.

• SM10: SIP/2.0 4xx Auth_Failure

SM10을 받은 I-CSCF는 IMPI와 연결된 등록 정보를 삭제한다.

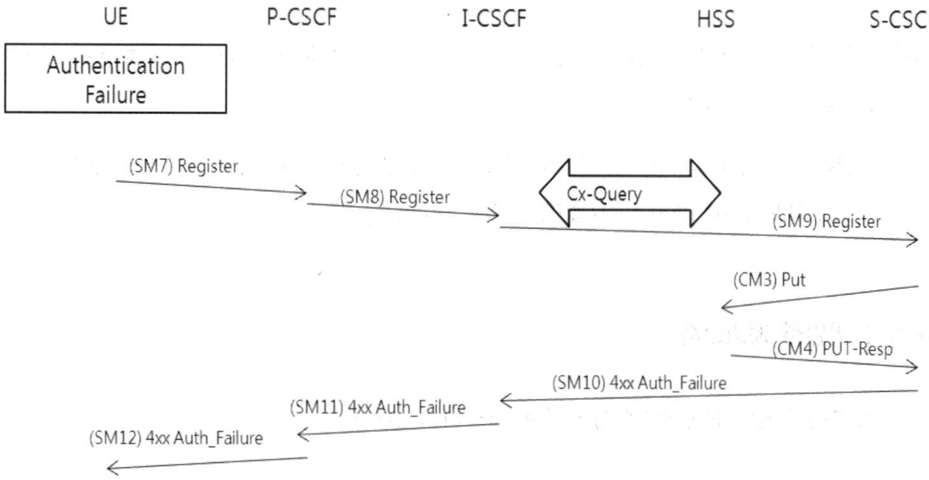

그림 13.20 IMS 인증 실패

사용자 인증은 전송 받은 SM9에 대한 잘못된 응답 때문에 S-CSCF에서 실패한다. 만약 응답이 잘못되었다면, SM7을 보호하는데 사용된 IK는 S-CSCF에서 응답이 검증되기 전에

P-CSCF에서 무결성 확인에서 실패할 것이기 때문에 잘못될 것이다. 만약 무결성 확인은 통과했지만 응답이 잘못된 것이라면, 메시지 플로워는 성공적인 인증으로 SM9를 포함한 것으로 인증 및 키 절차와 동일할 것이다. S-CSCF가 사용자 인증 실패를 검출했다면 네트워크 인증 실패와 같은 방식으로 진행된다.

13.4.4 동기화 실패

재동기화 후에, 인증은 성공적으로 이루어졌지만 이어지는 사용자 인증이나 네트워크 인증에서 실패가 발생할 수 있다. 위의 그림은 이어지는 인증은 성공적으로 이루어지고 오직 동기화만 실패한 경우를 나타낸다. 인증과 키 일치 절차에서 SM6까지는 동일 한다. UE가 SM6을 받을 때 범위를 벗어난 SQN이 검출되고 SM7을 통해 S-CSCF에게 동기화 실패가 전공된다.

• SM7: REGISTER(Failure = Synchronization Failure, AUTS, IMPI)

동기화 실패(Synchronization Failure)와 AUTS를 받은 S-CSCF는 Av-Req를 S-CSCF에 의해 저장된 RAND와 Avs, m의 요구된 넘버가 포함된 CM3를 통해 HSS에게 전송한다.

• CM3: Cx-AV-Req(IMPI, RAND,AUTS, m)

HSS는 AUTS를 확인한 후 잠재적인 SQN의 업데이트 후에 HSS는 CM4를 통해 S-CSCF에게 새로운 AVs를 전송한다.

• CM4: Cx-AV-Req-Resp(IMPI, n, RAND1 ∥ AUTN1 ∥ XRES1 ∥ CK1 ∥ IK1,…., RANDn ∥ AUTNn ∥ XRESn ∥ CKn ∥ IKn)

13.4.5 기밀성 메커니즘

기밀성 보호는 UE와 P-CSCF 사이에서 제공되지 않는다.

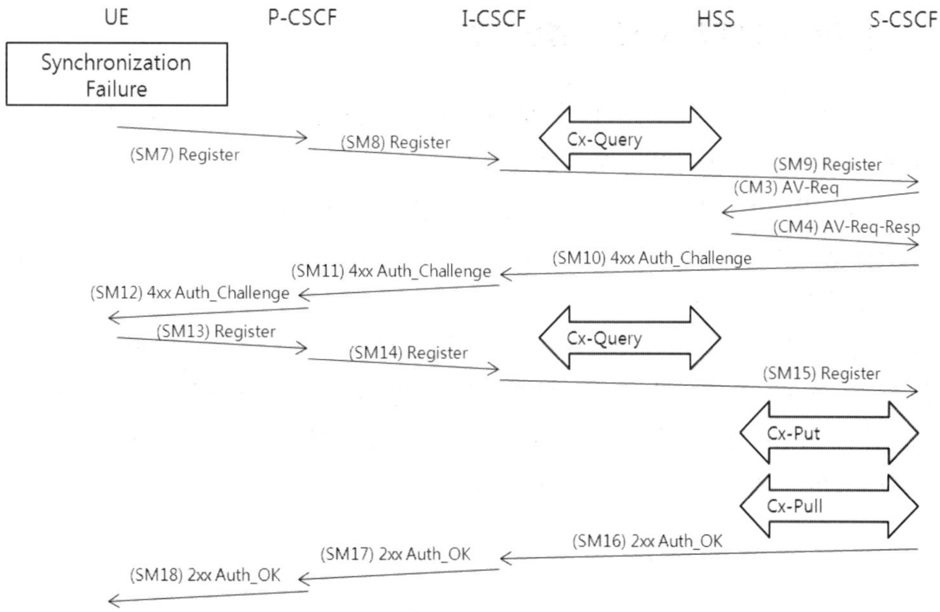

그림 13.21 IMS 동기화 실패

13.4.6 | 무결성 메커니즘

IPsec ESP는 UE와 P-CSCF 사이에 Transport mode로 IMS에 적용된다. UE와 P-CSCF 사이의 SA 쌍은 인증 과정 동안 동시에 생성된다. 재연 공격(replay attack)을 방지하기 위해 IPsec ESP anti replay 서비스가 사용된다. 또한 두 SA에서 무결성 키가 동일하기 때문에 각 SA에 대해 SPI가 다르다는 것을 보장함으로써 reflection 공격에 대한 보호가 달성된다. 사용자로부터 비롯된 SIP 시스널링은 과금을 위한 기본 데이터로 사용되기 때문에 NULL 인증 알고리즘은 사용하지 못한다. 인증 알고리즘으로 HMAC-MD5-96 또는 HMAC-SHA-1-96이 사용된다. SA는 정상적인 IPsec 선택자, 즉 출처와 목적지 IP 주소, 출처와 목적지 포트 번호에 연결된다. IMS에서 허용되는 전송 프로토콜은 UEP와 TCP이다.

UE와 P-CSCF 사이에는 무결성 보호만이 적용되며, 이것은 과금 관점에서 중요하다. 기밀성 보호는 IMS에 적용되지 않지만 UE와 RNC 사이의 무선구간은 UMTS 링크 계층에서 제공되는 기밀성 메커니즘이 사용될 수 있다. End-to-end 보안에 대해서는 IETF SRTP와 MIKEY가 RPT를 보호하고 키 관리 기법을 제공하기 위해 사용될 수 있다. 무결성 보호를 위해 사용되는 프로토콜을 IPsec ESP이다.

13.4.7 IPsec ESP를 사용한 무결성 보호

IPsec ESP는 UE와 P-CSCF 사이에 Transport 모드로 IMS에 적용된다. UE와 P-CSCF 사이의 SA쌍은 인증 과정 동안 동시에 생성된다.

재연 공격을 방지하기 위해 IPsec ESP anti replay 서비스가 사용된다. 더욱이 두 SA에서 무결성 키가 동일하기 때문에 각 SA에 대해 SPI가 다르다는 것을 보장함으로써 reflection 공격에 대한 보호가 달성된다.

사용자로부터 비롯된 SIP 시그널링은 과금을 위한 기본 데이터로 사용되기 때문에 NULL 인증 알고리즘은 사용하지 못한다. 인증 알고리즘으로 HMAC-MD5-96 또는 HMAC-SHA-1-96이 사용 된다. SA는 정상적인 IPsec 선택자, 즉 출처와 목적지 IP 주소 출처와 목적지 포트 번호에 연결 되며 IMS에서 허용되는 전송 프로토콜은 UDP와 TCP이다.

14 MBMS(Multimedia Broadcast/Multicast Service)

14.1 MBMS 보안

MBMS는 Broadcast와 Multicast는 일대다로 데이터를 전송할 수 있는 방법으로 3GPP의 MBMS는 Broadcast와 Multicast 서비스를 이동통신 시스템에서 제공하는 서비스 지원 구조이다. 3GPP의 MBMS 표준화는 사업자들의 요청에 의해 시작되었으며 모든 태스크 그룹(Task group)과 관련된 중요한 표준 이슈들 중 하나이다. Stage2 작업에서는 MBMS를 제공하기 위한 기본적 사항들이 정의되고 세부적인 기능과 프로시저, 메시지, 프로토콜 동작 등은 stage 3 작업을 통해 표준화를 추진 중이다.

3GPP의 MBMS는 다양한 멀티미디어 데이터를 단 방향 베어러를 통하여 다수의 사용자에게 전달하는 서비스로서 무선 및 유선 자원을 효율적으로 사용할 수 있는 장점이 있다. MBMS에서는 Broadcast 모드와 Multicast 모드 두 가지 형태의 모드를 지원한다. Broadcast 모드는 서비스 영역 안에 있는 모든 가입자가 단말기 설정만으로 Broadcast 데이터를 수신할 수 있는 반면, Multicast 모드는 해당 서비스에 가입한 특정 사용자들만을 대상으로 서비스를 제공한다. 두 가지 모드가 모두 비슷한 요구 사항을 정의하고 있으나, Multicast의 경우 유료 서비스인 경우가 많으므로 과금, 보안 등의 요구 사항에 대한 정의 수준이 높다. Broadcast/Multicast 서비스는 3GPP 네트워크 자원을 사용하여 다수의 사용자들에게 동시에 콘텐츠를 제공 할 수 있는 서비스로써 오디오, 비디오, 정지화상, 텍스트, 파일 등의 다양한 멀티미디어 데이터를 단 방향 베어러를 통하여 다수의 사용자에게 전달하고, 무선 및 유선 자원을 효율적으로 사용할 수 있는 장점이 있다. 가입하지 않은 사용자들에게는 서비스를 이용할 수 없도록 해야 하고 이를 위해 사용자 인증 및 키 관리 등의 정보 보호 메커니즘이 필요하다. 이것은 IETF 멀티미디어 보안 표준(MSEC)과는 다르다.

〔그림 14.1〕은 MBMS 서비스의 전체적인 구성도를 나타낸 것이다. BM-SC(Broadcast/Multicast-Service Center)는 Contents Provider로부터 제공받은 MBMS 서비스의 스케줄링, 과금 및 보안을 담당하는 서버로 패킷 망을 통하여 RNC까지 연결된다. GGSN은 인터넷 공중망과 정합하기 위한 관문 노드로서 다양한 패킷 정합 기능을 담당하며, BM-SC로부터 수신된 IP 신호를 Mobile IP로 변경하여 SGSN에 보내 준다. SGSN은 RNC에게 패킷 데이터 전송을 위한 세션 관리 기능을 수행한다.

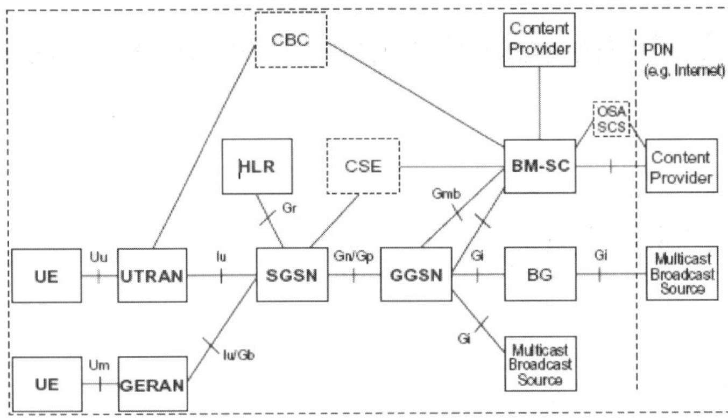

> 그림 14.1 MBMS를 위한 UMTS 서비스의 구성도

MBMS에서의 보안은 통신 채널에서 정상적인 가입자의 프라이버시가 노출되는 경우나 기밀성을 위협받는 도청뿐만 아니라 비 가입 사용자에 의한 서비스 이용도 고려해야 한다. 이처럼 point-to-point로 서비스를 제공하는 다른 보안 메커니즘과는 상이한 특성을 지니기 때문에 무선 네트워크의 효율성을 유지하면서 복호화 키를 주기적으로 업데이트하여 가입자에 의해 예측할 수 없도록 운영되어야 한다.

14.2 MBMS를 위한 UMTS 구조

MBMS는 3GPP 시스템에서의 point-to-multipoint 서비스 개념을 갖는다. 제한된 커버리지 영역에서 하나의 소스 엔티티로부터 다수의 사용자에게 단 방향으로 로컬 및 개인화된 콘텐츠를 제공하는데 적합하며 모바일 TV에서 가입자 별로 대역폭을 할당해 콘텐츠를 제공하는 멀티캐스트 방식과 DMB처럼 무작위로 뿌려지는 신호를 사용자가 받아서 보는 브로드캐스트 방식을 모두 지원할 수 있는 시스템이다.

MBMS 구조는 [그림 14.2]와 같이 여러 사용자는 같은 데이터를 동시에 동일한 링크를 통해 전송 받게 된다. BM-SC와 연계를 위해 ME, UICC, RNS, DGDN, GGSN에서 MBMS를 지원할 수 있도록 하였다. MBMS 서비스를 제공하기 위해 CSE(CAMEL Service Environment)와 BM-SC가 추진되었으며 BM-SC는 GGSN과 연결되며 내부 혹은 외부 방송 콘텐츠 제공자와 연결되어 수신한 데이터를 사용자에게 전송하고 스케줄링 하는 기능을 수행한다. 또한 콘텐츠 제공자에 대한 인증 및 과금 정보 수집 기능을 수행하며 기존의 셀 브로드캐스트 서비스를 제공하는 CBC(Cell Broadcast Center)와 연결하고 서비스를 통합하는 것도 가능하다. SGSN에서는 멀티캐스트/브로드캐스트 메시지를 전송 받을 Node B나 UE의 수에 관계없이 RNC에 메시지를 한 번만 전송하게 된다. 무선구간에서도 마찬가지로 같은 데이터를 수신할 여러 사용자들에게는 공용 채널을 통해 데이터를 전송하도록 하여 무선구간에서의 전송 횟수를 최소화한다.

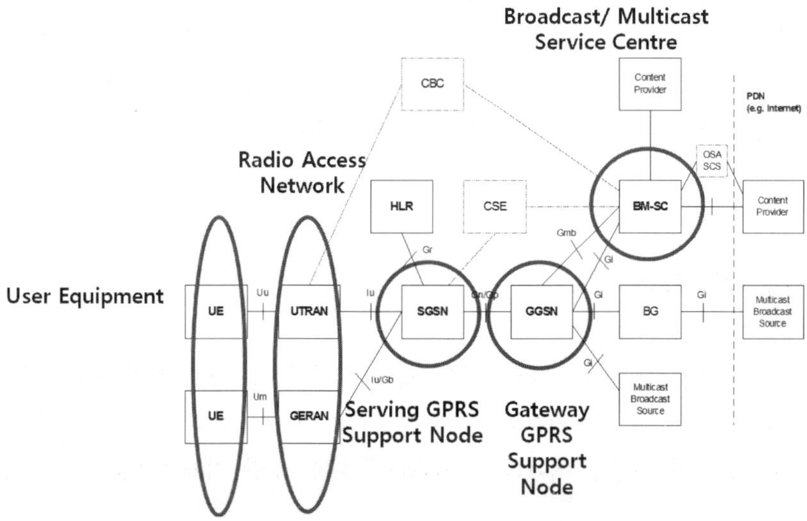

> **그림 14.2** MBMS를 위한 UMTS망 구조 참조 모델

또한 MBMS transmissions, MBMS Bearer 서비스에 대한 권한을 주거나 개시를 할 수 있게 한다. 그리고 스케줄을 조정하고 MBMS transmission을 전달할 수 있다. Gmb 인터페이스는 GGSN과 BM-SC 사이에 MBMS 서비스 관련 시그널링과 사용자 관련 시그널링을 주고받는다. MBMS 서비스 관련 시그널링의 경우 GGSN이 MBMS 관련 베어러 context를 설정 및 해제하고 BM-SC에 등록 및 등록 해제를 수행하는 과정과 BM-SC에서 적절한 QoS 또는 멀티캐스트 영역을 포함하는 정보를 GGSN에 주어 MBMS 서비스 세션을 개설하는 과정을 포함한다. 사용자 관련 시그널링은 멀티캐스트 서비스의 가입 또는 참여를 요청하는 단말을 BM-SC에서 인증하고 GGSN으로부터 단말의 현재 멀티캐스트 세션 참여 여부 및 과금 관련 정보를 받기 위해 사용하게 된다. GGSN은 GPRS 기간망과 외부 패킷 데이터망 간의 접속 기능을 담당하는 노드이다. SGSN으로부터 오는 GPRS 패킷을 적당한 패킷 데이터 프로토콜 형식(PDP)으로 변환하여 전송하고 착신 패킷 데이터의 PDP 주소를 수신자의 GSM 주소로 변환하는 기능을 가지고 있다. 또한 SGSN의 위치 레지스터에 있는 현 사용자의 SGSN의 주소

와 사용자 프로파일을 저장하고 인증과 요금 부과 기능도 수행한다. SGSN은 개인 MS을 따라 가서 보안 기능을 하고 통제한다. 또한 lu 인터페이스의 RNC에 연결되어 있는 UMTS 네트워크에 존재한다. UTRAN/GERAN은 RNC 등으로 구성되는 UMTS에서의 접속 망이다. ATM 기반이며, 단말과 핵심망 사이에 위치하여 데이터 및 제어 정보를 전달한다. 단말로 향하는 모든 데이터가 UTRAN을 경유하기 때문에 QoS의 보장은 매우 중요하다. 고속 데이터의 전송을 위해 ATM이 채택되어 있다. MBMS에서는 MBMS 데이터를 지정된 MBMS 서비스 지역에 효율적으로 전달하는 역할을 한다. 이와 같이 이동통신 사업자의 기지국에서 브로드캐스팅까지 할 수 있기 때문에 방송용 기지국의 필요성이 없고 서비스 제공자의 비용 부담을 줄이며 인프라 구조를 단순화시키는 이점을 제공하는 것이 MBMS 기술이다.

14.3 MBMS 보안 구조

MBMS 사용자 서비스에 대한 요구 사항은 사용자들을 하나의 그룹으로 묶어 데이터를 안전하게 전송하는 것이다. 이러한 목적을 위하여 인증, 키 분배, 데이터 보호 방법이 필요하다. 일반적인 네트워크 베어러 보안 기능을 제외하고 MBMS에 대한 보안 기능은 BM-SC나 UE에 구현된다.

GBA는 GSM/UMTS 인증과 키 동의 프로토콜을 기반으로 하는 shared secret key를 이용한 독립적인 인증 메커니즘으로 특정 응용 프로그램에서 접근 제어와 인증이 필요할 경우 GBA를 사용하는데 BM-SC와 UE사이의 공유키 생성에 있어서도 사용된다. 보안 메커니즘으로 AKA 과정을 이용한 Bootstrapping 인증 과정과 Bootstrapping 사용 과정, 즉 키 일치 과정으로 구성된다. AKA 과정이 진행되었다는 전제하에 CK, IK를 가지고 GBA 과정을 수행하여 두 개체는 상호 인증되고, 비밀하다 공유하게 된다. 한편 BM-SC의 보안 기능은 키 요청과 키 분배 역할로 나눌 수 있다. 키 요청은 BSF로부터 GBA키를 찾아 MUK(MBMS User Key)와 MRK(MBMS Request Key)를 도출하고, MBMS 사용자 서비스를 등록/해제, MSK(MBMS Service Key)를 요청하는 것이며, 키 분배는 등록 기능으로부터 MUK를 찾고, 세션당 각 UE에 해당하는 MSK와 MTK(MBMS Traffic Key)를 생성하여 분배하는 역할을 한다.

BSF는 GBA(3GPP TS 33.220)의 일부분이다. UE와 BM-SC는 공유키를 만들기 위해 GBA를 사용한다. 공유키는 UE와 BM-SC 사이에 point-to-point 통신을 보호하기 위해 사용된다. BM-SC는 MBMS 데이터를 전달하는 근원지이다. MBMS 데이터는 전송을 위해 제3기관으로부터 수신한 데이터와 미리 스케줄링 되어 있는 데이터가 될 수 있다. 또한 GBA를 이용하여 UE와 같이 사용할 공유키를 생성한다. 한편 UE에서 정의하는 보안 구조는 MBMS를 위한 키 모듈은 UE안에 MGV-S(MBMS key Generation and Validation Storage)라는 안전한 영역을 정의하여 MGV-F(MBMS key Generation and Validation Function) 기능과 함께 구현된다. MGV-S는 ME나 UICC에 구현될 수 있는 안전한 저장 공간이다. MGV-F는 MBMS 키와 같은 보안이 요구되는 정보가 노출되는 것을 방지하기 위해 보호된 실행 환경으로써 구현된다. MGV-S는 MBMS 키들을 저장하고, MGV-F는 ME에 대한 보호되지 않는 공간으로부터의 키 노출 방지 기능을 수행한다.

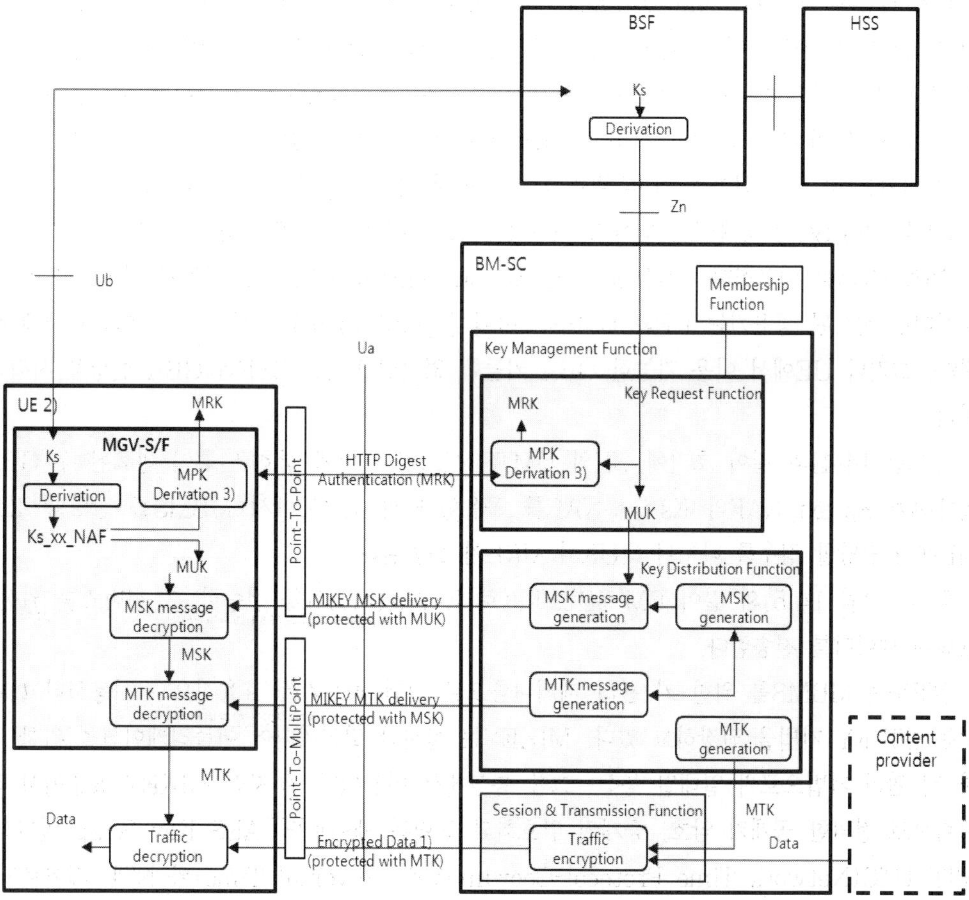

Note 1) SRTP is used for streaming and modified DCF format for download
Note 2) Ks_xx_NAF stands for GBA_ME or GBA_U based BAF keys
Note 3) Not applicable for GBA_U since MRK = Ks_ext_NAF

그림 14.3 MBMS 보안 구조

14.4 MBMS 보안 메커니즘

14.4.1 | GBA와 키 관리

모든 UMTS 보안 절차는 각 UE와 네트워크 사이에서 수행된다. 두 개체 간의 상호 인증 후에 공유된 비밀 정보는 전송된 데이터에 대한 기밀성과 무결성을 확신하는데 사용된다. 그러나 MBMS의 경우 point-to-multipoint 베어러를 통해 동일한 데이터를 많은 수의 UE로 전송해야 하는데 이때에는 one-to-many로 기밀성과 무결성이 보장되어야 한다. 이것은 단일 데이터 송신자(BM-SC)가 각각의 UE와 공유하는 비밀 정보를 갖고 있어야 한다는 것을 의미하고, 비밀키는 주기적으로 업데이트 되어야 하는 것이다. Seamless한 서비스 수신을 위해 old 키와 new 키 개념이 도입된다. Identification 정보는 키와 함께 전송되어 키에 대한 식별자로서 역할을 하고, 수신자는 키 식별자 정보를 통해 해당키로 복호화 할 수 있다.

UE와 BM-SC는 공유키를 만들기 위해 GBA를 이용한다. UE와 BM-SC는 공유키를 만들기 위해 GBA를 이용한다. 만약 Service Announcement가 MBMS 사용자 서비스 보호를 명령한다면 생성된 공유키는 UE와 BM-SC 사이에 point-to-point 통신을 보호하기 위해 사용된다. 그러나 UE에서 이용 가능한 GBA 키들이 없다면 UE는 BSF와 GBA 실행을 시작하게 된다.

〔그림 14.4〕와 같이 초기에 UE와 UMTS 시스템 사이에 상호 인증이 완료된 후 GBA를 실행하여 Ks_ext_NAF와 Ks_int_NAF를 공유했을 때 UICC에서 MBMS를 담당할 경우와 ME에서 담당할 경우를 나누어 MUK와 MRK가 도출된다.

한편 〔그림 14.5〕와 같이 BM-SC는 ME로 EMSK(MTK)를 전송한 후 서비스를 위한 암호화된 데이터를 전송한다.

3GPP는 MBMS를 위한 키 관리 메커니즘으로 사전 공유키를 효율적으로 사용한다고 판단되는 MIKEY 기법을 권장하고 있다. MIKEY는 실시간 멀티미디어 어플리케이션을 위한 안전한 키 관리 기법으로써 일대일 통신, 그룹 통신에서 이용된다. 하지만 MIKEY 표준에서 의무사항으로 정의한 공개키 암호, 공개키 암호화와 관련된 페이로드, AES Key Wrap 알고리즘, NTP-UTC(Network Time Protocol-Coordinated Universal Time)와 NTP 페이로드 타입에 관한 구현은 제외한다.

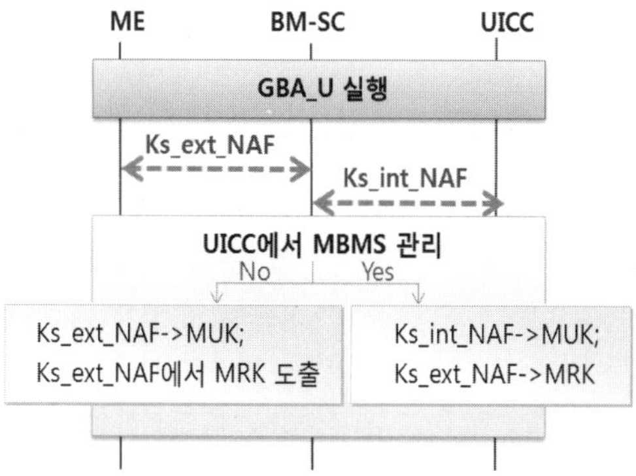

그림 14.4 GBA를 이용한 키 도출 과정

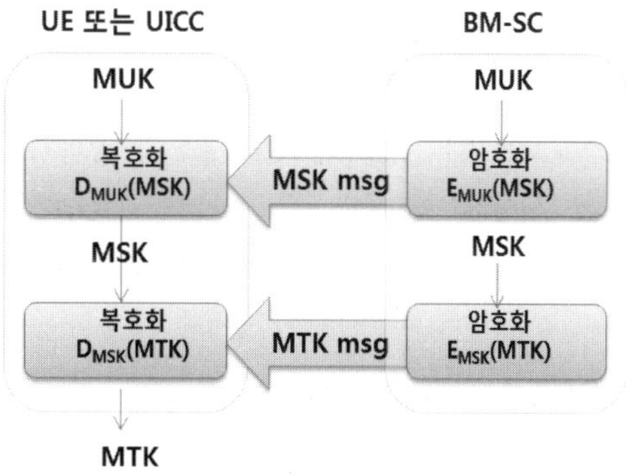

그림 14.5 MTK 도출 과정

14.4.2 | 전송 트래픽 보호

MBMS 사용자 서비스는 하나 이상의 MBMS 스트리밍 세션 또는 다운로드 세션으로 구성되어 있다. 스트리밍 세션은 오디오나 비디오와 같은 미디어에 추가적으로 텍스트나 이미지를 전송하는 형태로써 각 세션은 하나 이상의 RTP 세션으로 되어 있다. 다운로드 세션은 다수의 수신자에게 지연 제약 없이 신뢰성 있는 이진 데이터를 전송하는 것으로 파일을 예로 들 수 있다.

MBMS 사용자 서비스는 전송되는 데이터의 중요도와 서비스 형태에 따라 보안의 수준을 정한다. 콘텐츠 보안을 적용할 경우 기밀성과 무결성이 요구되며, UE와 BM-SC에서 대칭 키를 공유하여 양쪽에 적용된다.

MBMS 보안은 콘텐츠에 대한 전송을 보호하는 것이다. 이러한 관점에서 볼 때 사용자가 데이터를 다운로드 받은 후에는 콘텐츠의 사용이 자유롭다. 그러나 콘텐츠 자체를 보호하고 싶다면 OMA DRM v2 메커니즘으로 가능하다.

14.5 MBMS 동작 방식

MBMS의 동작 방식에는 브로드캐스트 방식과 멀티캐스트 방식이 있다. 브로드캐스트 방식은 하나의 송신자가 같은 서브 네트워크상의 모든 수신자에게 데이터를 전송하는 방식이고 멀티캐스트 방식은 하나 이상의 송신자들이 특정한 하나 이상의 수신자들에게 데이터를 전송하는 방식이다.

14.5.1 | 요구 사항

브로드캐스트 방식과 멀티캐스트 방식의 요구 사항은 유사하다. 다만 브로드캐스트 방식의 요구 사항에 멀티캐스트 방식의 요구 사항인 Multicast Subscription Groups and Multicast Groups가 추가된 것으로 생각하면 된다.

14.5.1.1 브로드캐스트 방식

1. Home Environment Requirement
   - Broadcast Service
   - Quality of Service
   - Network and Radio Efficiency
   - Types of Data Service
   - Source of Data Service
   - Broadcast Service Announcements
2. User Requirement
   - User Mobility
   - User Selectivity

14.5.1.2 멀티캐스트 방식

1. Home Environment Requirement
   - Multicast Service
   - Multicast Subscription Groups and Multicast Groups
   - Quality of Service
   - Network and Radio Efficiency
   - Types of Data Service
   - Source of Data Service
   - Multicast Service Announcements
2. User Requirement
   - User Mobility

- User Selectivity
- Multicast Subscription Groups and Multicast Groups

14.5.2 | 브로드캐스트 방식

브로드캐스트 모드는 단일 소스 엔티티에서 특정 방송 서비스 영역에 속한 모든 사용자에게 멀티미디어 데이터를 단 방향으로 전송하는 서비스로서 사용자는 자신의 단말에서 방송 서비스 수신 기능을 활성화 또는 비활성화 할 수 있다. 브로드캐스트 모드의 경우 모든 사용자가 이를 수신할 수 있기 때문에 서비스 가입 절차가 필요 없으며, 사용자 과금을 위한 데이터 생성이 필요하지 않다. 사용자의 요구와는 무관하게 사업자가 결정한 일정 지역에 멀티미디어 데이터를 전송하고 데이터 수신이 가능한 사용자는 멀티미디어 데이터를 수신함으로써 서비스를 제공받는다. 이 경우 사용자는 데이터 수신에 따르는 비용을 지불하지 않으며 필요한 경우 데이터 전송을 요구하는 콘텐츠 제공자가 비용을 지불하는 방식이다. 특정 광고 등이 예가 될 수 있다. 〔그림 14.6〕은 다양한 고속 서비스를 사용자에게 브로드캐스트 하기 위해 어떻게 전달하는지 설명한 것이다.

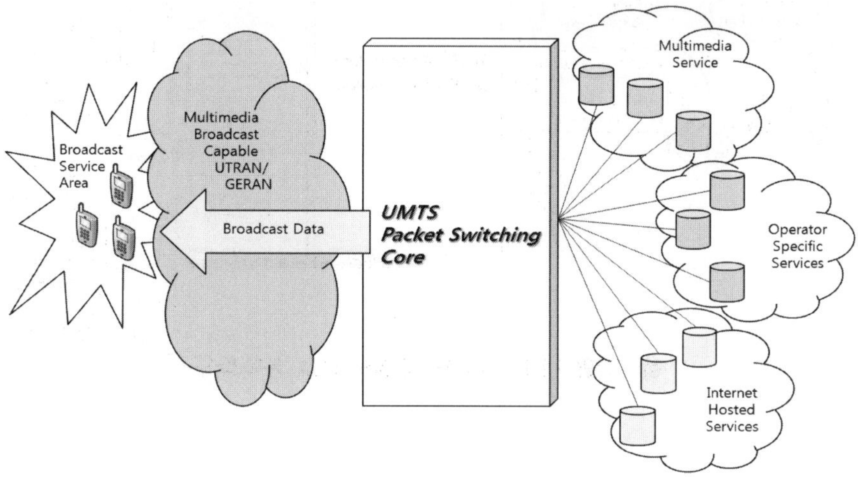

그림 14.6 MBMS 의 브로드캐스트 동작 방식

14.5.3 | 멀티캐스트 방식

단일 소스 엔티티에서 특정 멀티캐스트 그룹으로 멀티미디어 데이터를 전송하는 서비스이다.

사용자가 특정 멀티캐스트 MBMS 서비스를 수신하기 위해서는 해당 멀티캐스트 서비스 그룹으로의 가입이 우선되어야 하며 가입된 멀티캐스트 그룹으로 합류함으로써 해당 멀티캐스트 서비스를 수신할 수 있다. 따라서 사용자가 위치하고 있는 지역으로만 데이터를 전송하는 알고리즘이 요구된다.

브로드캐스트에 비해 멀티캐스트 모드의 가장 큰 특징은 사용자의 과금과 관련되며 따라서 사용자는 멀티미디어 데이터를 수신하고자 하는 의사를 망에 전달해야 하며 일정 권한을 갖고 있는 사용자만 멀티캐스트 서비스를 받을 수 있어야 하며 이러한 권한은 과금과 연계된다. 사용자가 특정 서비스에 대한 과금을 지불 여부를 확인해야 하고 그룹 가입과 탈퇴를 할 수 있어야 한다. 그리고 사용자가 위치하고 있는 지역으로만 데이터를 전송하는 알고리즘이 요구된다. 또한 권한을 가진 사용자만 데이터의 수신이 가능하도록 하기 위해서는 데이터의 암호화가 필수적이며, 암호화에 필요한 암호키 정보는 해당 서비스에 가입하여 일정 비용을 지불한 사용자에게만 전달된다.

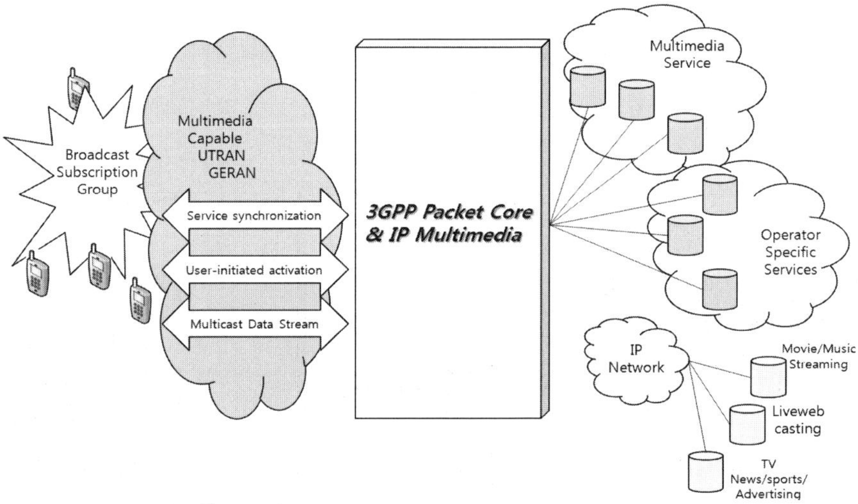

> 그림 14.7 MBMS 의 멀티캐스트 동작 방식

14.6 MBMS 서비스 과정

멀티캐스트 방식은 브로드캐스트 방식과 유사하나 Subscription, Joining, Leaving 3가지 과정이 더 포함되어 있다. 이것은 멀티캐스트 방식이 브로드캐스트 방식과는 달리 등록된 사용자를 대상으로 서비스하기 때문이다. [그림 14.8]은 브로드캐스트와 멀티캐스트 방식의 차이점을 보여주고 있으며 동작 과정은 다음과 같다.

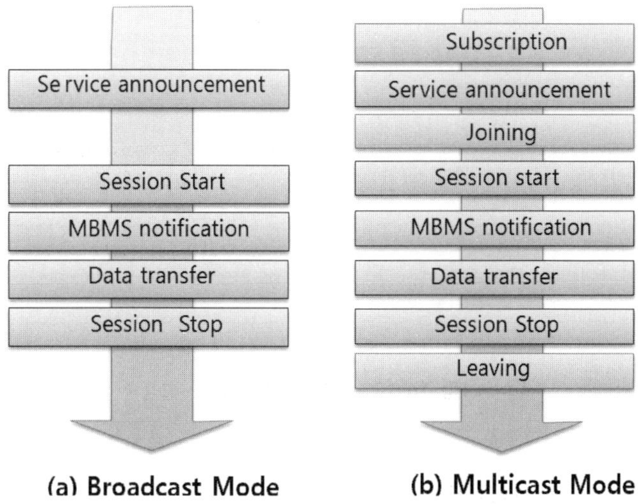

> 그림 14.8 브로드캐스트와 멀티캐스트 방식 비교

두 방식의 서비스 활성화 단계는 다음과 같다.

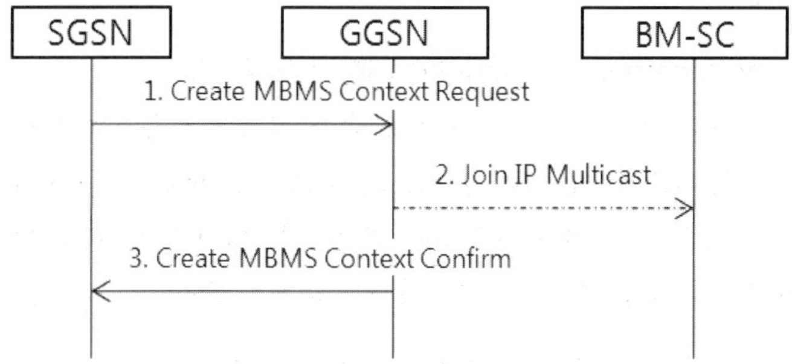

> 그림 14.9 브로드캐스트 서비스 활성화

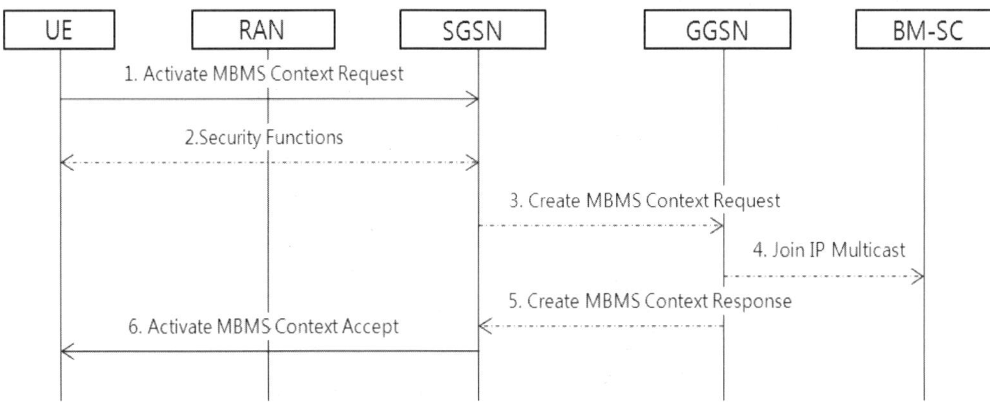

그림 14.10 멀티캐스트 서비스 활성화

1. Subscription - 사용자의 등록 과정

    사용자는 해당 서비스를 수신하기 위한 기본적인 Registration key 등을 수신하는 절차를 수행하며 flat charging의 경우, Registration 과정이 과금을 시작하는 과정과 연계될 수 있다.

    사용자는 Subscription 과정을 통하여 BM-SC 등의 서버에 해당 서비스를 받을 수 있는 사용자로 등록된다.

2. Service Announcement - 서비스에 대한 정보를 전송

    진행 중이거나 향후 시작하게 될 서비스에 대한 정보를 사용자들에게 전송하는 과정으로 해당 서비스의 ID(IP multicast address, APN address) 등과 해당 서비스의 QoS 등에 대한 정보를 사용자들에게 전달하는 과정이다. 이 과정은 웹을 이용하거나 브로드캐스트 또는 SMS 등을 통하여 가능하며 자세한 내용은 표준에서 다루고 있지 않다.

3. Joining - 수신하고자 하는 사용자의 의지를 망에 전달

    이미 등록을 마친 사용자가 Service Announcement를 통해 수신한 서비스 정보에 입각하여 서비스 수신하고자 하는 의사를 망에 전달하는 과정으로 해당 서비스의 ID를 BM-SC에 전달하여 서비스가 시작할 경우 또는 이미 서비스가 시작된 경우에 해당 서비스를 수신하고 망이 데이터 전송을 준비할 수 있도록 하는 과정이다. Joining 단계를 통해, 해당 서비스에 대한 Context는 단말기가 위치한 지역의 SGSN에 생성되고 Joining 한 UE가 있는 SGSN으로만 데이터의 전송이 이루어진다.

4. Session Start - 데이터의 전송이 시작되는 경우 이를 알림
해당 서비스의 데이터 전송이 준비가 되었음을 알리는 단계로써 BM-SC는 GGSN, SGSN, RNC에 MBMS Session Start 메시지를 전송하여 데이터의 전송이 임박했음을 알리고 필요한 베어러를 설정하는 과정을 시작하도록 한다. 이 때 Session Start는 이미 joining한 UE가 있는 SGSN으로만 전송이 되며, 필요한 QoS 정보 등을 포함하여 전송된다.

5. MBMS notification - Session Start를 각 단말기에 알리고 해당 자원 정보를 전송
Session Start를 수신한 RNC가 해당 서비스를 수신할 UE들이 위치한 셀을 알기 위하여 그룹 페이징을 통해서 단말기에서 Session Start를 알리고 단말기들은 필요한 경우 통지에 대해 응답 메시지를 전송하여 RNC가 필요한 자원을 할당할 수 있도록 한다. RNC는 서비스를 수신할 해당 셀의 단말기의 수에 따라 일대일 전용 채널을 할당하거나 일대다 공통 채널을 할당하여 이에 대한 자원 정보를 단말기에 전달하는 과정을 포함한다.

6. Data Transfer - 데이터 전송

7. Session Stop - 전송이 중지되는 경우 거치는 과정
데이터의 전송이 일정 기간 이상 중단되는 경우 BM-SC는 자원의 효율적인 사용을 위하여 Session Stop 메시지를 전송하여 해당 자원의 해소를 가능하게 할 수 있다. RNC는 Session Stop을 수신한 경우에는 해당 서비스를 위한 자원을 모두 해소하여 다른 서비스에 사용할 수 있도록 한다. 새로운 데이터가 발생할 경우 BM-SC는 Session Start를 전송하여 필요한 자원을 다시 할당하도록 할 수 있다.

8. Leaving - 사용자가 서비스의 수신을 중단하고자 하는 경우
사용자가 서비스의 수신을 중단하고자 할 경우 service deactivation을 하여 이미 Joining한 서비스로부터 leaving을 할 수 있다. 해당 서비스에 Joining한 모든 단말기가 Leaving한 경우 SGSN은 해당 서비스를 위한 Context를 삭제할 수 있다.

브로드캐스트 방식과 멀티캐스트 방식을 시각적으로 표현하면 다음과 같다.

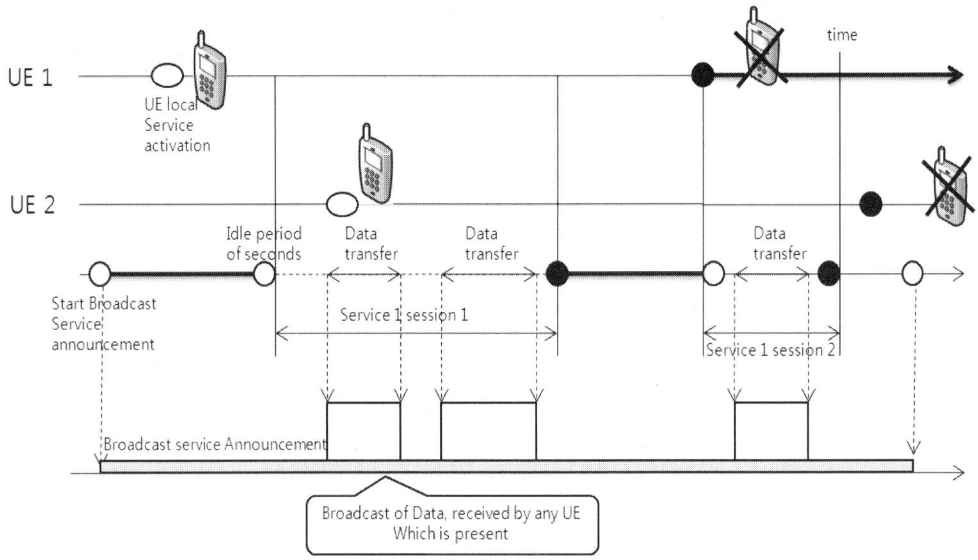

> 그림 14.11 브로드캐스트 방식 시각표

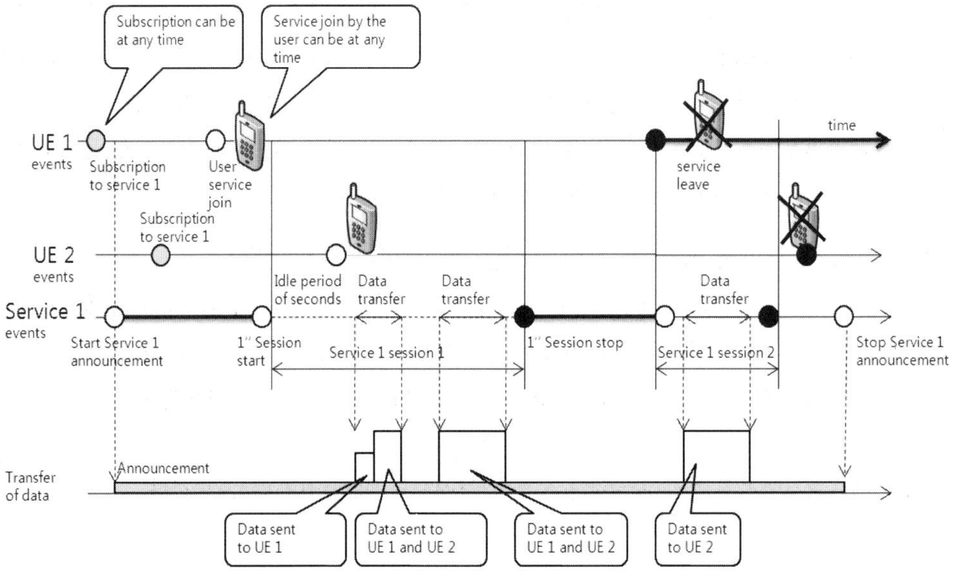

> 그림 14.12 멀티캐스트 방식 시각표

14.7 보안과 과금

브로드캐스트에 비해 멀티캐스트의 가장 큰 특징은 청구가 가능해야 한다는 것이다. 일정 권한을 갖고 있는 사용자만 멀티캐스트 서비스를 받을 수 있어야 하며 이러한 권한은 비용 지불과 관련이 된다. 즉, 권한을 가진 사용자만 데이터의 수신이 가능하도록 하기 위해서는 데이터의 암호화가 필수적이며, 암호화에 필요한 암호키 정보는 해당 서비스에 가입하여 일정 비용을 지불한 사용자에게만 전달된다.

MBMS를 위한 암호화는 응용 계층에서 적용되며 RAN 계층의 암호화는 MBMS를 위하여 따로 정의하지 않는다. BM-SC의 응용 계층에서 암호키를 생성하고 이를 각 단말기에 전달하며 데이터는 이러한 암호키로부터 생성되는 키로 암호화되어 전송되고 암호키를 갖고 있지 못하는 단말기는 데이터를 읽을 수 없게 된다. 중요한 이슈는 이러한 암호키는 계속적으로 변경이 가능해야 하며, 변경 시에 각 단말기가 새로운 암호키를 적용할 수 있도록 새로운 키를 전송하고 이러한 새로운 키를 적용하는 시점을 지정하는 방법이 제시되어야 한다는 것이다. 단말기는 데이터의 전송 전에 새로운 암호키를 망으로부터 수신해야 하며, 이러한 엄호키 또는 암호키를 생성하기 위한 정보는 일대일 방식으로 BM-SC로부터 단말기까지 안전한 방법으로 전송된다. 새로운 암호키를 적용하기 위하여 각 데이터에 적용해야 할 암호키의 정보는 데이터와 함께 추가 정보 형태로 전송된다. 이 때 전송되는 암호키 정보는 암호키의 ID 정보이며 또한 암호키로부터 키를 생성할 때 추가적으로 필요한 정보가 전송될 수 있다. 단말 키는 데이터와 함께 수신한 암호키의 ID 정보를 이용하여 데이터를 복원할 키가 생성된다.

PART V

APPENDIX

15 약어정리

A

AAA	Authentication, Authorization, Accounting
AAL5	ATM Adaptation Layer 5
AES	Advanced Encryption Standard
AH	IP Authentication Header
AK	Anonymity Key
AKA	Authentication and Key Agreement
AMF	Authentication management field
AN	Access Network Domain
AuC	Authentication Center
AUTN	Authentication Token
AV	Authentication Vector

B

B_TID	Bootstrapping Transaction Identifier
BCCH	Broadcast Control Channel
BGCF	Breakout Gateway Control Function
BM-SC	Broadcast/Multicast-Service Center
BMC	Broadcast/Multicast Control
BSF	Bootstrapping Server Function

C

C-	Control-
CAT	Card Application Tool Kit
CBC	Cell Broadcast Center
CC	Call Control
CCITT	The International Telegraph and Telephone Consultative Committee
CDR	Charge Data Record
CK	Cipher Key
CN	Core Network
CS	Circuit Switched
CSCF	Call State Control Function
CSE	CAMEL Service Environment

D

DC	Dedicated Control
DHCP	Dynamic Host Configuration Protocol
DNS	Domain Name Server
DOI	Domain of Interpreter
DoS	Denial-of-Service

E

EDGE	Enhanced Data rate for the GSM Evolution
ESP	Encapsulating Security Payload
ETSI	European Telecommunications Standards Institute

F

FALLBACK	Fallback to unprotected mode indicator
FQDN	Fully Qualified Domain Name

G

GBA	Generic Bootstrapping Architecture
GBA_ME	ME-based GBA
GBA_U	Generic Bootstrapping Architecture with UICC-based Enhancement
GC	General Control
GGSN	Gateway GPRS Support Node
GLC	Global counter
GMLC	Gateway Mobile Location Center
GMSC	Gateway MSC
GPRS	General Packet Radio Service
GSM	Global System for Mobile communication
GTP	GPRS Tunneling Protocol

H

HE	Home Environment
HFN	Hyper Frame Number
HLR	Home Location Register
HSCSD	High Speed Circuit Switched Data
HSDPA	High Speed Downlink Packet Access
HSOPA	High Speed OFDM Packet Access
HSS	Home Subscriber Server
HSUPA	High Speed Uplink Packet Access

HTTP	HyperText Transfer Protocol

I

I-CSCF	Interrogating Call Session Control Function
IAM	ISUP Initial Address Message
ID	IP multicast address, APN address
IK	Integrity Key
IKE	Internet Key Exchange
IMEI	International Mobile station Equipment Identity
IMPI	IM Private Identity
IMPU	IM Public Identity
IMSI	International Mobile Subscriber Identity
IP	Internet Protocol
ISAKMP	Internet Security Association and Key Management Protocol
ISIM	IMS Subscriber Identity Module
ITU	International Telecommunication Union
IV	Initialization Vector

K

KAC	Key Administration Centre
KSI	Key set identifier
KSS	Key Stream Segment

L

L1	The physical layer
L2	The data link layer
L3	The network layer

LAC	Location Area Code
LAI	Location Area Identification
Local interface	The interface between the Remote Device and the UICC Hosting Device is named the local interface.

M

M3UA	MTPS3 User Adaptation
MAC	Medium Access Control
MAC	Message Authentication Code
MAC-M	MAC used for MAP
MAC	Message Authentication Code
MAP	Mobile Application Part
MAP-NE	MAP Network Element
MAPsec	MAP security - the MAP security protocol suite
MBMS	Multimedia Broadcast/Multicast Service
MCC	Mobile Country Code
ME	Mobile Equipment
MEA	MAP Encryption Algorithm identifier
MEK	MAP Encryption Key
MGCF	Media Gateway Control Function
MGV-F	MBMS key Generation and Validation Function
MGV-S	MB-MS key Generation and Validation Storage
MGW	Media Gateway
MIA	MAP Integrity Algorithm identifier
MID	Mobile IP Domain
MIK	MAP Integrity Key
MIKEY	Multimedia Internet KEYing
MIMO	Multiple Input Multiple Output
MM	Mobility Management
MNC	Mobile Network Code

MO	Mobile Origination
MRFC	Media Resource Function Control
MRFC	Multimedia Resource Control Function
MRK	MBMS Request Key
MS	Mobile Station
MSC	Mobile Services Center
MSIN	Mobile Subscriber Identification Number
MSISDN	Mobile Station International ISDN Number
MSK	MBMS Service Key
MT	Mobile Termination
MTK	MBMS Traffic Key
MTP3b	Layer 3 Broadband Message Transfer Part
MUK	MBMS User Key

N

NAF	Network Application Function
NAT	Network Address Translation
NAS	Non-Access Stratum
Nt	Notification (SAP)
NTP-UTC	Network Time Protocol-Coordinated Universal Time

O

OFB	Output Feedback Model

P

P-CSCF	Proxy Call Session Control Function
PDCP	Packet Data Convergence Protocol

PFS	Perfect Forward Secrecy
PHY	Physical Layer
PLMN	Public Land Mobile Network
PPI	Protection Profile Indicator
PPRI	Protection Profile Revision Identifier
PROP	Proprietary field
PS	Packet Switched
P-TMSI	Packet-TMSI

Q

Quintet	UMTS Authentication Vector

R

RAB	Radio Access Bearer
RAI	Routing Area Identifier
RANAP	Radio Access Network Application Part
RAND	Random Challenge
RAS	Remote Access Server
RB	Radio Bearer
RLC	Radio Link Control
RLC SN	RLC Sequence number
RNC	Radio Network Controller
RNS	Radio Network Subsystem
RNSAP	Radio Network System Application Part
RRC	Radio Resource Control
RTP	Real-Time Transport Protocol

S

SAP	Service Access Point
S-CSCF	Serving Call Session Control Function
S/MIME	Secure/Multipurpose Internet Mail Extensions
SA	Security Association
SADB	Security Association Database(also referred to as SAD
SCCP	Signaling Connection Control Part
SCP	Service Control Point
SCSC	FServing Call Session Control Function
SCTP	Stream Control Transmission Protocol
SDP	Session Description Protocol
SEG	Security Gateway
SG	Security Gateway
SGSN	Serving GPRS Support Node
SGW	Signaling Gateway
SIM	Subscriber identity module
SIT	Situation
SLF	Subscriber Locator Function
SN	Serving Network Domain
SNR	Serial Number
SPD	Security Policy Database
SPI	Security Parameter Index
SQN	Sequence number
SRNC	Serving Radio Network Controller
SRNS	Serving RNC
SRTP	Secure Real time Transport Protocol
SS7	Signaling System Number
SSCF-NNI	Service-Specific Coordination Function at the Network Node Interface.
SSCOP	Service-Specific Connection-Oriented Protocol

T

TAC	Type Allocation Code
TCP	Transmission Control Protocol
THIG	Topology Hiding Inter-network Gateway
TLS	Transport Layer Security
TMSI	Temporary Mobile Subscriber Identity
TS	Traffic selector
TVP	Time Variant Parameter

U

UA	User Agent
UDP	User Datagram Protocol
UE	User Equipment
UEA	UMTS Encryption Algorithm
UIA	UMTS Integrity Algorithm
UICC	Universal Integrated Circuit Card
UMTS	Universal Mobile Telecommunications System
USIM	Universal subscriber identity module
USS	User Security Setting
UTC	Network Time Protocol-Coordinated Universal Time
UTRA	UMTS Terrestrial Radio Access
UTRAN	UMTS Terrestrial Radio Access Network

V

VLR	Visitor Location Register

W

WB	AMR Wideband
WCDMA	Wideband Code Division Multiple Access

X

XMAC	Expected Message Authentication Code
XRES	Expected Response

16 참고문헌

- 3GPP TS 33.102: "3rd Generation Partnership Project: Technical Specification Group Services and System Aspects: 3G Security: Security Architecture," 2006.12
- 3GPP TS 33.103: "3rd Generation Partnership Project: Technical Specification Group Services and System Aspects: 3G Security: Integration guidelines," 2001.11
- 3GPP TS 33.105: "3rd Generation Partnership Project: Technical Specification Group Services and System Aspects: 3G Security: Cryptographic Algorithm Requirements," 2007.6
- 3GPP TS 25.301: "3rd Generation Partnership Project: Technical Specification Group Radio Access Network: Radio Interface Protocol Architecture". 2007.07
- 3GPP TS 35.201: "3rd Generation Partnership Project: Technical Specification Group Services and System Aspects: Specification of the 3GPP confidentiality and integrity algorithms: Document 1: f8 and f9 specifications". 2007.6
- 3GPP TS 35.202: "3rd Generation Partnership Project: Technical Specification Group Services and System Aspects: Specification of the 3GPP confidentiality and integrity algorithms: Document 2: Kasumi algorithm specification".2007.6
- 3GPP TS 35.203: "3rd Generation Partnership Project: Technical Specification Group Services and System Aspects: Specification of the 3GPP confidentiality and integrity algorithms: Document 3: Implementers' test data". 2007.6
- 3GPP TS 35.204: "3rd Generation Partnership Project: Technical Specification

Group Services and System Aspects; Specification of the 3GPP confidentiality and integrity algorithms; Document 4: Design conformance test data". 2007.6

- 3GPP TS 21.111: "3rd Generation Partnership Project; Technical Specification Group Services and System Aspects; USIM and IC Card Requirements," 2007.6
- 3GPP TS 33.110: "3rd Generation Partnership Project; Technical Specification Group Services and System Aspects; Universal Integrated Circuit Card(UICC) and a Terminal," 2007.6
- 3GPP TS 33.259: "3rd Generation Partnership Project; Technical Specification Group Services and System Aspects; Universal Integrated Circuit Card(UICC) and a Remote Device," 2007.6
- 3GPP TR 33.821: "Requirement for Evolved UTRA and UTRAN," 2007.6
- 3GPP TS 23.228: "IP Multimedia Subsystem (IMS), Stage 2," 2007.3
- 3GPP TS 33.210: "3rd Generation Partnership Project; Technical Specification Group Services and System Aspects; 3G Security; Access Security for IP-based Services," 2007.6
- 3GPP TS 29.002: "Mobile Application Part (MAP) Specification," 2007.3
- 3GPP TS 33.200: "Network Domain Security: MAP Application Layer Security," 2007.6
- 3GPP TS 23.246: "Multimedia Broadcast/Multicast Service(MBMS); Architecture and Functional Description," 2007.3
- ANSI X9.62: public key cryptography for the financial services industry : The elliptic curve digital signature algorithm(ECDSA), X9.62-1988, approved Jan. 1999.
- ANSI X9.63: public key cryptography for the financial services industry : Key agreement and key transport using elliptic curve cryptography,

X9.63-199x, draft Jan. 1999.

- J. H. Silverman, the arithmetic of Elliptic curves, Graduate Texts in Mathemetics 106, Springer -Verlag, 1991.
- E.Rescorla, RFC2631 : Diffie - Hellman Key Agreement Method, June 1999.
- Muxiang Zhang and Yuguang Fang, "Security Analysis and Enhancements of 3GPP Authentication and Key Agreement Protocol," IEEE Transactions on Wireless Communications, Vol. 4, No. 2, 2005.3

17 색 인

B

C

D

E

F

G

H

I

K

L

M

S

V

W

X

ㅇ

ㅈ

ㅊ

ㅋ

ㅍ

ㅎ

저자 약력

송 동 호

- 고려대학교 정보경영공학부 정보보호공학과 석사
- CIST(Center for Information Security Techonologies)
  무선이동통신 보안 연구원

정가 23,000원

3G HSDPA/HSUPA 이동통신 보안

2008년 6월 23일 초판 인쇄
2008년 6월 30일 초판 발행

저 자 : 송동호
발행자 : 우명찬 · 송 준
발행처 : **홍 릉 과 학 출 판 사**
주 소 : 서울시 강북구 수유5동 455-60
142-885
등 록 : 1976년 10월 21일 제5-66호
전 화 : 999-2274 ~ 5, 996-8341, 903-7037
팩 스 : 905-6729
e-mail : hongpub@hongpub.co.kr
http://www.hongpub.co.kr

저자와의
협의하에
인지생략

※ 낙장 및 파본은 교환하여 드립니다.
※ 판권 소유에 위배되는 사항(인쇄, 복제, 제본)은 법에 저촉됩니다.